JN016980

2024年版
機械設計技術者試験問題集

一般社団法人
日本機械設計工業会
[編]

JAPAN
MECHANICAL
DESIGN
INDUSTRIES
ASSOCIATION

はじめに

(一社)日本機械設計工業会は、機械設計に関する資格制度について永年にわたり慎重に調査研究を続け、平成7年度に機械設計技術者1級、2級の資格制度を設立し、平成8年3月10日に第1回の資格試験を実施した。その後、毎年、定期的に機械設計技術者1級、2級の資格試験を実施し、平成10年度より機械設計技術者3級試験も実施し、毎年、定期的に実施している。

本書は、機械設計技術者の資格試験を受験しようとする人々のために、まず、(一社)日本機械設計工業会による機械設計技術者資格制度の内容について解説し、次いで、資格試験のうち学科試験の問題と解答例を紹介するものである。

本書において収録されている問題は、長い年月にわたって機械工学および機械設計について研究している人々と、機械設計の実務経験が豊富なエキスパートとが作成したものであり、昨年度の資格試験に出題された問題が収録されている。

機械設計技術者の資格試験を受験しようとする人々は、本書の問題を解いてみることによって、1級、2級あるいは3級の資格が認定されるためには、どの程度の学力が要求されるかを知ることができる。このことは、資格試験の受験準備に利用できると同時に、日常の機械設計業務に活用できる知識の整理にも役立つであろう。

機械設計技術者の資格試験を受験しようとする方々、および一般に機械設計の実務に従事している方々が本書を読んでくださることを切望する。

本書は、読者より寄せられた御意見を参考にして改めていくので、今後も本書の内容について自由で積極的な御意見が寄せられることを期待する。

執筆者一同は、読者からの御意見を参考にして、本書の内容をさらに改善する機会をもつことができれば幸いである。

2024年5月

編者

〔注〕 記述式解答においては、複数の答えが導き出せるようなケースもあり、本書に示す解答・解法は一例である。

機械設計技術者資格認定制度について

機械産業は、わが国の産業・経済の成長・発展の原動力となってきたが、さらに近年、新技術開発による製品の高度化・複合化・多様化が進み、また製造物責任・環境保全の重要性が高まり、これらに対応するため設計の重要性はますます高まっている。

生産活動の中において、設計業務は、とくに人間に依存するところが多く、それぞれの企業、さらには、わが国の機械産業にとって、設計技術者の能力の向上は重要な課題となっている。

このように重要な設計技術者の能力を認定する資格制度を求める声は、古くからあがっていたが、建築士などのように安全確保の上から法的に規定される、いわゆる制限資格とならず、また、機械設計の関連技術の深さ、設計対象の多様性など能力認定の難しさから検討は行われたが、具体化するに至らなかった。

しかし、資格制度の必要性と強い要望から、あらためて（一社）日本機械設計工業会において、これを取りあげ、基本的な事項から、学識経験者と設計関係者により調査研究を進めてきた。

この調査研究の中で、機械産業に属する企業および機械設計を事業とする企業の意向調査（アンケート）を行ったが、この資格制度は、設計技術者がこれを目標とすることにより、設計能力の向上を図ることができるとの意見がもっとも多く、このほか、機械設計技術者の社会的評価の向上などを期待する意向も示され、この資格制度の有用性が改めて確認された。

このような調査研究を踏まえ、この制度が、公正かつ適正に運営し、所期の目的を達成されるよう所管官庁の指導を得て検討を行い、認定試験の実施内容を定め、実施体制を整え、諸準備を行い、第1回の1、2級の試験を平成8年3月10日に実施、その後3級を創設し、第1回の試験を平成10年11月29日に実施し、以後毎年1回試験を行っている。

編者

機械設計技術者認定制度概要

1. 目的

安全で効率のよい機械を経済的に設計する機械設計技術者の能力を公に認定することにより、機械設計技術者の技術力の向上と、適正な社会的評価の確立を図り、もってわが国の機械産業の振興に寄与することを目的とする。

2. 資格認定者の称号と認定される能力・知識

名　　称	認定される能力・知識
1級機械設計技術者	① 設計における総合的な基礎知識と、その応用能力 ② 自己が選択する専門分野の設計に関る基礎知識と実務応用能力 ③ 設計管理に関する知識と能力
2級機械設計技術者	機械設計における総合的な基礎知識と、その応用能力
3級機械設計技術者	機械設計に関連する基礎工学の知識

3. 実施団体

一般社団法人　日本機械設計工業会

なお、所轄官庁の指導と関連団体の協力を得る。

表 1. 機械設計の業務分類と機械設計技術者試験の関係

<table>
<tr><th>機械設計の基本分類</th><th>機械設計の業務分類</th><th>業　務　の　概　要</th><th>機械設計技術者試験</th></tr>
<tr><td>基本設計</td><td>基本設計</td><td>主として、機械や装置の基本仕様決定のための基本計算や基本構想図を作成するなどの基本設計業務および設計の総合管理業務。</td><td rowspan="2">1級機械設計技術者</td></tr>
<tr><td rowspan="2">計画設計</td><td>計画設計Ⅰ</td><td>主として、基本設計に基づき、機械や装置の機能・構造・機構などの具体化を図る計画設計業務および設計の総合管理業務。</td></tr>
<tr><td>計画設計Ⅱ</td><td>主として、基本設計を基に、実績のある機械や装置参考例を応用して、機能・構造・機構などの具体化を図る類似計画設計業務。</td><td rowspan="2">2級機械設計技術者</td></tr>
<tr><td rowspan="3">詳細設計</td><td>詳細設計Ⅰ</td><td>主として、機能・構造・機構などが具体化された計画設計を基に、機械や装置の部分や個々の部品の詳細事項について、計算や図面などの作成を行う詳細設計業務。</td></tr>
<tr><td>詳細設計Ⅱ</td><td>主として、機械や装置の詳細設計業務の補佐、並びに関連する製図などの業務。</td><td rowspan="2">3級機械設計技術者</td></tr>
<tr><td>詳細設計Ⅲ</td><td>主として、機械や装置の詳細設計に関連する製図の補佐作業で、その都度の指示または定められた手順に基づき実施する業務。</td></tr>
</table>

※　一般社団法人 日本機械設計工業会発行「機械設計業務の標準分類」による。

令和６年度　機械設計技術者試験案内

1. 試験日時

令和６年（2024 年）11 月 17 日（日）（予定）

2. 受験申請期間

令和６年７月 19 日（金）～令和６年９月 30 日（月）（予定）

3. 試験科目

1 級機械設計技術者試験

設計管理関連課題	機械設計に関わる管理・情報等に対する知識
機械設計基礎課題	機械設計の基本となる計算課題を含む知識
環境経営関連課題	機械設計の管理者として必要な環境・安全に対する知識
実技課題（問題選択方式）	設計実務に関わる計算を主体とした問題が複数出題され、その中から指定された問題数を選択して解答
小論文	出題テーマから１つを選択し、1,300 ～ 1,600 字程度の論文を作成

※　実技課題は、5 問出題中３問選択。

2 級機械設計技術者試験

機械設計分野	機構学、機械要素設計、機械製図、関連問題
力学分野	機械力学、材料力学、関連問題
熱・流体分野	熱工学、流体工学、関連問題
材料・加工分野	工業材料、工作法、関連問題
メカトロニクス分野	制御工学、デジタル制御、RPA、自動化技術、他
環境・安全分野	機械設計技術者としての環境・安全の知識
応用・総合	機械工学基礎、機械工学基礎に関する知識の設計への応用ならびに総合能力

3 級機械設計技術者試験

機械工学基礎	機構学･機械要素設計、機械力学、制御工学、工業材料、材料力学、流体力学、熱工学、工作法、機械製図

4. 受験資格

試験を受けるためには、機械設計に関する実務経験が必要です。実務経験年数は、下記の「受験資格一覧表」のとおり学歴に応じて決められており、この要件を備えている必要があります。

受験資格一覧表

<table>
<tr><th colspan="2" rowspan="3">最終学歴</th><th colspan="5">実務経験年数</th></tr>
<tr><th colspan="2">1級</th><th colspan="2">2級</th><th rowspan="2">3級</th></tr>
<tr><th>直接受験</th><th>2級取得者</th><th>直接受験</th><th>3級取得者</th></tr>
<tr><td rowspan="2">工学系</td><td>大学院・大学
高専専攻科
高度専門士</td><td>5年</td><td rowspan="3">2級取得後、
次年度から
受験可能</td><td>3年</td><td>2年</td><td rowspan="3">実務経験不問</td></tr>
<tr><td>短大・高専
専門学校</td><td>7年</td><td>5年</td><td>3年</td></tr>
<tr><td colspan="2">高校・その他</td><td>10年</td><td>7年</td><td>4年</td></tr>
</table>

※1. 1級直接受験の場合、当団体指定の職務経歴書を提出していただき受験資格審査を受けていただく必要があります。

※2. 職業能力開発大学校（旧職業訓練大学校）は4年制大学卒業者として、また、同短期大学校（旧職業訓練短期大学校）は短大卒として扱います。

※3. 高校卒業後の職業能力開発校（旧職業訓練校）2年制卒業者は、専門学校卒として扱います。

※4. その他、受験資格に該当しない受験者の扱いについては、審査委員会で適宜検討を行い決定します。

5. 受験料（税込）

受験区分	受験料
1級	33,000円
2級	22,000円
3級	8,800円

※1級受験資格審査（1級直接受験の際の資格審査）
5,500円

- 平成27年度から受験申請は、原則WEB申請となっています。
- 以下のページで、試験実施に関するお知らせを順次掲載しています。受験される方は定期的に確認してください。
  https://www.kogyokai.com/exam/

目次

令和５年度　３級　機械設計技術者試験

令和５年度　２級　機械設計技術者試験

令和５年度　１級　機械設計技術者試験

令和５年度

機械設計技術者試験
３級　試験問題Ⅰ

第１時限（120分）

1．機構学・機械要素設計

4．流体工学

8．工作法

9．機械製図

令和５年11月19日実施

〔1. 機構学・機械要素設計〕

1 機械要素の転がり軸受に関する次の文章（1）～（4）の空欄【Ａ】～【Ｋ】に最も適切な語句または数値を下記の〔選択群〕の中から選び、その番号を解答用紙の解答欄【Ａ】～【Ｋ】にマークせよ。（重複使用不可）

（1）接触面に転動体（球やころ）を入れた軸受は【Ａ】が小さく、大きな荷重でも小さい力で動かすことができる。たとえば、玉軸受で最も一般的なものは「深溝玉軸受」である。この軸受は、軸受の中心線に対し垂直な方向にかかる【Ｂ】荷重とほぼ同程度の平行な方向にかかる【Ｃ】荷重を受けることができる。

（2）転がり軸受はその種類も多く、軸径によってさまざまな大きさのものがある。軸受の主要寸法として規格に定められているものは軸受内径、軸受外径などを記号化した【Ｄ】である。

（3）軸受で支えることができる荷重の限界は仕様などに記される。軸に軸受を取り付けたとき、転動体の変形が弾性限度内とされる応力になる軸受荷重を【Ｅ】という。一方、100 万回転の【Ｆ】を与えるような、軸受にかかる方向と大きさが一定の荷重を【Ｇ】という。ここで、【Ｆ】とは、同一構造のものを同一条件で使用しても、その信頼度【Ｈ】％が転がり疲労によるスポーリング（フレーキング）を生じることなく回転できる総回転数である。

（4）軸受の外輪と内輪はともに【Ｉ】と同じ、またはそれよりもわずかに小さく作られる。特に、回転する軸と固定フレームの間に軸受を入れるときは外輪を【Ｊ】、内輪を【Ｋ】とする。

〔選択群〕

① 80	② 90	③ 100	④ 基本静定格荷重
⑤ 基本定格寿命	⑥ 基本動定格荷重	⑦ しまりばめ	⑧ すきまばめ
⑨ スラスト	⑩ 静等価荷重	⑪ 動等価荷重	⑫ 摩擦係数
⑬ 呼び寸法	⑭ 呼び番号	⑮ ラジアル	

2 機械要素のねじに関する次の設問（**1**）、（**2**）に答えよ。

（**1**）締結ねじを使用する際は、適正なトルクにより締め付ける必要がある。有効長さ $\ell = 120$ mm のスパナに $F = 200$ N の力を加え、2 枚の鋼板を M16 のボルトで締め付ける。トルク係数 $K = 0.2$ とするときのボルトの軸力 F_s[kN] を計算し、適切な値を下記の〔数値群〕の中から選び、その番号を解答用紙の解答欄【 A 】にマークせよ。

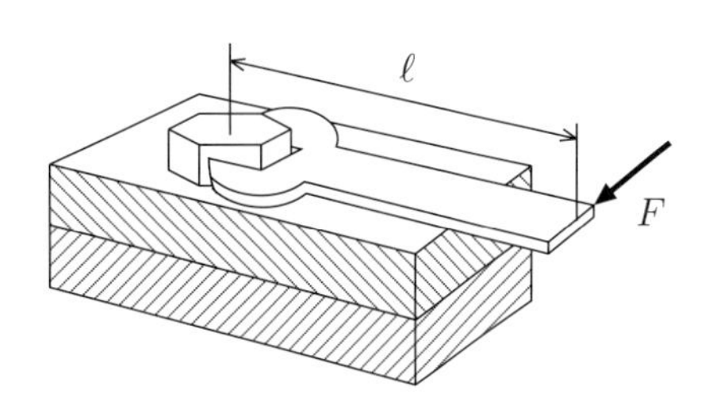

〔数値群〕単位：kN

① 4.5　② 5.7　③ 6.4　④ 7.5　⑤ 10.8

（**2**）右図のような外径 $d = 40$ mm、リード $\ell = 6$ mm のねじジャッキ（おねじとめねじとの摩擦係数 $\mu = 0.10$）について、次の小設問 (a), (b) に答えよ。

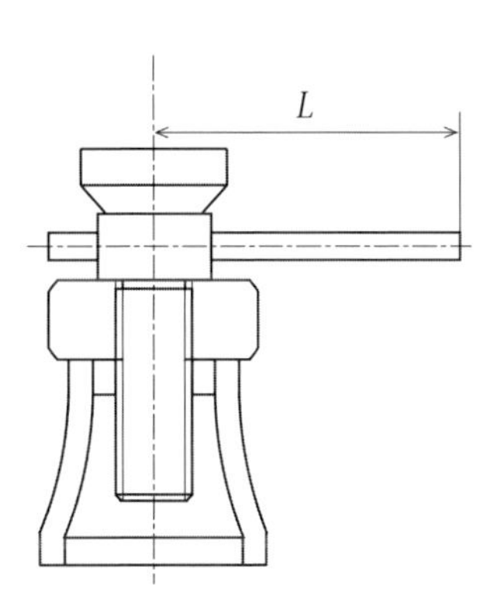

(a) 台形ねじを用いたねじジャッキで荷重 W の物体を持ち上げる場合、ねじの効率 η を計算し、最も近い値を下記の〔数値群〕の中から選び、その番号を解答用紙の解答欄【 B 】にマークせよ。

［参考］ねじの締付けトルク T は

$$T = \frac{d_2}{2} W \tan(\alpha + \theta)$$

d_2：有効径、W：荷重、α：リード角、θ：摩擦角

〔数値群〕

① 0.229　② 0.287　③ 0.331　④ 0.386　⑤ 0.409

(b) 角ねじを用いたねじジャッキの場合、質量 $m = 500$ kg の物体を持ち上げるために、腕の長さ $L = 300$ mm のハンドルに加える力 F[N] を計算し、最も近い値を下記の〔数値群〕の中から選び、その番号を解答用紙の解答欄【 C 】にマークせよ。ただし、重力加速度を $g = 9.81$ m/s^2 とする。

〔数値群〕単位：N

① 34.5　② 46.1　③ 56.2　④ 68.2　⑤ 79.5

3 歯車の設計に関する次の設問（1）、（2）に答えよ。

（1）以下の文章の空欄【 A 】～【 F 】に最も適切な語句を下記の〔語句群〕の中から選び、その番号を解答用紙の解答欄【 A 】～【 F 】にマークせよ。（重複使用不可）

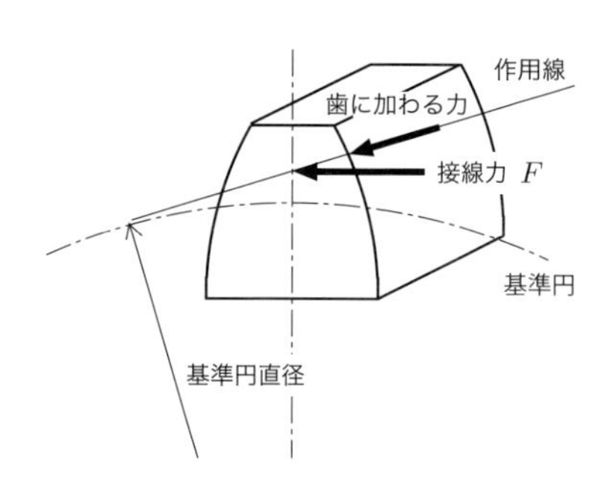

歯車の設計における歯の強さの計算には、

• 右図のように 1 枚の歯先に集中荷重を受ける片持ちばりと考え、歯の折損を問題として、歯の【 A 】強さを求めるルイスの式

$$F = \pi\sigma_{\mathrm{b}} bmy$$

• 歯の接触面における摩耗や【 B 】が発生しやすい場面などを考慮して【 C 】強さを求めるヘルツの式

$$F = f_v kmb\left(\frac{2Z_A Z_B}{Z_A + Z_B}\right)$$

が用いられている。ルイスの式では、モジュールや歯幅のほかに、歯数や圧力角などによって決まる【 D 】係数、歯車の回転速度を考慮した速度係数、負荷の状態を考慮した【 E 】係数が関係する。また、ヘルツの式において、歯面に生じる許容接触応力は、歯車材料の【 F 】硬さが基準となっている。ただし、歯車の強度計算において、上記 2 つの式のうち、どちらを用いるかの選択は運転条件によって異なる。

〔語句群〕

① 圧縮	② せん断	③ 荷重	④ ねじり	⑤ 歯形
⑥ ピッチング	⑦ ブリネル	⑧ 曲げ	⑨ 面圧	⑩ ヤング

（2）以降の設問では、伝達動力 $P = 2.5$ kW、速度比 $i = 1/3$ の一対の標準平歯車 A, B を設計する手順を示す。次の小設問（a）～（c）に答えよ。

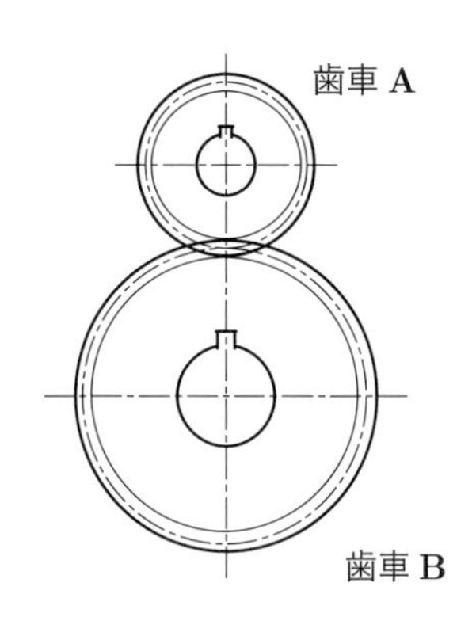

(a) 歯車の設計では、最初に歯車の軸径を決める必要がある。歯車 A の回転速度 $N_A = 1450$ min^{-1} のとき、軸径 d_{sA}[mm] を計算し、算出した値に最も近い値を下記の〔数値群〕の中から選び、その番号を解答用紙の解答欄【 G 】にマークせよ。ただし、軸のせん断応力 $\tau_a = 25$ MPa とする。

〔数値群〕単位：mm

① 12　② 15　③ 18　④ 21　⑤ 24

(b) 歯車 A の基準円直径 $D_A = 65$ mm と仮定して、歯車 A の基準円上の周速度から回転力（接線力）F[N] を求める。回転力（接線力）F[N] を計算し、最も近い値を下記の〔数値群〕の中から選び、その番号を解答用紙の解答欄【 H 】にマークせよ。

〔数値群〕単位：N

① 428　② 507　③ 631　④ 789　⑤ 912

(c) 歯の曲げ応力による破壊に対して歯の強さを計算する式を用いて、歯車のモジュールを求める。歯の強さを求める計算式では、歯車の材質によって各種係数を決めるが、歯数や圧力角などによって決まる係数を 0.116、加工精度、回転速度と運転状況などを考慮した許容曲げ応力を 80 MPa とする。また、歯幅もモジュールの 10 倍とする。以上の条件で歯車のモジュールを計算し、算出した値に最も近い値を下記の〔数値群〕の中から選び、その番号を解答用紙の解答欄【 I 】にマークせよ。

〔数値群〕

① 0.8　② 0.9　③ 1.1　④ 1.3　⑤ 2.1

〔4. 流体工学〕

1 図のような装置において、シリンダと管が比重 0.900 の油で満たされている。管端の圧力計の読みが 2.15 kPa のとき、以下の設問（1）～（3）に答えよ。ただし、重力加速度 $g = 9.81$ m/s² とする。

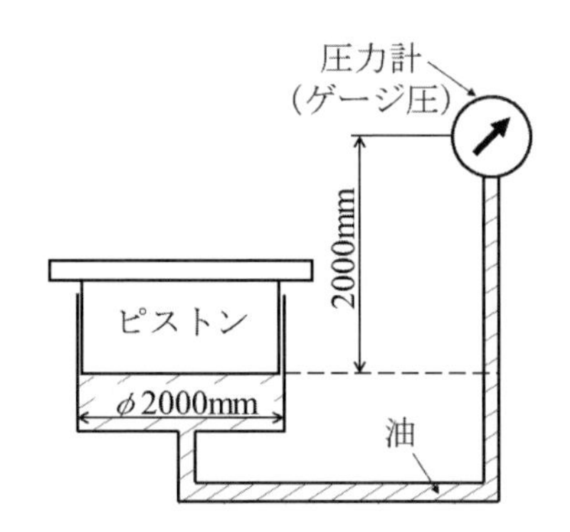

（1）油の密度はいくらか。下記の〔選択群〕の中から選び、その番号を解答用紙の解答欄【A】にマークせよ。

〔選択群〕
① 900 g/mm³　② 900 g/cm³　③ 900 kg/cm³
④ 900 kg/m³　⑤ 900 m³/kg

（2）圧力計から 2 m 下の圧力はいくらか。最も近い値を下記の〔数値群〕の中から選び、その番号を解答用紙の解答欄【B】にマークせよ。

〔数値群〕単位：kPa
① 17.8　② 18.8　③ 19.8　④ 20.8　⑤ 21.8

（3）ピストンの質量はいくらか。最も近い値を下記の〔数値群〕の中から選び、その番号を解答用紙の解答欄【C】にマークせよ。

〔数値群〕単位：$\times 10^3$ kg
① 6.14　② 6.24　③ 6.34　④ 6.44　⑤ 6.54

2 図のような台車の上に、断面積 $A = 6\ \mathrm{cm}^2$ のノズルがついたタンクと、タンクから出る $v = 10\ \mathrm{m/s}$ の噴流を $\beta = 60°$ の方向に変える曲面板が取り付けられている。台車はロープで壁に接続されている。水槽には密度 $\rho = 1000\ \mathrm{kg/m^3}$ の水が入っており、水位は一定に保たれているものとするとき、以下の設問（1）～（3）に答えよ。

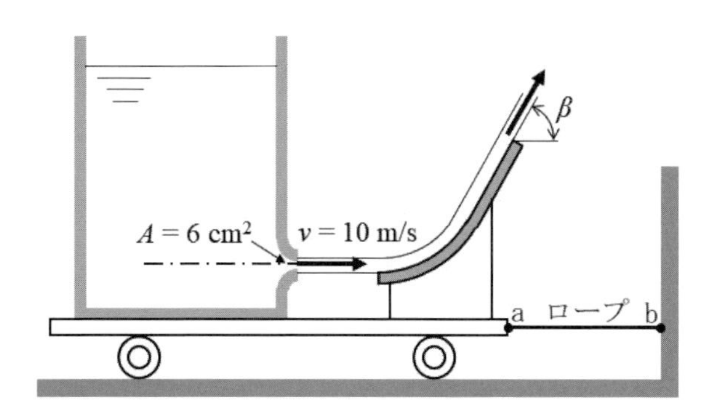

（1）タンクに作用する反力の大きさはいくらか。正しい式を下記の〔数式群〕の中から選び、その番号を解答用紙の解答欄【 A 】にマークせよ。

〔数式群〕

① $\rho A v$　② $\rho^2 A v$　③ $\rho A^2 v$　④ $\rho A v^2$　⑤ $\rho A^2 v^2$

（2）曲面板に作用する水平方向成分の力の大きさはいくらか。正しい式を下記の〔数式群〕の中から選び、その番号を解答用紙の解答欄【 B 】にマークせよ。

〔数式群〕

① $\rho A v (1 - \sin\beta)$　② $\rho^2 A v (1 - \cos\beta)$　③ $\rho A^2 v (1 - \sin\beta)$

④ $\rho A v^2 (1 - \cos\beta)$　⑤ $\rho A^2 v^2 (1 - \sin\beta)$

（3）ロープ ab に作用する張力はいくらか。正しい値を下記の〔数値群〕の中から選び、その番号を解答用紙の解答欄【 C 】にマークせよ。

〔数値群〕単位：N

① 20　② 30　③ 40　④ 50　⑤ 60

〔8. 工作法〕

1 機械設計者は製品や部品の設計の際に、それらがどのようにして加工・製作されるのかを想定しておくことが望ましい。様々な加工方法がある中で、工作機械による機械加工は頻繁に利用される加工法である。以下の（1）～（10）に示す加工内容を実施するのに最も適した工作機械を、下記の〔工作機械群〕から選び、その番号を解答用紙の解答欄【A】～【J】にマークせよ。また、そのときに使用するのに最も適した工具を、下記の〔工具群〕から選び、その番号を解答用紙の解答欄【K】～【T】にマークすることで下表を完成させよ。ただし、〔工作機械群〕の重複使用は不可であるが、〔工具群〕の重複使用は可である。

加工内容

（1）工作物の小さな上面（100mm × 50mm）を 1mm の深さだけ平面に加工する。
（2）工作物の比較的大きな上面（1200mm × 600mm）の平面粗加工を行う。
（3）小さな工作物の上面（200mm × 120mm）の平面仕上げ加工を行う。
（4）厚さ 10mm の鉄板を曲線で切断加工を行う。
（5）円柱工作物の外周面の鏡面加工を行う。
（6）比較的長い円筒工作物の内面にキーみぞを加工する。
（7）円筒工作物の内面（直径 50mm）の仕上げ加工を行う。
（8）厚さ 4mm の比較的小さな鉄板に直径 2mm の穴を加工する。
（9）厚さ 50mm の比較的大きな鉄板に直径 30mm の穴を加工する。
（10）厚さ 20mm、直径 120mm の円板の外周に歯を形成し平歯車を加工する。

表

加工内容	〔工作機械群〕からの選択	〔工具群〕からの選択
（1）	【A】	【K】
（2）	【B】	【L】
（3）	【C】	【M】
（4）	【D】	【N】
（5）	【E】	【O】
（6）	【F】	【P】
（7）	【G】	【Q】
（8）	【H】	【R】
（9）	【I】	【S】
（10）	【J】	【T】

〔工作機械群〕

① 帯のこ盤	② フライス盤	③ ラジアルボール盤	④ 平面研削盤
⑤ 平削り盤	⑥ 圧延機	⑦ 旋盤	⑧ ブローチ盤
⑨ 精密中ぐり盤	⑩ ホブ盤	⑪ 卓上ボール盤	⑫ 超仕上げ盤

〔工具群〕

① ホブ	② バンドソー	③ 平形砥石	④ 正面フライス
⑤ ブローチ	⑥ タップ	⑦ ツイストドリル	⑧ センタードリル
⑨ バイト	⑩ スティック砥石		

2 加工機械では、大きな力を発生させるなどの目的で種々の油圧装置が多用されている。これらの装置を設計したり、取扱うためには油圧の特性、構成要素の機能や構造を理解しておく必要がある。以下は油圧や油圧装置に関して述べた文章である。文章中の空欄【Ａ】～【Ｏ】に最適と思われる語句を下記の〔語句群〕から選び、その番号を解答用紙の解答欄【Ａ】～【Ｏ】にマークせよ。ただし、重複使用は不可である。

（1）油圧を利用することの長所としては、小型で簡単な構造の装置で大きな【Ａ】が得られ、入力に対する【Ｂ】も早く、運動の方向も容易に変えられる。さらに、電気的な制御との組み合わせによって、【Ｃ】や自動制御が可能である。また、過負荷などに対する安全装置も容易に取付けることができるので便利である。

（2）油圧の短所としては、油（作動油）を用いるので温度によって【Ｄ】が変わり、精密な速度の制御が難しいことがある。なお、油温は【Ｅ】になるほど上昇し、機械の精度を悪化させる原因になる。さらに、配管からの【Ｆ】には注意をする必要がある。最悪の場合には油に引火して火災となる場合も想定されるので、その際の対策も考えておく。

（3）油圧装置を作動させる油が作動油である。つまり、作動油は動力の伝達を行う働きをしているわけである。さらに、油圧機器の構成部品間の【Ｇ】をよくしたり、【Ｈ】を防止する働きを有している。一般的に作動油は鉱油系作動油に、酸化防止剤やさび防止剤などを添加したものが用いられている。

（4）モータなどによる機械的エネルギを作動油の流体エネルギに変換する装置が油圧ポンプである。油圧ポンプの種類には様々なものがある。かみ合わせた歯車のケーシングと歯溝の隙間に満たされた油を、歯車の回転によって吐出側に送るものが【Ｉ】である。小形、軽量で安価であることから低圧・中圧用として多くの機械に用いられている。一方、ピストンの往復運動によりポンプ作業を行うものに【Ｊ】があり、高い吐出圧力が必要な機械に使用される。

（5）油圧ポンプから送られた油の流体エネルギを、機械的エネルギに変換して仕事を行う装置が油圧アクチュエータである。もっとも多く使われるアクチュエータが、出力軸に往復直線運動をさせる【Ｋ】である。出力軸に連続回転運動をさせるために用いられるのが【Ｌ】である。

（6）油圧ポンプとアクチュエータの間に設置し、アクチュエータの動作要求に合うように油の調整を行う装置が油圧制御弁である。ポンプ側にて油圧回路内の圧力を制御するものが、圧力制御弁で、過大圧力が作用すると弁が開いて油を逃がすものを【Ｍ】と呼んでいて、安全弁の役割を果たす。

（7）油圧回路内の油の流量を調整することで、アクチュエータの動作速度を制御するものに流量制御弁に属する【Ｎ】がある。また、アクチュエータの方向変換、減速、停止などの切替のために油の流れる方向を制御するものが方向切替弁であり、電気的に自動切換えを行うときには【Ｏ】が使われる。

〔語句群〕

① 粘度	② リリーフ弁	③ 油圧シリンダ	④ 電磁弁
⑤ 潤滑性	⑥ 絞り弁	⑦ プランジャポンプ	⑧ 高圧
⑨ 油圧モータ	⑩ 歯車ポンプ	⑪ 出力	⑫ 発熱
⑬ 応答性	⑭ 油漏れ	⑮ 遠隔制御	

〔9. 機械製図〕

1　ＪＩＳ機械製図について、次の設問（1）～（10）に答えよ。

（1）図面の様式において、正しく説明しているものを一つ選び、その番号を解答用紙の解答欄【Ａ】にマークせよ。

① 紙の大きさで A4 と B4 とでは、A4 の方が大きい。

② 図面をとじ込んで使用する場合には、とじしろを用紙の右側に設ける。

③ 図面用紙は長辺を横方向において用いるが、A4 に限っては縦方向に用いてもよい。

④ 図面に設ける輪郭は、A4 図面については設ける必要がない。

（2）寸法記入法において、正しく説明しているもの一つ選び、その番号を解答用紙の解答欄【Ｂ】にマークせよ。

① 寸法は、一つの投影図に集中して記入せず、各投影図に均等に分散して記入するのがよい。

② 寸法は、なるべく計算して求める必要がないように記入するのがよい。

③ 寸法は、各投影図にできる限り細かく、重複して寸法を記入するのがよい。

④ 寸法数値は、狭小部では小さく、拡大図では大きく記入しなければならない。

（3）次の図の寸法数値 25 の下に施されている太い実線の意味を正しく説明しているものを一つ選び、その番号を解答用紙の解答欄【Ｃ】にマークせよ。

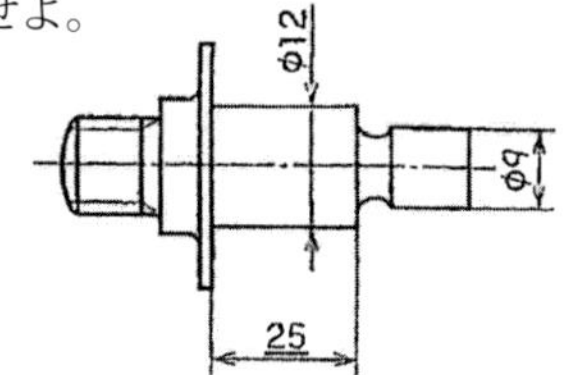

① この部分だけ研削加工を指示する図である。

② この部分だけが寸法と図形が比例しない図である。

③ この部分だけ特殊な加工を指示する図である。

④ この部分の寸法だけが理論的に正確な寸法である。

（4）φ３０Ｈ７／φ３０ｈ６のはめあいにおいて、ＩＳＯはめあい方式およびはめあいの種類は何か。正しく説明しているものを一つ選び、その番号を解答用紙の解答欄【Ｄ】にマークせよ。

① はめあい方式は、穴基準、はめあいの種類は、しまりばめである。

② はめあい方式は、軸基準、はめあいの種類は、しまりばめである。

③ はめあい方式は、穴基準、はめあいの種類は、すきまばめである。

④ はめあい方式は、軸基準、はめあいの種類は、中間ばめである。

（5）φ８０Ｈ８（＋0.046／0）とφ８０ｆ７（－0.030／－0.060）のはめあいにおいて、正しく説明をしているものを一つ選び、その番号を解答用紙の解答欄【Ｅ】にマークせよ。

① 穴の上の許容サイズは 80.000、軸の上の許容サイズは 80.060 である。

② 穴の下の許容サイズは 80.046、軸の下の許容サイズは 79.970 である。

③ 穴のサイズ公差は－0.030、軸のサイズ公差は 0.046 である。

④ 最大すきまは 0.106、最小すきまは 0.030 である。

（6）寸法補助記号の呼び方、表し方、意味等を正しく説明しているものを一つ選び、その番号を解答用紙の解答欄【Ｆ】にマークせよ。

呼び方　　表し方　　　意　味

① しかく ‥‥‥ □２０ ‥‥‥ 正方形の一辺が２０mm

② しー ‥‥ Ｃ２ ‥‥‥ 面取り角度３０°、面取り長さ２mm

③ てぃー ‥‥‥ ｔ５ ‥‥‥ 厚さ５mm

④ ぱい ‥‥‥ φ２０ ‥‥‥ 直径２０mm

（7）幾何公差の記号において、正しく説明しているものを一つ選び、その番号を解答用紙の解答欄【Ｇ】にマークせよ。

①（ ↗ ）の記号は全振れを示し、振れ公差に属し、データムを必要とする。

②（ ⌭ ）の記号は円筒度を示し、形状公差に属し、データムを必要としない。

③（ ⌯ ）の記号は対称度を示し、姿勢公差に属し、データムを必要としない。

④（ ⊥ ）の記号は直角度を示し、位置公差に属し、データムを必要とする。

（8）ねじに関する記述のうち、正しく説明しているものを一つ選び、その番号を解答用紙の解答欄【Ｈ】にマークせよ。

① ねじの呼びの表し方で、Tr10 × 2は、メートルのこ歯ねじを表している。

② ねじの呼びの表し方で、Rc3/4は、管用テーパめねじを表している。

③ ねじの呼びの表し方で、G1/2は、管用ガスねじを表している。

④ ねじの呼びの表し方で、M8 × 1は、一般用メートルねじ並目を表している。

（9）ばねの図示法において、正しく説明しているものを一つ選び、その番号を解答用紙の解答欄【Ｉ】にマークせよ。

① コイルばねは、一般に最大許容荷重がかかった状態の形状をかく。

② 重ね板ばねの形状は、一般にばね板が水平の状態でかく。

③ コイルばねの種類、形状だけを図示する場合、略図はばね材料の中心線を細い一点鎖線でかく。

④ 図に断りのないコイルばねや竹の子ばねの巻き方向は、一般に左巻きである。

（10）材料記号で、材質と記号の組み合わせのうち、誤って説明しているものを一つ選び、その番号を解答用紙の解答欄【Ｊ】にマークせよ。

① 合金工具鋼鋼材 ‥‥‥‥‥ ＳＴＫ

② 一般構造用圧延鋼材 ‥‥‥ ＳＳ

③ ねずみ鋳鉄品 ‥‥‥‥‥‥ ＦＣ

④ 機械構造用炭素鋼鋼材 ‥‥ Ｓ＊＊Ｃ

2 次の設問（1）～（4）に答えよ。

（1）図面の様式について、正しく説明しているものを一つ選び、その番号を解答用紙の解答欄【 A 】にマークせよ。

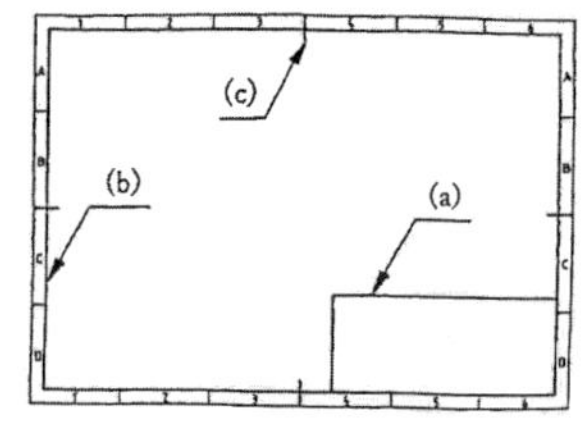

① (a) は表題欄、(b) は枠取線、(c) は中心マーク
② (a) は部品欄、(b) は輪郭線、(c) は方向マーク
③ (a) は表題欄、(b) は輪郭線、(c) は中心マーク
④ (a) は部品欄、(b) は枠取線、(c) は方向マーク

（2）投影図の配置について、正しく説明しているものを一つ選び、その番号を解答用紙の解答欄【 B 】にマークせよ。

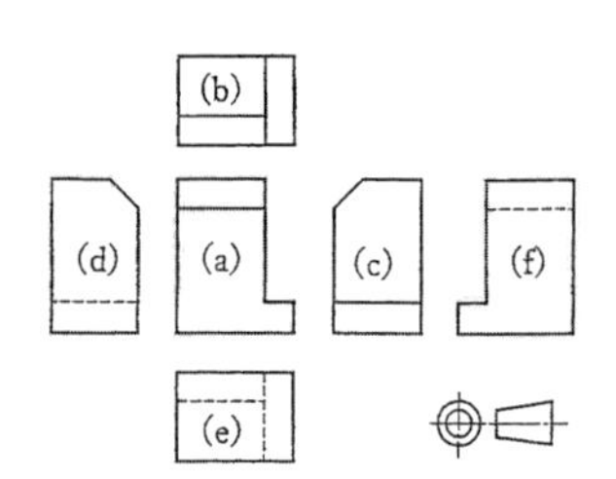

① (a) は平面図、(b) は正面図、(c) は左側面図
(d) は右側面図、(e) は底面図、(f) は背面図
② (a) は正面図、(b) は平面図、(c) は右側面図
(d) は左側面図、(e) は下面図、(f) は背面図
③ (a) は主投影図、(b) は底面図、(c) は平面図
(d) は背面図、(e) は左側面図、(f) は右側面図
④ (a) は正面図、(b) は上面図、(c) は左側面図
(d) は右側面図、(e) は下面図、(f) は裏正面図

（3）下図の断面図について、正しく説明しているものを一つ選び、その番号を解答用紙の解答欄【 C 】にマークせよ。

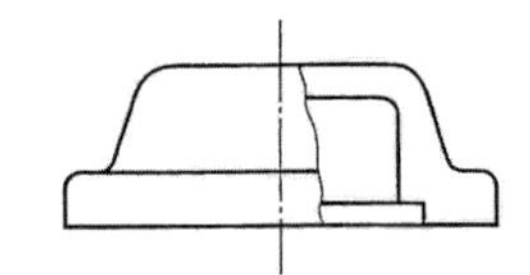

① 断面図の名称は、破砕断面図である。
② 断面図の名称は、片側断面図である。
③ 断面図の名称は、局部断面図である。
④ 断面図の名称は、部分断面図である。

（4）累進寸法記入について、正しく表しているものを一つ選び、その番号を解答用紙の解答欄【 D 】にマークせよ。

①

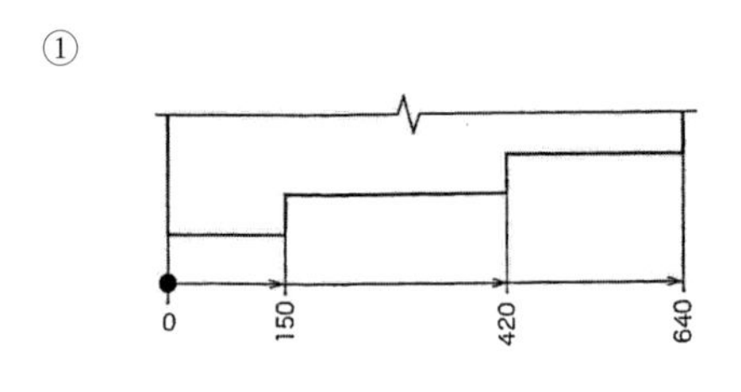

②

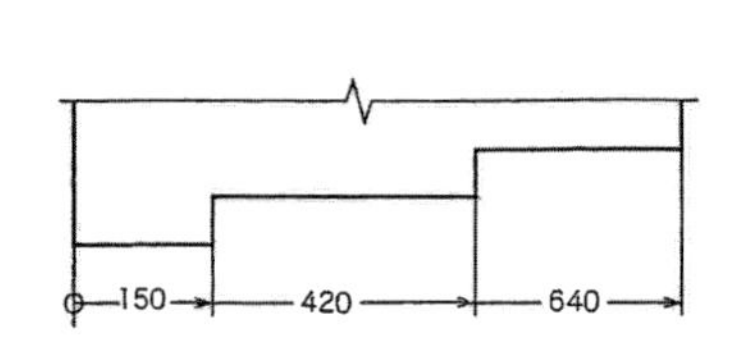

③

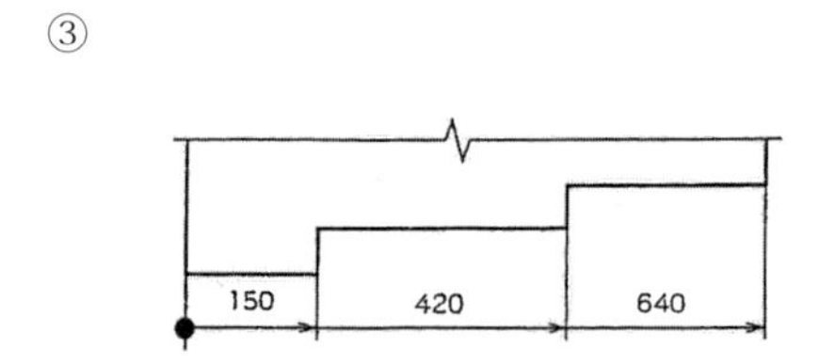

④

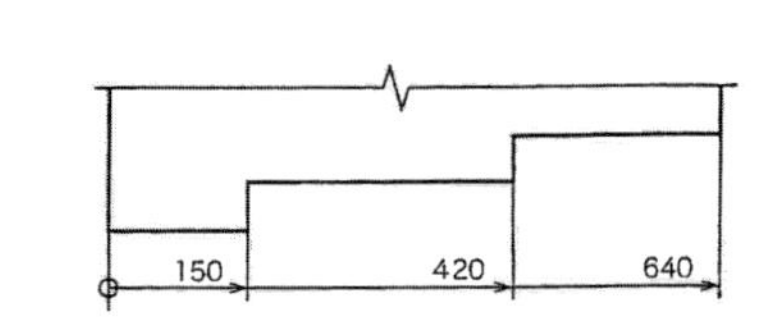

3 次の文章の空欄【Ａ】～【Ｎ】に当てはまる語句を〔選択群〕から選び、その番号を解答用紙の解答欄【Ａ】～【Ｎ】にマークせよ。重複使用は不可である。

（1）製図用紙の大きさはＡ列サイズを用いる。用紙の縦の長さと横の長さの比は、１：【Ａ】である。Ａ０用紙の面積は約【Ｂ】m^2であり、Ａ２用紙の面積の【Ｃ】倍の大きさである。

（2）図面を描く場合、２種類以上の線が同一箇所に重なる時の優先順位は、１．外形線、２．【Ｄ】、３．切断線、４．【Ｅ】の順である。

（3）工具、ジグなどの位置を参考に示すのに用いられる線を【Ｆ】といい、対象物の一部分を仮に取り除いた場合の境界を表すのに用いられる線を【Ｇ】といい、断面位置を対応する図に表すのに用いられる線を【Ｈ】という。

（4）寸法記入で、寸法数値を括弧でくくってある寸法を【Ｉ】といい、寸法数値が四角い枠で囲ってある寸法を【Ｊ】という。

（5）寸法の普通公差において、公差等級の記号ｆは【Ｋ】を表し、記号ｃは【Ｌ】を表している。

（6）機械加工によって得られた表面を、触針式表面粗さ測定機により筋目方向に直角な平面に切断したとき、その切り口に現れる曲線を【Ｍ】といい、この曲線からフィルタで短波長成分を除去して得られる曲線を【Ｎ】という。

〔選択群〕

① １	② $\sqrt{2}$	③ $\sqrt{3}$	④ ２	⑤ ４
⑥ 中心線	⑦ かくれ線	⑧ 破断線	⑨ 切断線	⑩ 想像線
⑪ 粗級	⑫ 精級	⑬ 中級	⑭ 断面曲線	⑮ 輪郭曲線
⑯ 非比例寸法	⑰ 参考寸法	⑱ 理論的に正確な寸法		

4

下図は、ある装置に用いられる軸を描いたものである。図を参照して、（1）～（7）の文章の空欄【Ａ】～【Ｋ】に当てはまる語句を下記の〔語句群〕より選び、その番号を解答用紙の解答欄【Ａ】～【Ｋ】にマークせよ。重複使用は不可である。

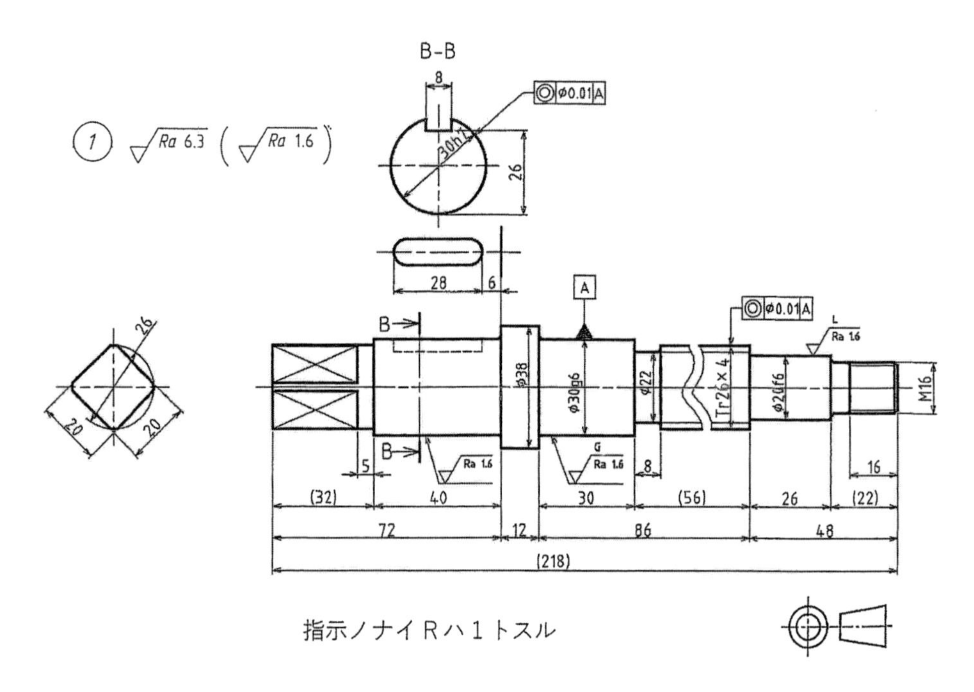

指示ノナイＲハ１トスル

（1）図中の左上に示す①の名称を【Ａ】番号という。

（2）図中のキー溝を表している投影図（２８の寸法記入）の名称は【Ｂ】投影図である。

（3）図中の“◎”の示す幾何公差記号の特性は【Ｃ】を表し、【Ｄ】公差に属する。

（4）軸をＢ－Ｂで断面した図を【Ｅ】断面図といい、Ｂ－Ｂは【Ｆ】記号という。

（5）表面性状に用いられている記号“Ra 1.6”は【Ｇ】粗さを示し、数値 1．6μｍは【Ｈ】である。

（6）表面性状の参照線上に記入されている加工方法記号“Ｇ”は【Ｉ】、“Ｌ”は【Ｊ】を表す。

（7）φ２０ｆ６の軸がφ２０Ｈ７の穴に挿入された場合のはめあいの種類は【Ｋ】である。

〔語句群〕

① 旋削	② 中間ばめ	③ 最大高さ	④ 照合	⑤ 識別
⑥ 円筒度	⑦ 部分	⑧ 算術平均	⑨ 研削	⑩ 形状
⑪ すきまばめ	⑫ 局部	⑬ 上限値	⑭ 回転図示	⑮ 位置
⑯ 同軸度	⑰ 簡略図示	⑱ 許容限界値		

5 溶接継手の実形図【Ａ】～【Ｃ】を〔Ⅰ群〕に示す。〔Ⅱ群〕に図示した図から【Ａ】～【Ｃ】に対応する正しい溶接記号の記入法の番号を一つ選び、その番号を解答用紙の解答欄【Ａ】～【Ｃ】にマークせよ。

〔Ⅰ群〕

【Ａ】レ形溶接

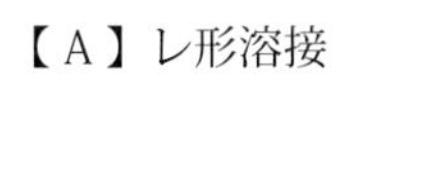

【Ｂ】Ｖ形溶接

【Ｃ】レ形溶接とすみ肉溶接の組み合わせ

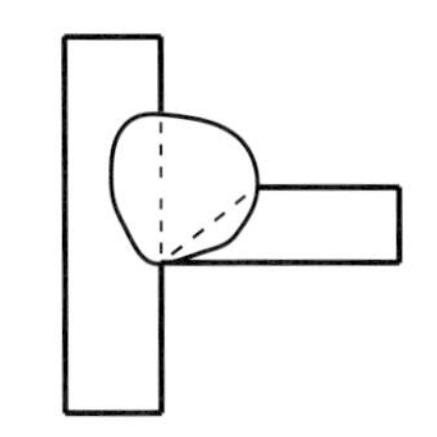

〔Ⅱ群〕

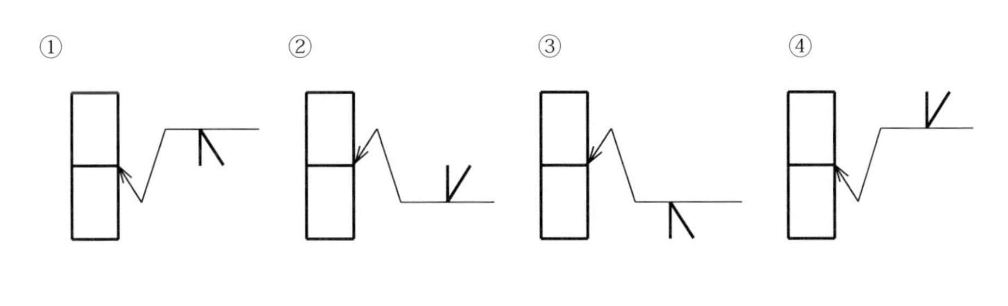

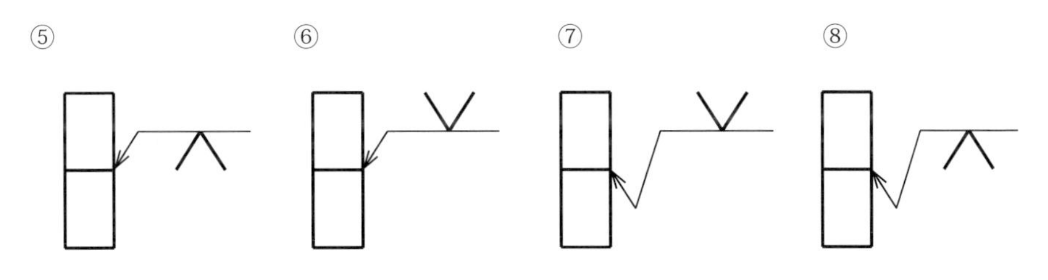

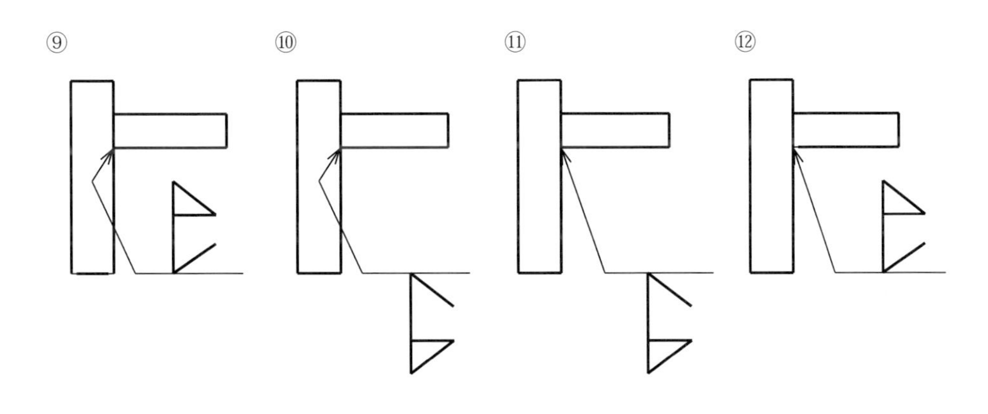

6 立体図に関する設問（1）、（2）に答えよ。

（1）下図の正投影図を表している立体図を一つ選び、その番号を解答用紙の解答欄【Ａ】にマークせよ。

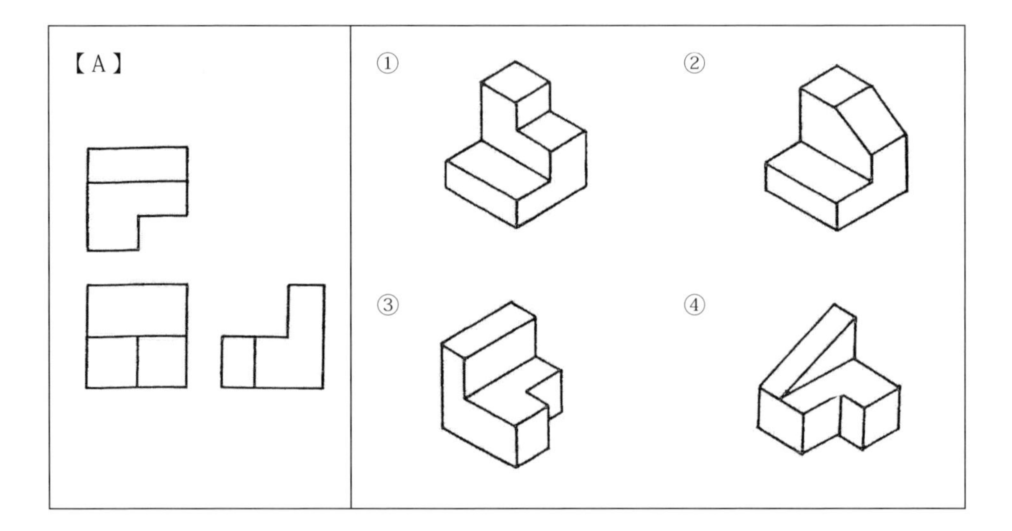

（2）下図の正投影図を表している立体図を一つ選び、その番号を解答用紙の解答欄【Ｂ】にマークせよ。

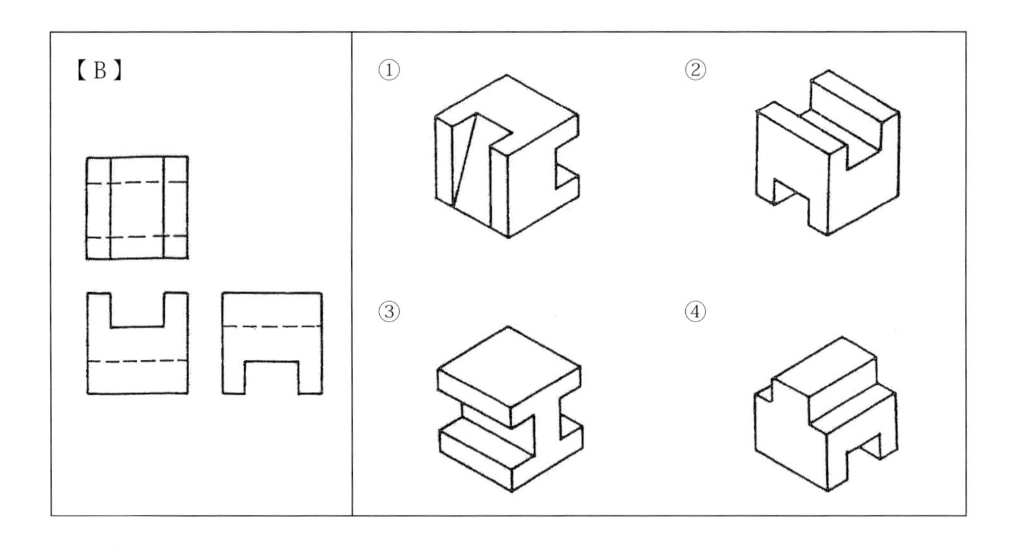

令和５年度

機械設計技術者試験
３級　試験問題Ⅱ

第２時限（120分）

2.　材料力学

3.　機械力学

5.　熱工学

6.　制御工学

7.　工業材料

令和５年11月19日実施

〔2. 材料力学〕

1 図のように長さℓ_1およびℓ_2の軟鋼製棒材の上端が剛体の天井と側壁にピンで取り付けられている。両部材の他端はCでピン結合されている。両部材の縦弾性係数$E = 206$ GPa、横断面積は$A = 100\ \mathrm{mm}^2$であり、長さは$\ell_1 = 2.25$ m、$\ell_2 = 2.85$ mである。また、取り付け角度はy軸に対して$\theta_1 = 60°$，$\theta_2 = 30°$である。y軸方向に荷重$P = 15.0$ kNの力が作用するとき、以下の設問（1）～（5）に答えよ。

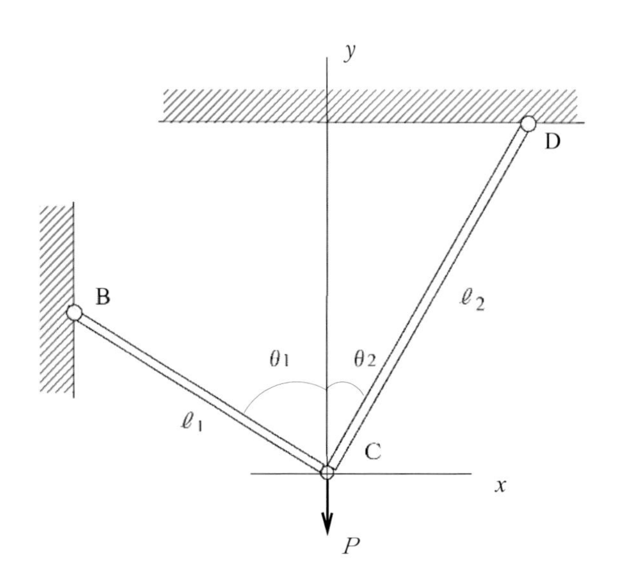

（1）棒材BCに作用する張力をT_1とし、棒材CDに作用する張力をT_2する。T_1およびT_2のx軸方向の力の釣り合い式として正しいものを下記の〔数式群〕から選び、その番号を解答用紙の解答欄【 A 】にマークせよ。

〔数式群〕

① $T_1 \sin\theta_1 = T_2 \sin\theta_2$　② $T_1 \cos\theta_1 = T_2 \cos\theta_2$　③ $T_1 \cos\theta_1 = T_2 \sin\theta_2$
④ $T_1 \cos\theta_2 = T_2 \cos\theta_1$　⑤ $T_1 \tan\theta_1 = T_2 \cos\theta_2$

（2）棒材BCおよび棒材CDに作用する張力T_1、T_2のy軸方向の力の釣り合い式として正しいものを下記の〔数式群〕から選び、その番号を解答用紙の解答欄【 B 】にマークせよ。

〔数式群〕

① $T_1 \sin\theta_1 + T_2 \cos\theta_2 = P$　② $T_1 \sin\theta_2 + T_2 \sin\theta_1 = P$
③ $T_1 \sin\theta_1 + T_2 \sin\theta_2 = P$　④ $T_1 \cos\theta_1 + T_2 \cos\theta_2 = P$
⑤ $T_1 \tan\theta_1 + T_2 \tan\theta_2 = P$

（3）前問（1）（2）を用いると T_1 および T_2 を P で表わすことができる。棒材 CD に作用する張力 T_2 を荷重 P を用いて表す式として正しいものを下記の〔数式群〕から選び、その番号を解答用紙の解答欄【 C 】にマークせよ。

〔数式群〕

① $\dfrac{P \sin\theta_1}{\sin\theta_1\cos\theta_2+\sin\theta_2\cos\theta_1}$　② $\dfrac{P \sin\theta_2}{\sin\theta_1\cos\theta_2+\sin\theta_2\cos\theta_1}$

③ $\dfrac{P \sin\theta_2}{\sin\theta_1\cos\theta_1+\sin\theta_2\cos\theta_2}$　④ $\dfrac{P \cos\theta_1}{\sin\theta_1\cos\theta_2+\sin\theta_2\cos\theta_1}$

⑤ $\dfrac{P \cos\theta_2}{\sin\theta_1\cos\theta_2+\sin\theta_2\cos\theta_1}$

（4）棒材 BC の伸びを λ_1 とする。これを計算したところ $\lambda_1 = 0.82$ mm であった。棒材 CD の伸びを λ_2 とする。λ_2 の値として最も近いものを下記の〔数値群〕から選び、その番号を解答用紙の解答欄【 D 】にマークせよ。

〔数値群〕単位：mm

①１.４６　②１.６８　③１.８０　④２.０１　⑤２.４５

（5）参考図１のように、点 C の変形後の位置を C' とすると、点 B を中心とする半径（$\ell_1 + \lambda_1$）の円と点 D を中心とする半径（$\ell_2 + \lambda_2$）の円の交点が C' となる。

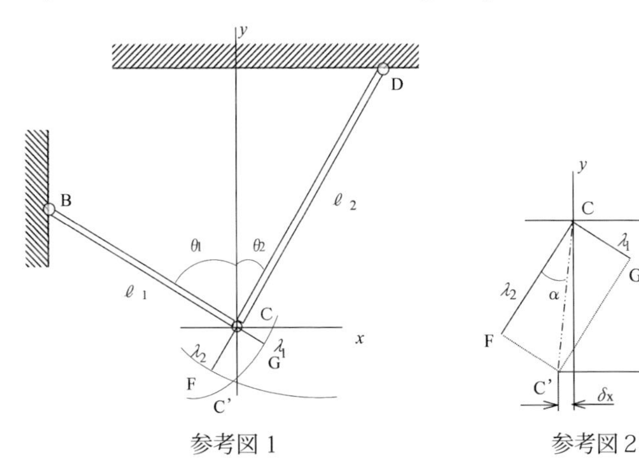

参考図１　参考図２

変形を微小として円弧を接線で近似すると、参考図２のようになる。四角形 CFC'G の対角線の長さは、次の通りである。

$CC' = \sqrt{\lambda_1^2 + \lambda_2^2}$

点 C の y 軸方向への移動量 δy の値として最も近いものを下記の〔数値群〕から選び、その番号を解答用紙の解答欄【 E 】にマークせよ。

〔数値群〕単位：mm

①１.２９　②１.３５　③１.５４　④１.７５　⑤１.９７

2 図に示すような、部分的に等分布荷重 w を受ける片側突き出しはり AB が支点 B，C で単純支持されている。このはりについて、以下の設問（1）～（5）に答えよ。

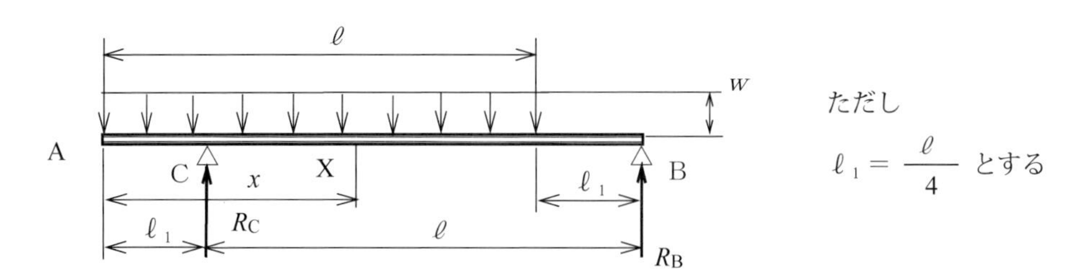

ただし
$\ell_1 = \frac{\ell}{4}$ とする

（1）支点反力 R_C として正しいものを下記の〔数式群〕から選び、その番号を解答用紙の解答欄【 A 】にマークせよ。

〔数式群〕

① $\frac{w\ell}{4}$　② $\frac{2w\ell}{5}$　③ $\frac{w\ell}{6}$　④ $\frac{w\ell}{2}$　⑤ $\frac{3w\ell}{4}$

（2）支点反力 R_B として正しいものを下記の〔数式群〕から選び、その番号を解答用紙の解答欄【 B 】にマークせよ。

〔数式群〕

① $\frac{w\ell}{2}$　② $\frac{w\ell}{3}$　③ $\frac{w\ell}{4}$　④ $\frac{w\ell}{6}$　⑤ $\frac{w\ell}{8}$

（3）端点 A から距離 x（$\frac{\ell}{4} < x < \frac{3}{4}\ell$）だけ離れた点 X においてはりの断面に作用するせん断力 Fx として正しいものを下記の〔数式群〕から選び、その番号を解答用紙の解答欄【 C 】にマークせよ。

〔数式群〕

① $\frac{w\ell}{2} - wx$　② $\frac{2w\ell}{5} - \frac{wx}{2}$　③ $\frac{w\ell}{4} - \frac{wx}{3}$

④ $\frac{3w\ell}{4} - wx$　⑤ $\frac{w\ell}{8} - \frac{wx}{3}$

（4）端点Aから距離 x（$\frac{\ell}{4} < x < \frac{3}{4}\ell$）だけ離れた点Xにおいてはりの断面に作用する曲げモーメント Mx として正しいものを下記の〔数式群〕から選び、その番号を解答用紙の解答欄【D】にマークせよ。

〔数式群〕

① $\frac{3w}{4}\left(\ell x - \frac{\ell^2}{4} - \frac{2x^2}{3}\right)$　② $\frac{w}{4}\left(\ell x - \frac{\ell^2}{3} - \frac{2x^2}{3}\right)$

③ $\frac{3w}{4}\left(\ell x - \frac{\ell^2}{4} - \frac{x^2}{3}\right)$　④ $\frac{w}{5}\left(\ell x - \frac{\ell^2}{3} - \frac{x^2}{3}\right)$

⑤ $\frac{w}{6}\left(\ell x - \frac{\ell^2}{4} - \frac{x^2}{4}\right)$

（5）このはりに作用する最大曲げモーメント M_{max} として正しいものを下記の〔数式群〕から選び、その番号を解答用紙の解答欄【E】にマークせよ。

〔数式群〕

① $\frac{w\ell^2}{6}$　② $\frac{w\ell^2}{9}$　③ $\frac{2w\ell^2}{16}$　④ $\frac{5w\ell^2}{18}$　⑤ $\frac{3w\ell^2}{32}$

〔3. 機械力学〕

1 図に示すように、水平方向に飛行するドローンから物体を地上のP点に落下させたい。ドローンの水平速度 $v = 20$ km/h 一定、飛行高度 $h = 30$ m 一定であるとして、以下の設問（1）～（3）に答えよ。ただし、落下する物体に作用する空気抵抗などは無視し、重力加速度 $g = 9.81$ m/s^{2}のみが作用するとする。

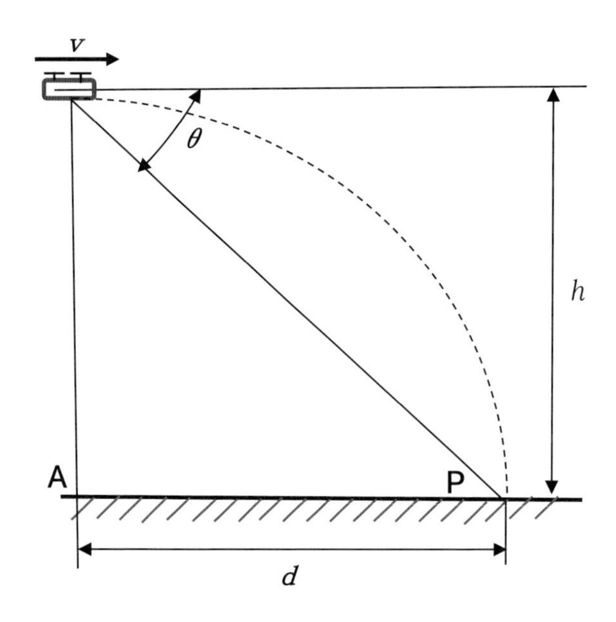

（1）物体が地上に落下するまでの時間 t［s］を、下記の〔数値群〕から最も近い値を一つ選び、その番号を解答用紙の解答欄【A】にマークせよ。

〔数値群〕
① 1.5　② 2.5　③ 3.5　④ 4.5　⑤ 5.5

（2）ドローンからの物体投下点真下の位置AからP点までの距離 d［m］を、下記の〔数値群〕から最も近い値を一つ選び、その番号を解答用紙の解答欄【B】にマークせよ。

〔数値群〕
① 8　② 11　③ 14　④ 17　⑤ 20

（3）ドローンの水平航路とドローン・P点を結ぶ直線の角度 θ［度］がいくらになったら投下すればよいか。下記の〔数値群〕から最も近い値を一つ選び、その番号を解答用紙の解答欄【C】にマークせよ。

〔数値群〕
① 35　② 45　③ 55　④ 65　⑤ 75

2 下図に示すようにオートバイが、路面との傾き θ を保ちながらカーブを走行している。カーブの曲率半径は、$r = 50$ m である。オートバイの時速は $v = 50$ km/h である。重力加速度を $g = 9.81$ m/s^2 とする。オートバイと人間の合計した質量を m とすると重さは mg で表される。

オートバイが安定してカーブを走行するためには、図中の x 方向成分力 Fx、y 方向成分力 Fy そしてオートバイの路面から受ける反力 R の３成分が、つり合う必要がある。以下の設問（１）～（５）に答えよ。

（１）カーブを走行している時の遠心力を表す式を、下記の〔数式群〕から一つ選び、その番号を解答用紙の解答欄【Ａ】にマークせよ。

〔数式群〕

① $m\dfrac{v}{r^2}$　② $m\dfrac{v^2}{r}$　③ $m\dfrac{r}{v^2}$　④ $m\dfrac{v}{r}$　⑤ $m\dfrac{r^2}{v^2}$

（２）図中に示す x 方向成分の力 Fx を表す式を、下記の〔数式群〕から一つ選び、その番号を解答用紙の解答欄【Ｂ】にマークせよ。

〔数式群〕

① $\dfrac{mv^2}{r} - R\cdot\cos\theta$　② $\dfrac{mr^2}{v} - R\cdot\cos\theta$　③ $\dfrac{mv^2}{r} - R\cdot\sin\theta$

④ $\dfrac{mr}{v^2} - R\cdot\sin\theta$　⑤ $\dfrac{mv}{r^2} - R\cdot\cos\theta$

（3）図中の y 方向成分の力 Fy を表す式を、下記の〔数式群〕から一つ選び、その番号を解答用紙の解答欄【C】にマークせよ。

〔数式群〕

① $mg \cdot \cos\theta - R \cdot \sin\theta$　　② $mg \cdot \sin\theta - R \cdot \cos\theta$　　③ $mg - R \cdot \sin\theta$

④ $mg \cdot \sin\theta - R$　　⑤ $mg - R \cdot \cos\theta$

（4）以上の Fx と Fy の成分から $\tan\theta$ を導くことができる。$\tan\theta$ を表す式を、下記の〔数式群〕から一つ選び、その番号を解答用紙の解答欄【D】にマークせよ。

〔数式群〕

① $\dfrac{v^2 g}{r^2}$　　② $\dfrac{v^2}{rg}$　　③ $\dfrac{rg}{v^2}$　　④ $\dfrac{vg}{r}$　　⑤ $\dfrac{r^2 g}{v}$

（5）オートバイの傾き角度 θ［度］を計算から求め，最も近い値を下記の〔数値群〕から一つ選び、その番号を解答用紙の解答欄【E】にマークせよ。

〔数値群〕

① 12.1　　② 15.1　　③ 17.1　　④ 21.5　　⑤ 26.5

3 下図に示すように、長さ r のひもにつり下げられている質量 m のおもりを、点Aの位置から静かに離した。おもりには重力加速度 g のみが作用するとして、以下の設問（1）～（3）に答えよ。

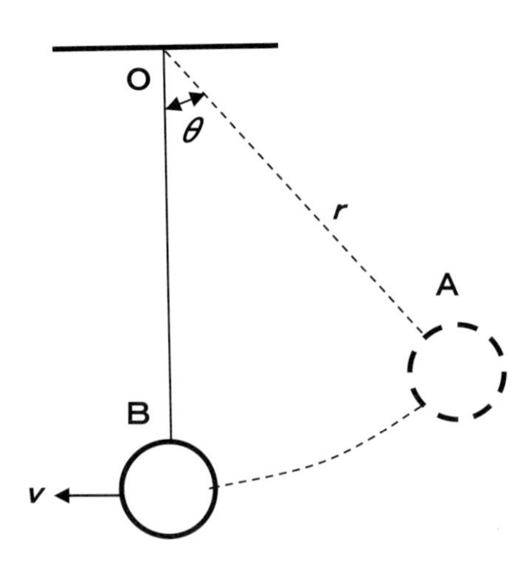

（1）A点とB点でおもりが静止しているとき、B点におけるひもに作用する張力Tと、A点における張力T'の比（$\frac{T}{T'} = k$）を表す式を、下記の〔数式群〕から一つ選び、その番号を解答用紙の解答欄【A】にマークせよ。

〔数式群〕

① $\frac{1}{\sin\theta}$　② $\frac{1}{\cos\theta}$　③ $\frac{1}{\tan\theta}$　④ $\frac{1}{mg}$　⑤ $\frac{1}{mgr}$

（2）A点とB点における位置エネルギーの差$\varDelta E$を表す式を、下記の〔数式群〕から一つ選び、その番号を解答用紙の解答欄【B】にマークせよ。

〔数式群〕

① mgk　② $mgrk$　③ $\frac{mgr}{k}$

④ $\frac{mgr}{k^2}$　⑤ $mgr\left(1-\frac{1}{k}\right)$

（3）B点を通過する瞬間のおもりの速度vを表す式を、下記の〔数式群〕から一つ選び、その番号を解答用紙の解答欄【C】にマークせよ。

〔数式群〕

① $\sqrt{2gk}$　② $\sqrt{2grk}$　③ $\sqrt{\frac{2gr}{k}}$

④ $\sqrt{\frac{2gr}{k^2}}$　⑤ $\sqrt{2gr\left(1-\frac{1}{k}\right)}$

〔5．熱工学〕

1 分子量 M の理想気体が図に示す pv 線図の A → B → C のように変化したとする。各変化における外部から与えられた熱量、内部エネルギーを求めたい。ただし、B → C は等温変化とし、比熱比 κ、定圧比熱 c_p、定容比熱 c_v、一般ガス定数 R_u とする。

次の手順の文章の空欄【 A 】～【 J 】に当てはまる語句または式を〔解答群〕から選び、その番号を解答用紙の解答欄【 A 】～【 J 】にマークせよ。

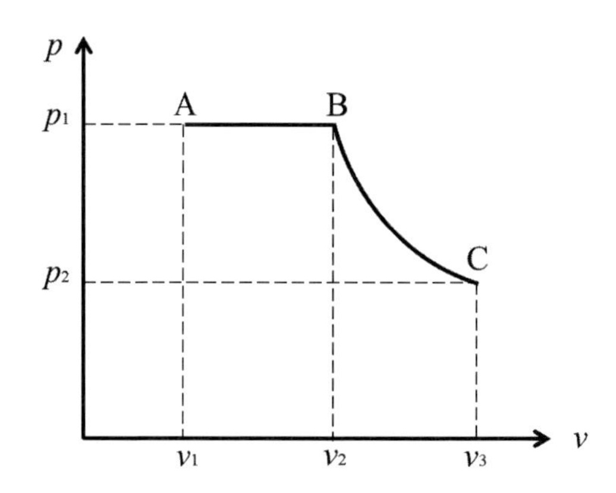

手順

A → B の状態変化は【 A 】変化であり、熱力学第【 B 】法則より、物質 1kg あたりの量について表すと、熱量 q、内部エネルギー u、比体積 v、エンタルピー h および圧力 p とすると、

$$\mathrm{d}q = \mathrm{d}u + p\mathrm{d}v = \mathrm{d}h - v\mathrm{d}p$$

であり、状態式は

$$pv = 【\mathrm{C}】 \times T$$

v、T の関係

$$\frac{v_1}{T_A} = 【\mathrm{D}】$$

より、外部から与えられた熱量 q_{AB} は

$$q_{AB} = \int_A^B \mathrm{d}h = \int_A^B c_p \mathrm{d}T = c_p (T_B - T_A) = c_p T_A (\frac{v_2}{v_1} - 1)$$

$$= c_p \times 【\mathrm{E}】 \times 【\mathrm{F}】$$

内部エネルギーの増加分 Δu は $\mathrm{d}u = c_v \mathrm{d}T$ より

$$\Delta u = \int_A^B c_v \mathrm{dT} = c_v (T_B - T_A) = 【\mathrm{G}】 \times 【\mathrm{E}】 \times 【\mathrm{F}】$$

となる。

B → C の等温変化において、熱力学第【 B 】法則より

$$dq = du + p\,dv = c_v\,dT + p\,dv$$

p、v の関係

$$pv = p_1 v_2 = 【\,H\,】$$

より、

$$q_{BC} = \int_B^C p\,dv = p_1 v_2 \int_B^C \frac{1}{v}\,dv = 【\,I\,】$$

また、$du = c_v\,dT = 【\,J\,】$ より

$$\Delta u = 【\,J\,】$$

〔解答群〕

① 等圧　② 断熱　③ $\dfrac{R_u}{M}$　④ $\dfrac{M}{R_u}$　⑤ $\dfrac{v_2}{T_B}$　⑥ $\dfrac{v_2}{T_C}$

⑦ $p_1(v_1 - v_2)$　⑧ $p_1(v_2 - v_1)$　⑨ $p_2 v_2$　⑩ $p_2 v_3$　⑪ κc_p

⑫ $\dfrac{c_p}{\kappa}$　⑬ $p_1 v_2 \ln\left(\dfrac{v_3}{v_2}\right)$　⑭ $p_1 v_2 \ln\left(\dfrac{v_2}{v_3}\right)$　⑮ 0　⑯ 1

2 外径 48.6 mm、肉厚 2 mm のステンレス鋼管が、厚さ 3 mm の断熱材で包まれている。管の内壁は 300℃，断熱材の表面は 30℃に保たれている。ステンレス鋼管外面の温度および管長 1 m あたりの熱損失を求めたい。
次の手順の文章の空欄【A】～【J】に当てはまる式または最も近い数値を〔解答群〕から選び、その番号を解答用紙の解答欄【A】～【J】にマークせよ。

手順
円管の内径を d_1 とし、外径を d_2 とすると、d_2 と厚みが与えられており、$d_1 = 44.6$ mm となり、断熱材表面の直径 d_3 は $d_3 =$【A】mm となる。また、円管内面温度 t_1、円管外面と断熱材との接面温度 t_2、断熱材表面温度 t_3、ステンレス管の長さ L、熱伝導率 λ_1 および断熱材の熱伝導率 λ_2 とする。題意より、$t_1 = 300$ ℃、$t_3 = 30$ ℃、$\lambda_1 = 19.0$ W/(m･K)、$\lambda_2 = 0.057$ W/(m･K)、$L = 1$ m となる。円管および断熱材を通る全体の熱伝導による伝熱量 Q は定常状態では等しいので、

$$Q = \frac{2\pi\lambda_1 L}{\ln\frac{d_2}{d_1}}(t_1 - t_2) = \frac{2\pi\lambda_2 L}{\ln\frac{d_3}{d_2}} \times 【B】 \quad (1)$$

が成り立つ。
式（1）を熱抵抗の形に書き換えると、直列の電気抵抗のオームの法則同様に、

$$Q = \frac{t_1 - t_2}{R_1} = \frac{t_2 - t_3}{R_2} = \frac{【C】}{【D】} \quad (2)$$

の形が成り立つ。ここで、式（1）より熱抵抗は、

$R_1 =$【E】、$R_2 =$【F】

の形に変形されている。
したがって、題意の数値を代入すると、

$R_1 =$【G】K/W、 $R_2 =$【H】K/W

となり、式（2）にこれらの値を代入すると、

$Q =$【I】W

が得られ、この Q から式（1）より、円管と断熱材の接面温度 t_2 が求まり、

$t_2 =$【J】℃

となる。

〔解答群〕

① 0.00072　② 0.33　③ 0.53　④ 53.6　⑤ 54.6　⑥ 218　⑦ 300　⑧ 816

⑨ $\dfrac{\ln\frac{d_2}{d_1}}{2\pi\lambda_1 L}$　⑩ $\dfrac{\ln\frac{d_3}{d_2}}{2\pi\lambda_2 L}$　⑪ $\dfrac{\ln\frac{d_2}{d_3}}{2\pi\lambda_2 L}$

⑫ $(t_1 - t_2)$　⑬ $(t_2 - t_3)$　⑭ $(t_1 - t_3)$　⑮ $R_1 - R_2$　⑯ $R_1 + R_2$

〔6. 制御工学〕

1 制御に関する次の設問（1）～（8）に答えよ。

（1）制御系において動的なシステムの伝達特性を調べるときに用いる数学的な手法はどれか。最も適切な語句を〔語句群〕から選び、その番号を解答用紙の解答欄【Ａ】にマークせよ。

〔語句群〕
① オイラー変換　② カスケード変換　③ ナイキスト変換
④ ブロック変換　⑤ ラプラス変換

（2）制御で第一に要求され、制御系の設計で最も重要とされる制御特性はどれか。最も適切な語句を〔語句群〕から選び、その番号を解答用紙の解答欄【Ｂ】にマークせよ。

〔語句群〕
① 安定性　② 固有特性　③ 状態特性　④ 速応性　⑤ 閉ループ特性

（3）制御系において定常特性の解析に必要不可欠であり、主にシステムの定常値を求めるときに使用するものはどれか。最も適切な語句を〔語句群〕から選び、その番号を解答用紙の解答欄【Ｃ】にマークせよ。

〔語句群〕
① オイラーの定理　② 初期値の定理　③ 最終値の定理
④ ド・モアブルの定理　⑤ ラウス・フルビッツの定理

（4）制御系の性能を評価する指標であり、システムにステップ入力を印加したときの応答が定常値の50%に達するまでの時間を示すものはどれか。最も適切な語句を〔語句群〕から選び、その番号を解答用紙の解答欄【Ｄ】にマークせよ。

〔語句群〕
① 行き過ぎ時間　② 遅れ時間　③ 整定時間
④ 立ち上がり時間　⑤ 微分時間

（5）制御システムの周波数特性を把握するために使用され、通常は振幅の変化を示すゲイン特性と位相の変化を示す位相特性の２つを１組として表されるものはどれか。最も適切な語句を〔語句群〕から選び、その番号を解答用紙の解答欄【Ｅ】にマークせよ。

〔語句群〕
① 一次遅れ線図　② 伝達線図　③ ブロック線図
④ ボード線図　⑤ ラプラス線図

（6）制御系を構成する基本的要素の一つであり、その特性は出力の大きさを決めるゲイン係数、応答の速応性に関わる固有角周波数、応答の安定性に関わる減衰係数によって決まるものはどれか。最も適切な語句を〔語句群〕から選び、その番号を解答用紙の解答欄【F】にマークせよ。

〔語句群〕
① 1次遅れ要素　② 2次遅れ要素　③ 積分要素　④ 微分要素
⑤ 比例要素

（7）制御対象と制御装置がフィードバックループを形成するシステムにおいて、制御を行うために制御対象に加える量はどれか。最も適切な語句を〔語句群〕から選び、その番号を解答用紙の解答欄【G】にマークせよ。

〔語句群〕
① 制御量　② 操作量　③ 偏差量　④ フィードバック量
⑤ 目標量

（8）フィードバック制御の一つで、原理的に生じるオフセットを修正する効果を持つが、位相が全周波数域で90度遅れるため、応答速度や安定性の劣化にも影響するものはどれか。最も適切な語句を〔語句群〕から選び、その番号を解答用紙の解答欄【H】にマークせよ。

〔語句群〕
① 1次遅れ動作　② 2次遅れ動作　③ 積分動作　④ 微分動作
⑤ 比例動作

2 右図のような断面積Aの水槽があり、流入流量Q_1で水を供給し、流出流量Q_2で放出しているとき、水位hの平衡状態で保たれている。いま、流入流量を$q_1(t)$だけ増加させたとき、水位が$h(t)$、流出流量が$q_2(t)$だけ増加した。
次の設問（1）～（5）に答えよ。

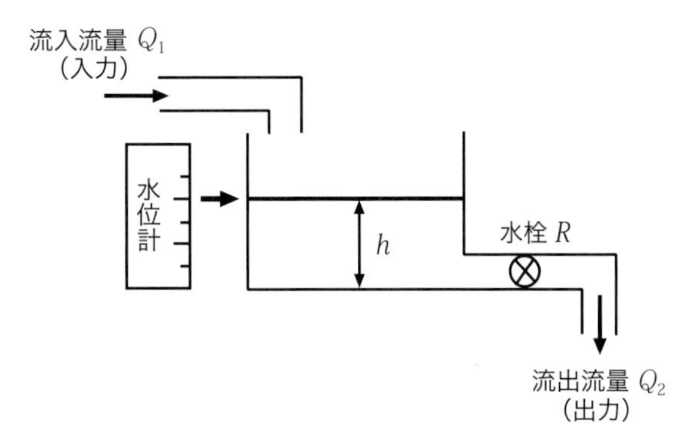

（1）この系の微分方程式として正しい数式を下記の〔数式群〕の中から選び、その番号を解答用紙の解答欄【 A 】にマークせよ。ただし、Rは水栓の抵抗である。

〔数式群〕

① $A\dfrac{d}{dt}h(t)=q_2(t)-\dfrac{1}{R}h(t)$　　② $A\dfrac{d}{dt}h(t)=q_1(t)-\dfrac{1}{R}h(t)$

③ $A\dfrac{d}{dt}h(t)=q_2(t)-Rh(t)$　　④ $A\dfrac{d}{dt}h(t)=q_1(t)-Rh(t)$

⑤ $A\dfrac{d}{dt}h(t)=q_2(t)+\dfrac{1}{R}h(t)$　　⑥ $A\dfrac{d}{dt}h(t)=q_1(t)+\dfrac{1}{R}h(t)$

（2）出力を水位$h(t)$として、この系の伝達関数$G(s)$を求める。伝達関数$G(s)$として、正しい式を下記の〔数式群〕の中から選び、その番号を解答用紙の解答欄【 B 】にマークせよ。

〔数式群〕

① $\dfrac{R}{As}$　② $\dfrac{As}{R}$　③ $\dfrac{A}{1+ARs}$　④ $\dfrac{R}{1+ARs}$　⑤ $\dfrac{As}{1+AR}$　⑥ $\dfrac{Rs}{1+AR}$

（3）平衡状態からずれ始めた後の水位変化として正しい図を下記の〔図群〕の中から選び、その番号を解答用紙の解答欄【 C 】にマークせよ。

〔図群〕

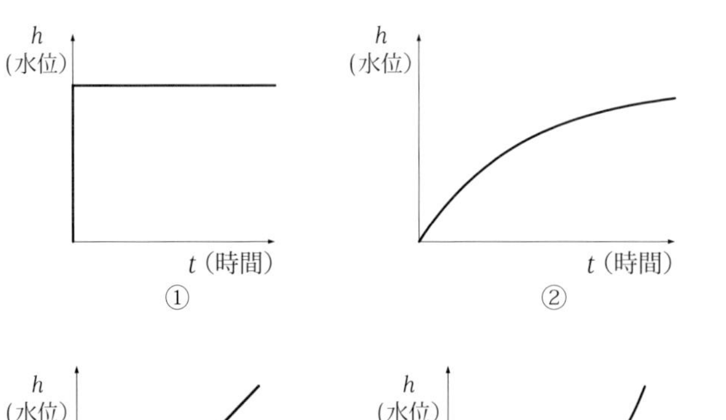

①　②　③

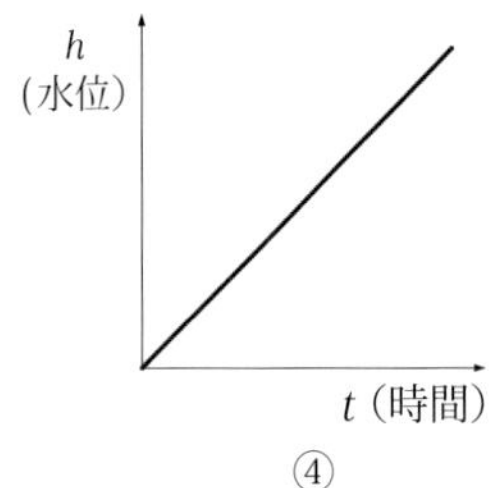

④

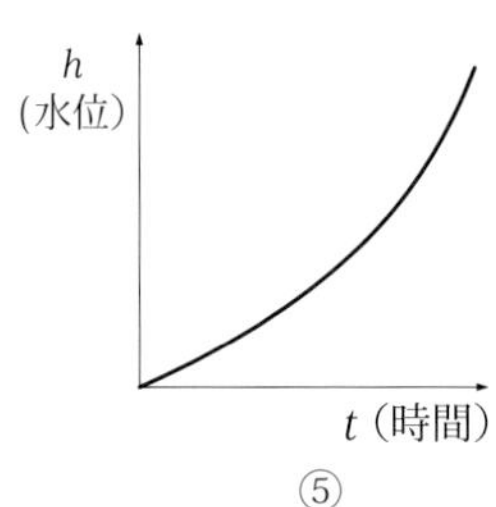

⑤

（4）水槽の断面積 $A = 0.1\ \mathrm{m}^2$ とする。流出流量が $0.03\ \mathrm{m}^3/\mathrm{s}$、水位が 75 cm 増加したとき、この系の時定数 T[s] を計算し、最も近い値を下記の〔数値群〕の中から選び、その番号を解答用紙の解答欄【 D 】にマークせよ。

〔数値群〕単位：s

① 1.2　② 2.5　③ 3.6　④ 4.7　⑤ 5.8

（5）この系の立ち上がり時間 t_r[s] を計算し、最も近い値を下記の〔数値群〕の中から選び、その番号を解答用紙の解答欄【 E 】にマークせよ。

〔数値群〕単位：s

① 3.2　② 4.3　③ 5.5　④ 6.8　⑤ 8.1

〔7. 工業材料〕

1 最近の電気自動車（EV）の市場拡大にともない、銅材料の需要が高まっている。次の一覧表に示す5種類の銅材料について、構成元素の欄【 A 】～【 E 】に該当するものを〔構成元素群〕から、特徴の欄【 F 】～【 J 】に該当するものを〔特徴群〕からそれぞれ一つずつ選び、その番号を解答用紙の解答欄にマークせよ。ただし、重複使用は不可である。

銅材料	構成元素	特徴
タフピッチ銅	【 A 】	【 F 】
黄銅	【 B 】	【 G 】
青銅	【 C 】	【 H 】
白銅	【 D 】	【 I 】
ベリリウム銅	【 E 】	【 J 】

〔構成元素群〕

① Cu-Be-Ni　② Cu-Zn　③ Cu-Ni　④ Cu-Sn　⑤ Cu

〔特徴群〕

① キュプロニッケルとも呼ばれ、身近なところでは新500円硬貨の中央部分に使われている。展延性、耐食性に優れ、熱交換器の他、楽器、建築などの管にも使用されている。
② 英語でBronzeと表記し、この材料の彫刻品をブロンズ像という。真ちゅうよりも歴史が古く、鏡や剣が文化財として出土している。鋳造性、耐摩耗性、耐食性に優れ、バルブや軸受などに使用される。
③ 電解精錬した銅、いわゆる電気銅を溶解して地金としたもの。電気伝導性に優れるため導電材料として使用されるが、酸素含有量が多いので溶接や熱間鍛造時に水素ぜい化を起こしやすい。
④ 時効硬化によって特殊鋼並みの機械的性質を示すことから、特殊鋼では難しい防爆工具に使用される。また、ばね特性にも優れるため、ばねやロードセルなどにも使用される。
⑤ 英語でBrassと表記し、ブラスバンドの由来となっている。亜鉛の含有量に応じて合金の色が変化する。塑性加工が容易であるが、アンモニアを含む環境下では応力腐食割れが起きやすい。電気部品や給排水部品などに使用される。

2 次の設問（1）～（10）は材料に関する現象や特徴について記述したものである。各設問の答えとして正しいものを〔解答群〕から一つ選び、その番号を解答用紙の解答欄【 A 】～【 J 】にマークせよ。

（1）工業材料は、金属材料、無機材料、有機材料、複合材料の4つに大別でき、原子間結合の違いによってそれぞれの特性が説明される。例えば、セラミックスは、共有結合によって非常に硬く、耐摩耗性、耐食性、絶縁性に優れているが、もう一つの重要な基本的性質に該当するものを選び、その番号を解答用紙の解答欄【 A 】にマークせよ。

〔解答群〕
① 耐熱性　② 耐衝撃性　③ 耐圧性　④ 延性　⑤ 被削性

（2）工業材料の中でも特に金属材料は、ミクロ組織を変化させることで様々な特性を発揮しているため、特性が劣化した場合にミクロ組織を観察することは重要である。観察は、金属片に研磨とエッチングを施し、結晶や相ごとに凹凸をつけて色調を変化させた模様を、100～500倍に拡大して行う。この観察像に該当するものを選び、その番号を解答用紙の解答欄【 B 】にマークせよ。

〔解答群〕
① 超音波映像　② 光学顕微鏡像　③ X線CT像
④ 走査型電子顕微鏡像　⑤ 透過型電子顕微鏡像

（3）金属材料において、熱処理は溶かさない温度で加熱するが、鋳造は融点以上に加熱して溶かした後、冷却とともに所定の形状に凝固させる。この凝固では液相内で結晶の核生成と成長が起こる。この現象に該当するものを選び、その番号を解答用紙の解答欄【 C 】にマークせよ。

〔解答群〕
① 析出　② 晶出　③ 固溶　④ 拡散　⑤ 再結晶

（4）金属材料において、よく見られる現象で、転位と呼ばれる線状の欠陥が特定の結晶面を移動し、その結晶面がすべることで、もとの形状には戻らない変化が起こる。この現象に該当するものを選び、その番号を解答用紙の解答欄【 D 】にマークせよ。

〔解答群〕
① 膨張・収縮　② 弾性変形　③ 塑性変形
④ ダイラタンシー　⑤ チキソトロピー

（5）マルテンサイト変態は、鉄系だけでなく非鉄系や非金属系の材料にも起こる現象で、硬さだけでなく、変形が回復しやすい超弾性や、セラミックス工具に必要なじん性なども得ることができる。そのようなマルテンサイト変態が生じない材料として該当するものを選び、その番号を解答用紙の解答欄【 E 】にマークせよ。

〔解答群〕
① Ni-Ti 系形状記憶合金　② A7075 アルミニウム合金　③ SUS630 ステンレス鋼
④ 部分安定化ジルコニア　⑤ SCM435 クロムモリブデン鋼

（6）ガラスやダイヤモンドのように可視光が透過する材料は透明である。光が透過するとき、材料の状態によって特定の波長を吸収すれば有色透明となり、原子配列の乱れや障害物などにより散乱すれば不透明となる。この透明性に影響を及ぼさないものを選び、その番号を解答用紙の解答欄【 F 】にマークせよ。

〔解答群〕
① 不純物　② 表面の凹凸　③ 熱振動
④ 内部欠陥　⑤ 結晶粒界

（7）ステンレス鋼は、ミクロ組織によって以下の 5 種類に分類される。最も一般的なステンレス鋼である SUS304 や、耐食皮膜の強化のためにモリブデンが添加された SUS316 などは同じ分類である。この種類に該当するものを選び、その番号を解答用紙の解答欄【 G 】にマークせよ。

〔解答群〕
① オーステナイト系　② マルテンサイト系　③ フェライト系
④ 析出硬化系　⑤ オーステナイト・フェライト系

（8）鉄鋼材料を加熱すると 600℃付近から徐々に赤くなるが、そのような温度でも硬さが極端に低下せず、合金工具鋼よりもさらに二次硬化を高めた材料である。高速でも金属材料を切削できることから高速度工具鋼と呼ばれ、高速の英訳を略してハイスとも呼ばれている。この工具鋼の材料記号に該当するものを選び、その番号を解答用紙の解答欄【 H 】にマークせよ。

〔解答群〕
① SKH　② SKD　③ SUH　④ SUJ　⑤ SCM

（9）めっき処理によって防食皮膜を付けた鋼板の一つにブリキがある。このブリキは缶詰などの水分に接触する部材に用いられ、かつては玩具にも用いられた。しかし、ブリキの皮膜は鉄よりもイオン化傾向が小さいため、鉄が露出してしまうと局部電池作用により腐食が進んでしまう。この皮膜成分に該当するものを選び、その番号を解答用紙の解答欄【 I 】にマークせよ。

〔解答群〕

① 銅　② スズ　③ 亜鉛　④ ニッケル　⑤ クロム

（10）熱可塑性樹脂の一種で、エンジニアリングプラスチックに分類される。結晶性がよく、透明であり、飲料用のペットボトルとして大量に用いられている。ガラス繊維強化により耐熱性が向上し、自動車や家電などの分野にも用いられる。この材料に該当するものを選び、その番号を解答用紙の解答欄【 J 】にマークせよ。

〔解答群〕

① ポリエチレン　② メラミン　③ ポリエチレンテレフタレート
④ エポキシ　⑤ ポリカーボネート

令和５年度　３級　試験問題Ⅰ　解答・解説

〔1. 機構学・機械要素設計　4. 流体工学　8. 工作法　9. 機械製図〕

〔1. 機構学・機械要素設計〕

1　解答

A	B	C	D	E	F	G	H	I	J	K
⑫	⑮	⑨	⑭	④	⑤	⑥	②	⑬	⑧	⑦

解説

- 軸受は、軸と軸受の接触状態により**転がり軸受**と**すべり軸受**の２種類に分類される。
- 転がり軸受は、転動体（「玉（点接触）」または「ころ（線接触）」）の転がり運動によって摩擦を減らし、一般にすべり軸受よりも起動時および運転中の摩擦係数が小さく、回転するエネルギーの消費量を少なくすることができる。
- 転がり軸受は、軸受に作用する荷重方向によって**ラジアル軸受**（軸線の垂直方向の荷重を支える）と**スラスト軸受**（軸方向の荷重を支える）に分類できる。
- 転がり軸受の呼び番号は、軸受の形式・主要寸法・回転精度・内部構造などを表わすもので、基本番号と補助記号で構成される。
- 軸受が荷重を受けて回転すると、繰り返し荷重を受け、疲労破壊が起きることがある。疲労破壊が起きると、軸受内部で転がり疲れによってうろこ状に剥がれ落ちる現象が起こり、フレーキングとして現われる。これを**軸受寿命**という。
- 転がり軸受を選定する際の基本は寿命計算である。
- 軸受の寿命は、一群の同じ軸受を同じ条件で回転しても、一般に大きくばらつくことが多い。したがって、寿命としてはばらつきを統計的に取り扱う基本定格寿命を用いる。
- 軸受では、信頼度90％の寿命を**基本定格寿命**と呼んでいる。
- 転がり軸受では、塑性変形を検討するための基本静定格荷重、疲労寿命を検討するための基本動定格荷重が規定されている。
- 軸の寸法が穴の寸法よりも小さい場合のはめあいを**すきまばめ**という。
- 軸の寸法が穴の寸法よりも大きい場合のはめあいを**しまりばめ**という。

2 解答

A	B	C
④	③	②

解説

（**1**） トルク係数Kは、ねじ面の摩擦係数と座面の摩擦係数から決まる値である。

ボルトを回して締め付けるときに回転方向に回す力（締付けトルク）は$T = F\ell$である。

ボルトの呼び径をdとすると、締付けトルクTと軸力F_sは$T = KdF_s$の関係があるので

$$F_s = \frac{T}{Kd} = \frac{F\ell}{Kd} = \frac{200 \times 120}{0.2 \times 16} = 7.5 \times 10^3 = 7.5\ [\mathrm{kN}]$$

答　$F_s = 7.5\ [\mathrm{kN}]$

（**2**）

（**a**） ねじの有効径d_2、リードℓ、リード角αのとき$\tan\alpha = \dfrac{\ell}{\pi d_2}$、JISより$d_2 = \dfrac{d + (d - \ell)}{2}$の関係があるので、

$$\alpha = \tan^{-1}\left(\frac{\ell}{\pi d_2}\right) = \tan^{-1}\frac{6}{3.14 \times \dfrac{40 + (40 - 6)}{2}} = 2.96\ [度]$$

ねじの効率ηは、ねじによりなされた仕事とねじをトルクTで回すのに要した仕事との比である。

また、台形ねじの摩擦角θは、$\theta = \tan^{-1}\left(\dfrac{\mu}{\cos\beta}\right)$、$\beta = \dfrac{30°}{2} = 15°$であるから、

$$\eta = \frac{WL}{2\pi T} = \frac{W\pi d_2 \tan\alpha}{W\pi d_2 \tan(\alpha + \theta)} = \frac{\tan\alpha}{\tan(\alpha + \theta)} = \frac{\tan\alpha}{\tan\left\{\alpha + \tan^{-1}\left(\dfrac{\mu}{\cos\beta}\right)\right\}}$$

$$= \frac{\tan 2.96°}{\tan\left\{2.96° + \tan^{-1}\left(\dfrac{0.1}{\cos 15°}\right)\right\}} = 0.331$$

答　$\eta = 0.331$

（**b**） $T = FL$、角ねじの摩擦角θは、$\theta = \tan^{-1}\mu$であるから、

$$F = \frac{T}{L} = \frac{mgd_2}{2L}\tan(\alpha + \tan^{-1}\mu)$$

$$= \frac{500 \times 9.81 \times \dfrac{40 + (40 - 6)}{2}}{2 \times 300} \times \tan\{2.96° + \tan^{-1}(0.1)\} = 46.1\ [\mathrm{N}]$$

答　$F = 46.1\ [\mathrm{N}]$

3　解答

A	B	C	D	E	F	G	H	I
⑧	⑥	⑨	⑤	③	⑦	②	②	④

解説

（1）

- 歯車とは、伝動車の周囲に歯形をつくり、連続してかみ合う歯で力を伝達する機構である。このとき、必要以上に大きな力がはたらいて歯車が途中で変形したり、割れたりするようなことがないようにすることが求められる。歯車の設計において、どの程度の負荷が加わるのかを推測することは重要である。
- 歯車の強度計算には、歯の**曲げ強さ**と**歯面強さ**を検討するのが一般的である。
- 曲げ強さとは、かみ合い伝達する歯車の最も壊れやすいと考えられる歯元断面での曲げ応力であり、強度計算には、古くから**ルイスの式**が広く使用される。

  ルイスの式 $F = \pi\sigma_b bmy$

  F：歯にかかる接線力、σ_b：許容曲げ応力、b：歯幅、m：モジュール、y：歯形係数

- 歯面強さとは、接触する歯面同士の摩耗やピッチング（点腐食現象）に対する接触応力に注目し、強度計算には最大接触応力と呼ばれる接触面に変形をともなう場合の応力に基づいた**ヘルツの式**が使用される。

  ヘルツの式 $F = f_v kmb\left(\dfrac{2Z_A Z_B}{Z_A + Z_B}\right)$

  F：歯にかかる接線力、f_v：速度係数、k：材料の許容接触応力、m：モジュール、b：歯幅、Z_A：小歯車の歯数、Z_B：大歯車の歯数

（**2**）

（**a**） 伝動軸の軸径 $d_{sA} = \sqrt[3]{\dfrac{16T}{\pi\tau_a}}$ ［mm］、

伝達トルク $T = \dfrac{60}{2\pi} \cdot \dfrac{P}{N_A} \times 10^6$ ［N·mm］であるから

$$d_{sA} = \sqrt[3]{\frac{16}{\pi\tau_a} \times \frac{60}{2\pi} \cdot \frac{P}{N_A} \times 10^6}$$

$$= \sqrt[3]{\frac{16}{3.14 \times 25} \times \frac{60}{2 \times 3.14} \cdot \frac{2.5}{1450} \times 10^6} = 15 \text{［mm］}$$

答　$d_{sA} = 15$ ［mm］

（**b**） 周速度 v_a は、$v_a = \pi D_A \dfrac{N}{60}$ であるから、

$$v_a = 3.14 \times \frac{65}{1000} \times \frac{1450}{60} = 4.93 \text{［m/s］}$$

伝達動力 P ［kW］$= \dfrac{Fv_a}{1000}$ であるから、

回転力 $F = \dfrac{1000P}{v_a} = \dfrac{1000 \times 2.5}{4.93} = 507$ ［N］

答　$F = 507$ ［N］

（**c**） ルイスの式 $F = \pi\sigma_b bmy$ に設問の条件をあてはめると $F = \pi\sigma_b 10m^2 \times 0.116$ となる。

したがって、$m = \sqrt{\dfrac{F}{\pi\sigma_b \times 10 \times 0.116}}$

$$= \sqrt{\frac{507}{3.14 \times 80 \times 10 \times 0.116}} = 1.3$$

答　$m = 1.3$

〔4. 流体工学〕

1 解答

A	B	C
④	③	③

解説

（**1**）$\rho = s \cdot \rho_{水} = 0.90 \times 1000 = 900$［kg/m^3］　答　900［kg/m^3］

（**2**）$p = 2150 + 900 \times 9.81 \times 2 = 19.8$［kPa］　答　19.8［kPa］

（**3**）$m = 19.8 \times \dfrac{1000}{9.81} \times \dfrac{\pi}{4} \times 2^2 = 6340$［kg］　答　6340［kg］

2 解答

A	B	C
④	④	②

解説

（**1**）ノズルに作用する反力 F_t は

$F_t = \rho Q v = \rho A v^2 = 100 \times 6 \times 10^{-4} + 10^2 = 60$［N］（右向き）　答　60［N］

（**2**）曲面板に作用する水平方向成分の力 F_b は

$$F_b = \rho Q v(1 - \cos\beta) = \rho A v^2(1 - \cos\beta)$$
$$= 100 \times 6 \times 10^{-4} \times 10^2 \times (1 - 0.5) = 30 \text{［N］（左向き）}$$

答　$\rho A v^2(1 - \cos\beta)$

（**3**）ロープ ab に作用する張力 F は

$F = F_t - F_b = 60 - 30 = 30$［N］　答　30［N］

〔8. 工作法〕

1 解答

A	B	C	D	E	F	G	H	I	J
②	⑤	④	①	⑫	⑧	⑨	⑪	③	⑩
K	L	M	N	O	P	Q	R	S	T
④	④か⑨	③	②	⑩	⑤	⑨	⑦	⑦	①

解説

機械加工における、加工内容ごとに工作機械と工具を選択する問題で、試験では頻繁に取り上げられる課題である。ここで取り上げられている工作機械は一般的なものであり、解説は必要ないと思われるが、解答を導くための多少のコメントを述べておく。

（**1**）と（**2**）はどちらも平面を作るための切削加工である。同じ平面加工でも面が大きいか小さいかで工作機械を選ばなくてはならない。大は小を兼ねるということで少し迷うが、工作機械の重複使用は不可であるので、より最適なものを選べばよい。平面加工に相当する工作機械は、フライス盤と平削り盤であるが、大きな平面を加工する場合には、ストロークが大きな平削り盤（プレーナ）が用いられる。通常使用する工具は、シングルポイントのバイトであるが、主軸に回転工具である正面フライスを取り付けて効率加工に供することもある。（**3**）は平面加工でも仕上げなので、切削加工ではなく、研削加工となる。

（**5**）の鏡面加工は、研削加工の後に、さらに仕上げ面粗さを向上させたいときに施工する。鏡面加工に使用される加工法は砥粒加工が一般的であるが、ここでの超仕上げ加工では角型の棒状砥石を使用する。この砥石を回転する工作物の表面に軽く押し当てながら往復運動をさせることで表面を研磨していく。

（**6**）のポイントは、比較的長いキー溝を加工するというところにある。短いキー溝であれば片削り盤（シェーパ）で加工するのが一般的であるが、キー溝が長いということでブローチ盤を使用する。

（**8**）と（**9**）は同じく穴加工のための工作機械が対象となる。ここでは工作物と穴径の大きさがヒントとなる。どちらも工具はツイストドリルで加工するが、大きな穴径では切削時の力も大きいことから、剛性のある工作機械が必要となる。さらに工作物が大きなことから、セットするために、大きなテーブル面積を有する機械が不可欠である。したがって、（**9**）はラジアルボール盤が正解である。

2 解答

A	B	C	D	E	F	G	H	I	J	K	L	M	N	O
⑪	⑬	⑮	①	⑧	⑭	⑤	⑫	⑩	⑦	③	⑨	②	⑥	④

解説

機械の駆動方法には、機械方式、電気方式、油圧方式、空気圧方式がある。この中で大きな作動力が必要なときには油圧が頻繁に利用される。

本問題は油圧方式に関する概要を説明した文章群になっている。(**1**)と(**2**)は油圧活用の特徴である長所と短所を、(**3**)は人間でいえば血液に相当する作動油に関して、(**4**)以降は油圧装置に使われている各種機器の概要について解説している。基本的な用語の選択なので迷うところは少ないと思われる。

前述のように機械の駆動方式は4つあるが、油圧に最も近いものが空圧を使用した装置である。油圧の特徴を把握するためには、空圧との違いを頭に入れておくことが良い。大きな出力が必要であれば、油圧ということになる。油圧は空圧の10倍から100倍の出力があるので、建設機械の排土板やアームの駆動では、油圧が利用される。一方、作動速度では空圧に及ばないところがある。したがって、プラスチック射出成型品の取り出しなどでは、空圧を利用したシーケンスロボットが使われている。

そのほかに制御性で比較すると、油圧は応答性、速度調整、精度が優れているが、制御方式や保守管理では空圧が優れている。空圧装置のほうが油圧装置より導入・運用コストは少なくてすむ。たとえば、空圧では、圧縮機（コンプレッサ）で作った圧縮空気を減圧弁で必要な圧力に設定して使うことができるが、油圧では使用圧力に応じた油圧ユニットが必要となるためコストアップとなる。

設計においては、油圧の特徴を生かすような使用方法が求められる。

〔9. 機械製図〕

1 解答

A	B	C	D	E	F	G	H	I	J
③	②	②	③	④	③	②	②	②	①

解説

機械製図に関する基本的な設問である。各設問において、正しく説明または表している文章については番号の前に○をつけた。また、必要に応じて間違えている文章は、間違えている箇所に下線を引き、正しい語句を（　）で囲って示した。

【A】図面の様式に関する設問

① 紙の大きさで A4 と B4 とでは、A4 の方が大きい。　(B4)

② 図面をとじ込んで使用する場合には、とじしろを用紙の右側に設ける。　(左側)

○ ③ 図面用紙は長辺を横方向において用いるが、A4 に限っては縦方向に用いてもよい。

④ 図面に設ける輪郭は、A4 図面については設ける必要がない。　(も設ける。)

【B】寸法記入法に関する設問

① 寸法は、一つの投影図に集中して記入せず、各投影図に均等に分散して記入するのがよい。

○ ② 寸法は、なるべく計算して求める必要がないように記入するのがよい。

③ 寸法は、各投影図にできる限り細かく、重複して寸法を記入するのがよい。

④ 寸法数値は、狭小部では小さく、拡大図では大きく記入しなければならない。

【C】非比例寸法に関する設問（**図 1**）

① この部分だけ研削加工を指示する図である。

○ ② この部分だけが寸法と図形が比例しない図である。

③ この部分だけ特殊な加工を指示する図である。

④ この部分の寸法だけが理論的に正確な寸法である。

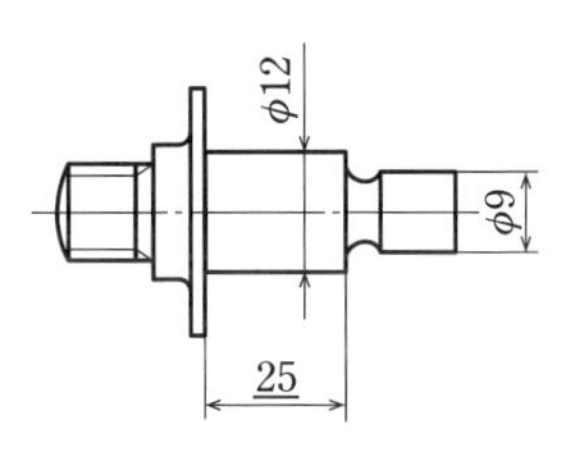

図 1　非比例寸法

【D】φ30H7 ／ φ30h6 のはめあいに関する設問

① はめあい方式は、穴基準、はめあいの種類は、しまりばめである。　（すきまばめ）

② はめあい方式は、軸基準、はめあいの種類は、しまりばめである。

（穴基準、すきまばめ）

○ ③ はめあい方式は、穴基準、はめあいの種類は、すきまばめである。

④ はめあい方式は、軸基準、はめあいの種類は、中間ばめである。（穴基準、すきまばめ）

【補足】 穴のはめあいに記号 H が用いられている場合、穴基準とする。軸のはめあいにも記号 h が用いられているときは、穴 30.000、軸 30.000 の場合もあるが、すきまばめとしている。

【E】φ80H8（＋0.046／0）と φ80f7（−0.030／−0.060）のはめあいに関する設問

① 穴の上の許容サイズは 80.000、軸の上の許容サイズは 80.060 である。

（80.046、79.970）

② 穴の下の許容サイズは 80.046、軸の下の許容サイズは 79.970 である。

（80.000、79.940）

③ 穴のサイズ公差は −0.030、軸のサイズ公差は 0.046 である。　（0.046、0.030）

○ ④ 最大すきまは 0.106、最小すきまは 0.030 である。

【F】寸法補助記号の呼び方、表し方、意味に関する設問

	呼び方		表し方		意味	
①	しかく	………	□20	………	正方形の一辺が 20 mm	（かく）
②	しー	………	C2	………	面取り角度 30°、面取り長さ 2 mm	（45°）
○ ③	てぃー	………	t5	………	厚さ 5 mm	
④	ぱい	………	φ20	………	直径 20 mm	（まる）

【G】幾何公差の記号に関する設問

①（ ↗ ）の記号は全振れを示し、振れ公差に属し、データムを必要とする。（円周振れ）

○ ②（ ⌭ ）の記号は円筒度を示し、形状公差に属し、データムを必要としない。

③（ ⌯ ）の記号は対称度を示し、姿勢公差に属し、データムを必要としない。

（位置、する）

④（ ⊥ ）の記号は直角度を示し、位置公差に属し、データムを必要とする。　（姿勢）

【H】ねじに関する設問

① ねじの呼びの表し方で、Tr10 × 2 は、メートルのこ歯ねじを表している。（台形）

○ ② ねじの呼びの表し方で、Rc3/4 は、管用テーパめねじを表している。

③ ねじの呼びの表し方で、G1/2 は、管用ガスねじを表している。（平行）

④ ねじの呼びの表し方で、M8 × 1 は、一般用メートルねじ並目を表している。（細目）

【I】ばねの図示法に関する設問

① コイルばねは、一般に最大許容荷重がかかった状態の形状をかく。（無荷重）

○ ② 重ね板ばねの形状は、一般にばね板が水平の状態でかく。

③ コイルばねの種類、形状だけを図示する場合、略図はばね材料の中心線を細い一点鎖線でかく。（太い実線）

④ 図に断りのないコイルばねや竹の木ばねの巻き方向は、一般に左巻きである。（右巻き）

【J】材料記号で、材質と記号の組み合わせに関する設問

○ ① 合金工具鋼鋼材 ……………… STK （SKS）

② 一般構造用圧延鋼材 ………… SS

③ ねずみ鋳鉄品 ………………… FC

④ 機械構造用炭素鋼鋼材 ……… S ＊＊ C

3級 解答・解説

2 解答

A	B	C	D
③	②	④	④

解説 機械製図に関する設問である。

（**1**） 図面の様式に関する設問（**図 2**）

○ ③ （a）は表題欄、（b）は輪郭線、（c）は中心マーク

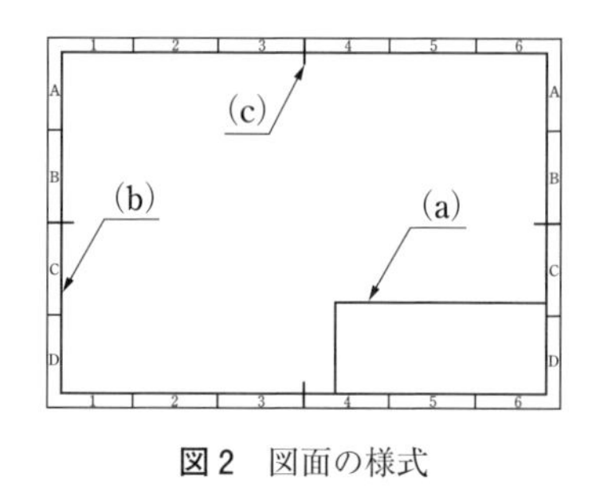

図 2 図面の様式

製図用紙の周辺には、使用中に破損しやすいため、図面に輪郭を設ける。輪郭は、用紙サイズの大きさで異なるが、線の太さ 0.5 mm 以上の**輪郭線**を描く。また、図面には、**図 2** に示すように中心マーク、比較目盛、区分記号、裁断マークをつけることになっている。用紙の右下隅に**表題欄**を設け、図面管理上の必要事項を記入する。**中心マーク**は図面のマイクロフィルム撮影、複写するときに使用するもので、用紙の各辺の中央に、用紙の端から輪郭線の内側 5 mm まで 0.5 mm の太さの線を引く。

【A】の答 ③

（**2**） 投影図の配置に関する設問（**図 3**）

○ ② （a）は正面図、（b）は平面図、（c）は右側面図
（d）は左側面図、（e）は下面図、（f）は背面図

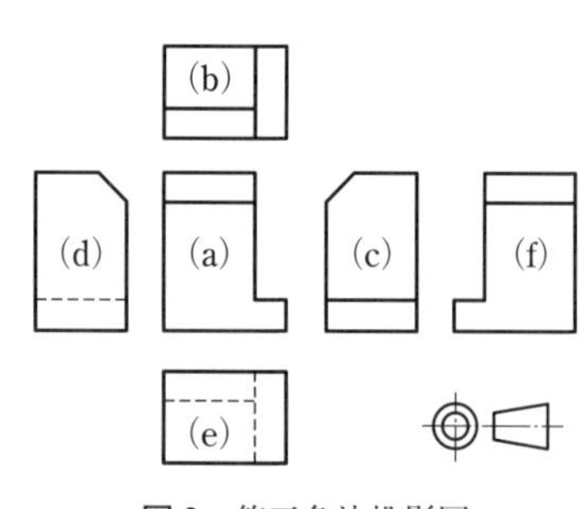

図 3 第三角法投影図

品物の図形を正確に表すために、投影面を投影線に直角に置いた正投影を用いて正投影図を描く。機械製図では、投影図は第三角法によると定められている（**図 3**）。

第三角法は、正面図（a）を基準として平面図（b）は上側に、右側面図（c）は右側に、左側面図（d）は左側に、下面図（e）は下側に、背面図（f）は都合によって左側または右側に配置する。

【B】の答 ②

（3） 断面図に関する設問（**図4**）

○ ④ 断面図の名称は、部分断面図である。

部分断面図とは、外形図において内部を部分的に示したいときに断面図として表した図をいい、破断線によって、その境界を示す。

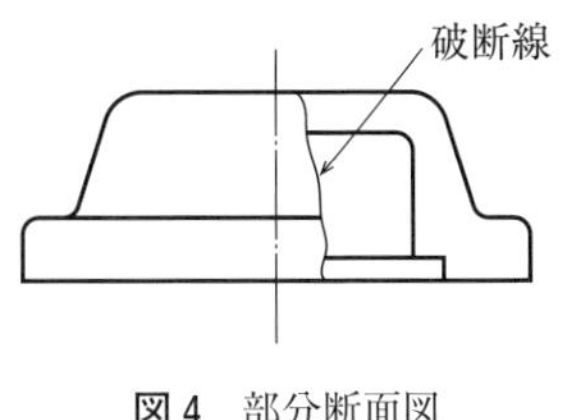

図4 部分断面図

【C】の答 ④

（4） 累進寸法記入法についての設問

累進寸法記入法は、一つの形体から次の形体へ寸法線をつないで、1本の連続した寸法線を用いて簡便に表示できる。この場合、寸法の起点の位置は、起点記号（○）で示し、寸法線の他端は矢印で示す。寸法数値は、寸法補助線に並べて記入するか〔**図5**（a）〕、矢印の近くに寸法線の上側にこれに沿って指示する〔**図5**（b）〕。

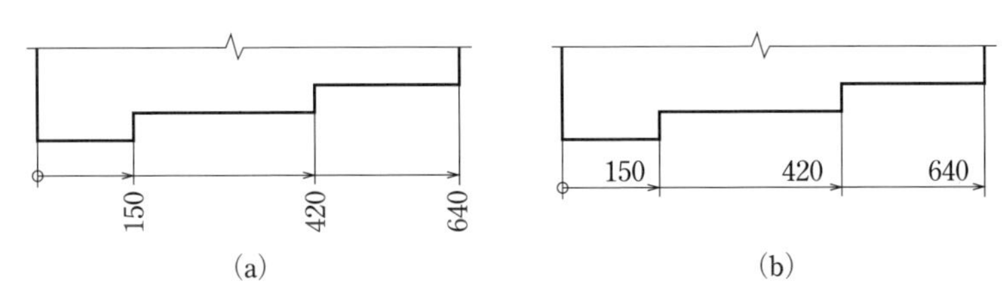

図5 累進寸法記入法

設問の図（**図6**）における①は、寸法の起点の位置を示す起点記号が●で、寸法数値0が記入されている。②は、寸法線の中間に寸法数値が記入されている。③は、起点記号が●で、寸法数値が寸法補助線の中間に記入されている。④は、起点記号が○で、寸法数値は矢印の近くに寸法線の上側に沿って記入されている。したがって、④が正解である。

【D】の答 ④

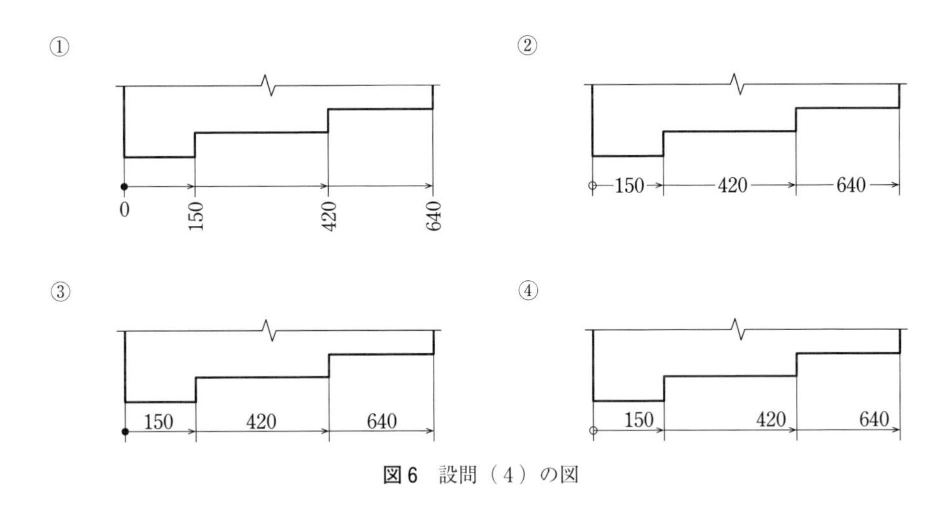

図6 設問（4）の図

3 解答

A	B	C	D	E	F	G	H	I	J	K	L	M	N
②	①	⑤	⑦	⑥	⑩	⑧	⑨	⑰	⑱	⑫	⑪	⑮	⑭

解説 機械製図に関する設問である。

（**1**） 製図用紙に関する設問

機械製図では、**表 1** に示す A 列サイズの製図用紙を用いる。製図用紙の縦の長さと横の長さの比は、$\mathbf{1:\sqrt{2}}$ である（**図 7**）。A0 用紙の大きさは、A2 用紙の面積の **4 倍**である。

A0 用紙の面積は、$841 \times 1189 = 999949$ [$\mathrm{mm^2}$] ≒ **1** [$\mathbf{m^2}$] である。

【A】の答 ②

【B】の答 ①

【C】の答 ⑤

表 1 製図用紙の大きさ（単位 mm）

A 列サイズ		延長サイズ				c (最小)	d（最小）	
第 1 優先		第 2 優先		第 3 優先			とじない場合	とじる場合
呼び方	寸法 $a \times b$	呼び方	寸法 $a \times b$	呼び方	寸法 $a \times b$			
A 0	841×1189			A 0×2 A 0×3	1189×1682 1189×2523[(1)]	20	20	20
A 1	594×841			A 1×3 A 1×4	841×1783 841×2378[(1)]	20	20	20
A 2	420×594			A 2×3 A 2×4 A 2×5	594×1261 594×1682 594×2102	10	10	20
A 3	297×420	A 3×3 A 3×4	420×891 420×1189	A 3×5 A 3×6 A 3×7	420×1486 420×1783 420×2080	10	10	20
A 4	210×297	A 4×3 A 4×4 A 4×5	297×630 297×841 297×1051	A 4×6 ～ A 4×9	297×1261 ～ 297×1892	10	10	20

注 (1) このサイズは，取扱い上の理由で使用を推奨できない，としている．

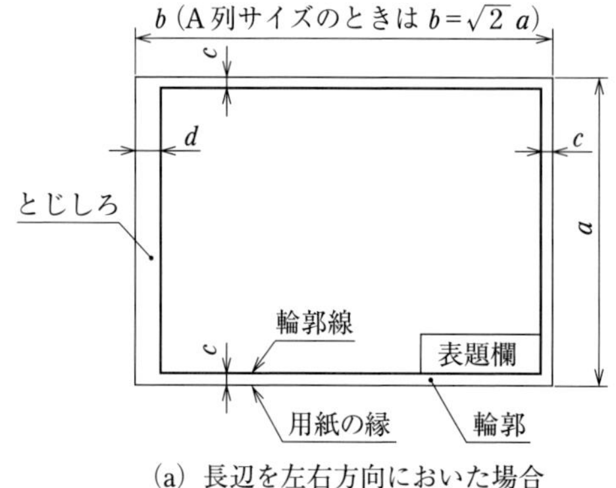

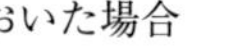

(a) 長辺を左右方向においた場合

(b) A4 で短辺方向を左右方向においた場合

図 7 製図用紙の配置

（**2**） 図面を描く場合、2種類以上の線が同一箇所に重なる時の優先順位の設問

図面で2種類以上の線が同じ場所に重なる場合には、次の優先順位に従う。

① 外形線　② かくれ線

③ 切断線　④ 中心線

⑤ 重心線　⑥ 寸法補助線

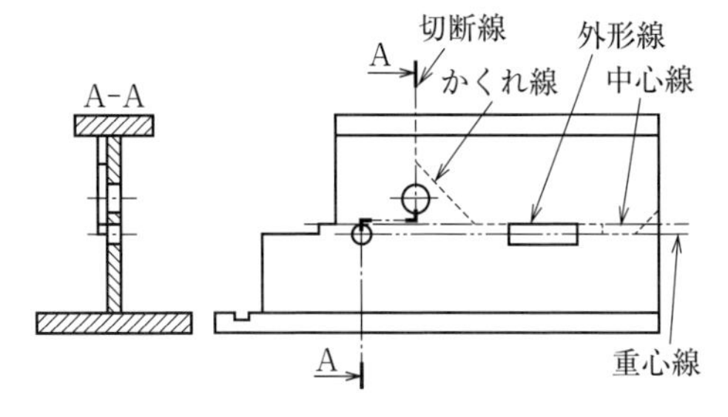

図8 重なる線の優先順位の図例

【D】の答　⑦

【E】の答　⑥

（**3**） 線の用法に関する設問

線の用法の図例を**図9**に示す。**想像線**は、隣接する部分または工具・ジグなどの位置を参考に示すのに用いる。**破断線**は、対象物の一部を取り去った境界を表すのに用いる。**切断線**は、断面図を描く場合、その断面位置を対応する図に表すために用いる。

【F】の答　⑩

【G】の答　⑧

【H】の答　⑨

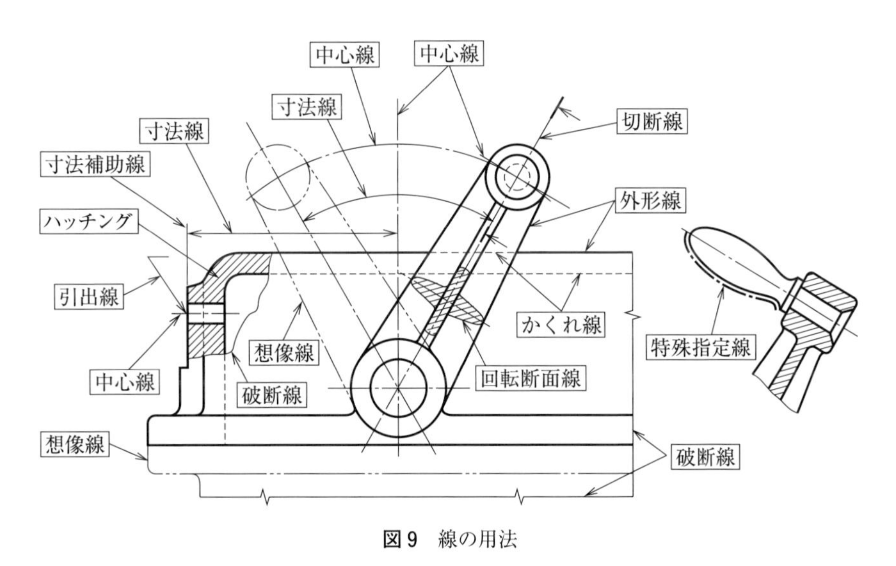

図9 線の用法

（4） 寸法記入に関する設問

寸法数値を括弧でくくってある寸法を**参考寸法**といい、図面の要求事項でなく、参考のために示す寸法をいう。

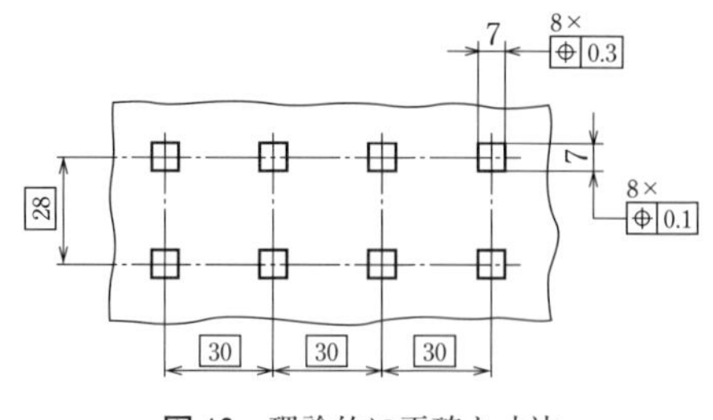

図 10 理論的に正確な寸法

寸法数値が四角い枠で囲ってある寸法を**理論的に正確な寸法**といい、形体の位置または方向を幾何公差を用いて指示するときに、その理論的輪郭、位置または方向を決めるための基準とする正確な寸法をいう（図 10）。

【I】の答 ⑰

【J】の答 ⑱

（5） 寸法の普通公差に関する設問

寸法の普通公差は、精度をとくに必要としない場合に個々の許容差を指定せず一括して公差を指示する方法で、図面指示が簡素化できる。公差等級の記号は、**精級は f**、中級は m、**粗級は c**、極粗級は v で指示する。

【K】の答 ⑫

【L】の答 ⑪

（6） 表面性状に関する設問

表面性状の測定は、一般に触針式表面粗さ測定機を用いて行なう。加工表面を筋目方向に直角な平面を触針でなぞり、その切り口に表れる曲線を**輪郭曲線**といい、この曲線からフィルタにより短い波長成分を除去して得られる曲線を**断面曲線**という。

【M】の答 ⑮

【L】の答 ⑭

4 解答

A	B	C	D	E	F	G	H	I	J	K
④	⑫	⑯	⑮	⑭	⑤	⑧	⑱	⑨	①	⑪

解説 図11に示す軸の製図に関する設問である。

図を参照して、各設問の文章の空欄【A】～【K】に当てはまる語句を語句群より選び、当てはまる番号と語句を【　】内に記入した。

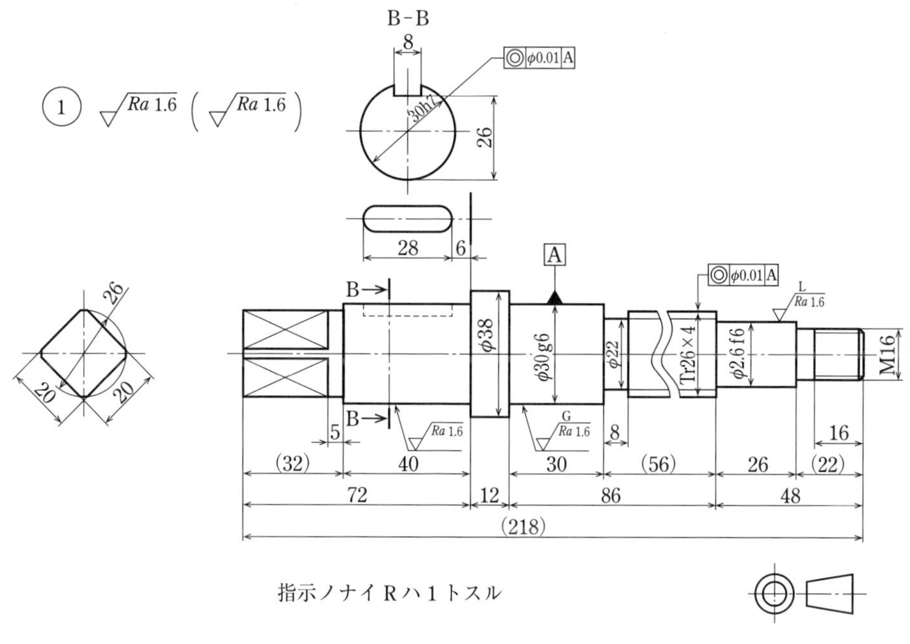

図11　軸

（1） 図中の左上に示す①の名称を【A：④照合】番号という。

照合番号とは、図面に示した部品と、部品欄または部品表に書いた部品と照合するための番号をいう。

（2） 図中のキー溝を表している投影図（28の寸法記入）の名称は【B：⑫局部】投影図である。

局部投影図とは、対象物の穴、溝など一局部だけの形を図示すればよい場合、その必要部分を投影した図をいう（図12）。

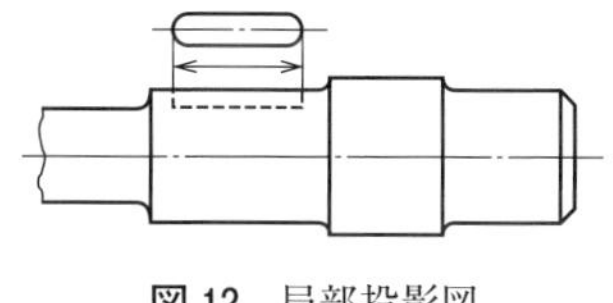

図12　局部投影図

（**3**） 図中の“◎”の示す幾何公差記号の特性は【C：⑯ 同軸度】を表し、【D：⑮ 位置】公差に属する。

幾何公差の種類とその記号を、**表2**に示す。これらの幾何公差は、対象となる品物の形状・姿勢・位置および振れの4つの公差に大別される。

表2 幾何公差の種類とその記号（JIS B 0021：1998）

公差の種類	特 性	記号	データム指示	公差の種類	特 性	記号	データム指示
形状公差	真直度	―	否	姿勢公差	線の輪郭度	⌒	要
	平面度	⏥	否		面の輪郭度	⌓	要
	真円度	○	否	位置公差	位置度	⌖	要・否
	円筒度	⌭	否		同心度（中心点に対して） 同軸度（軸線に対して）	◎	要
	線の輪郭度	⌒	否		対称度	⌯	要
	面の輪郭度	⌓	否		線の輪郭度	⌒	要
姿勢公差	平行度	//	要		面の輪郭度	⌓	要
	直角度	⊥	要	振れ公差	円周振れ	↗	要
	傾斜度	∠	要		全振れ	⌰	要

（**4**） 軸をB－Bで断面した図を【E：⑭ 回転図示】断面図といい、B－Bは【F：⑤ 識別】記号という。

回転図示断面図とは、ハンドル、車などのアームおよびリム、リブ軸、構造物の部材などの切り口を90°回転して、その投影図に描いた図をいう（**図13**）。

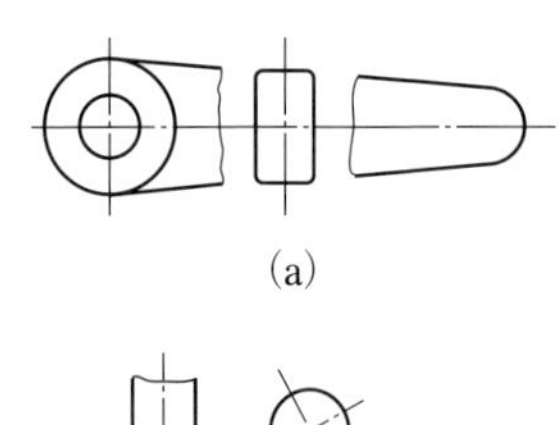

(a)

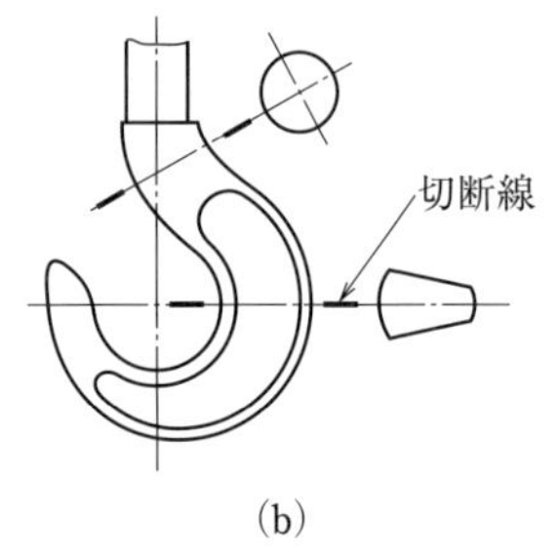

(b)

図13 回転図示断面図

切断面の位置を指示する必要がある場合に用いられる。切断面の両端および切断方向の変わる部分を太くした細い一点鎖線を用いて指示する。投影方向を指示する必要がある場合には、投影方向を矢印で描く。また、切断面を識別する必要がある場合には、ローマ字の大文字などの記号によって指示し、矢印によって投影方向を示し、参照する断面の**識別記号**は矢印の端に記入する。相当する断面図の真下か真上に記入する。

（**5**） 表面性状に用いられている記号“$\sqrt{Ra\ 1.6}$”は【G：⑧ 算術平均】粗さを示し、数値1.6 μmは【H：⑱ 許容限界値】である。

表面性状を指示するパラメータは、**算術平均粗さ**（*Ra*）、最大高さ（*Rz*）などの多くのパラメータがJISで規定されている。また、パラメータの値は、**許容限界値**を表している。これは通常、上の許容限界値を示している。

（**6**）　表面性状の参照線上に記入されている加工方法記号“G”は【Ｉ：⑨研削】、“L”は【Ｊ：①旋削】を表す。

表面性状の記号に加工方法を指示するときには、**表3**に示す記号を用いる。

表3　各種加工方法の記号例

加工方法	記　号	略　号	加工方法	記　号	略　号
旋　削	L	旋	超仕上げ	GSP	超
穴あけ（きりもみ）	D	キ　リ	研　磨	SP	研　磨
リーマ仕上げ	DR	リーマ	バフ研磨	SPBF	バ　フ
中ぐり	B	中ぐり	液体ホーニング	SPLH	液体ホーン
フライス削り	M	フライス	ブラスチング	SB	ブラスト
平削り	P	平　削	やすり仕上げ	FF	やすり
形削り	SH	形　削	きさげ仕上げ	FS	きさげ
ブローチ削り	BR	ブローチ	ラップ仕上げ	FL	ラップ
研　削	G	研	研磨布紙仕上げ	FCA	ペーパ
ベルト研削	GBL	布　研	鋳　造	C	鋳
ホーニング	GH	ホーン	鍛　造	F	鍛

注　加工方法および記号は JIS B 0122：1978 加工方法記号による．略号は慣用例である．

（**7**）　ϕ20f6 の軸が ϕ20H7 の穴に挿入された場合のはめあいの種類は【Ｋ：⑪すきまばめ】である。

穴のはめあいの記号がＨより、このはめあいは穴基準はめあい方式である。**表4**は、JIS に規定されている穴基準はめあい方式のはめあい状態を示す。軸のはめあいのｈ記号よりｇ、ｆとなるに従って基準の寸法より小さくなり、**すきまばめ**となる。

表4　推奨する穴基準はめあい方式のはめあい状態（JIS B 0401 − 1：2016）

穴基準	軸の公差クラス																	
	すきまばめ							中間ばめ				しまりばめ						
H6						g5	h5	js5	k5	m5		n5	p5					
H7					f6	g6	h6	js6	k6	m6	n6		p6	r6	s6	t6	u6	x6
H8				e7	f7		h7	js7	k7	m7					s7		u7	
			d8	e8	f8		h8											
H9			d8	e8	f8		h8											
H10	b9	c9	d9	e9			h9											
H11	b11	c11	d10				h10											

5 解答

A	B	C
④	⑤	⑨

解説　溶接記号に関する設問である。

溶接記号は、**図14**に示すように、基線、矢および尾で構成され、必要に応じて寸法を添え、尾は補足的な指示をする。尾は必要でなければ省略できる。基線は溶接記号や寸法を描く水平線で、矢は溶接部を指示するときに用いるもので、基線に対し、なるべく60°の直線で描く。

レ形、J形、レ形フレアなど非対称な溶接部において、開先を取る部材の面またはフレアのある部材の面を指示する必要のある場合は、**図15**に示すように矢を折線とし、開先を取る面またはフレアのある面に矢の先端を向ける。

溶接記号の基本記号の記入方法は、**図15**に示すように、溶接する側が矢の側または手前側のときに基線の下側に、矢の反対側または向こう側を溶接するときには基線の上側に密着して記入する。

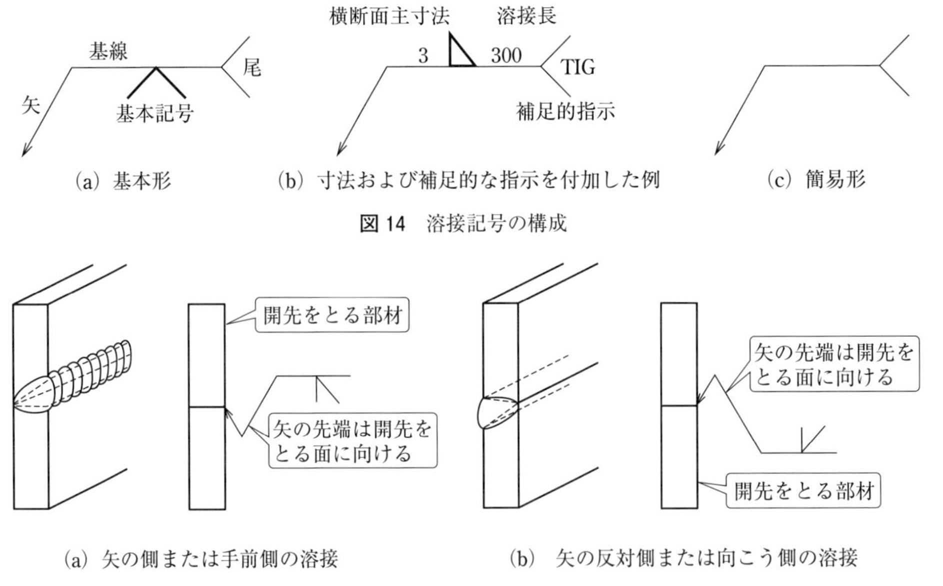

(a) 基本形　(b) 寸法および補足的な指示を付加した例　(c) 簡易形

図14　溶接記号の構成

(a) 矢の側または手前側の溶接　(b) 矢の反対側または向こう側の溶接

図15　基本記号の指示方法

【A】**図 16**（a）は、レ形溶接（非対称）の実形図を示す。レ形溶接は、開先が非対称な溶接部であり、開先を取る部材を指示する場合には矢を折線とし、開先を取る面に矢の先端を向ける。レ形開先溶接の基本記号（レ）を記入する。その際、溶接する側の反対側または向こう側に溶接するので、同図（b）のように基線の上側にする。

④

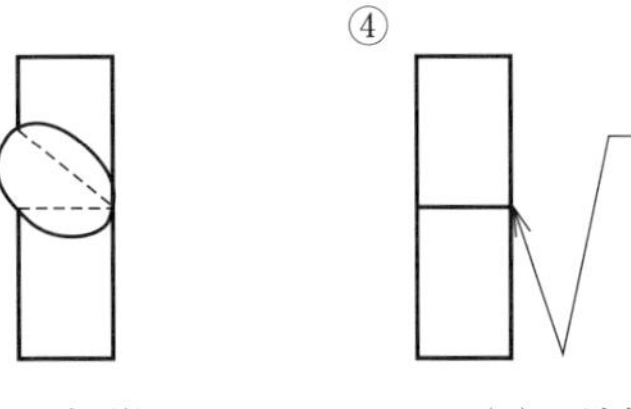

（a） 実形図　　（b） 溶接記号

図 16　レ形溶接

【A】の答　④

【B】**図 17**（a）は、V 形溶接の実形図を示す。V 形溶接は、対称な溶接部であり、開先を取る部材を指示する場合には矢を開先を取る面に矢の先端を向ける。V 形開先溶接の基本記号（V）を記入する。その際、溶接する側が矢の側または手前側に溶接するので、同図（b）のように基線の下側にする。

⑤

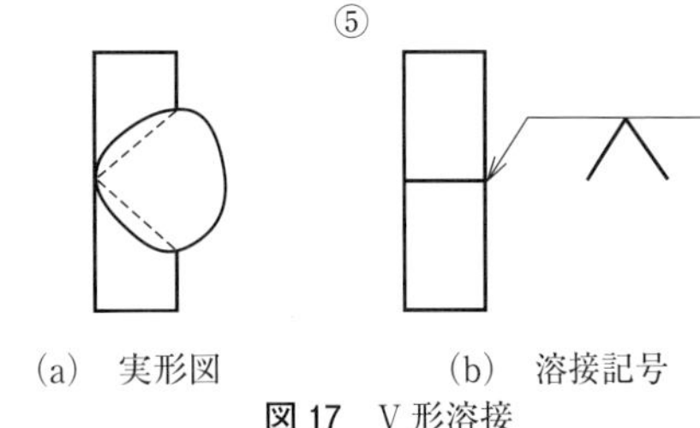

（a） 実形図　　（b） 溶接記号

図 17　V 形溶接

【B】の答　⑤

【C】**図 18**（a）は、レ形溶接とすみ肉溶接組み合わせの実形図を示す。レ形溶接は、開先が対称な溶接部であり、開先を取る部材を指示する場合には矢を折線とし、開先を取る面に矢の先端を向ける。レ形開先溶接の基本記号（レ）を記入する。その際、溶接する側が矢の反対側または向こう側に溶接するので、基線の上側にする。すみ肉溶接は、レ形開先溶接と同様に溶接する側が矢の反対側であるので、同図（b）のように基本記号（◺）を基線の上側に記入する。基本記号は特定の形状を示すために組み合わせることができる。

⑨

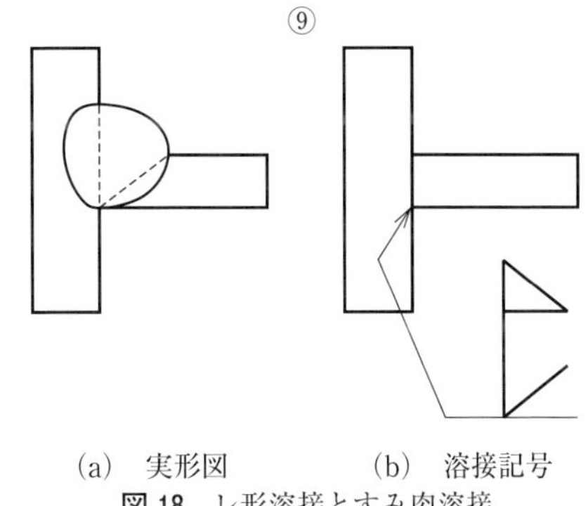

（a） 実形図　　（b） 溶接記号

図 18　レ形溶接とすみ肉溶接

【C】の答　⑨

6	**解答**

A	B
③	②

解説　立体図に関する設問である。

（**1**）　**図19**に示す正投影図に該当する立体図を**図20**より選択する。

図19の正投影図には、斜面のある立体図は該当しないので、②と④が除外される。①の立体図は、正面図、平面図は正しいが、右側面図が違うので除外される。したがって、③が正解である。

【A】の答　③

【A】

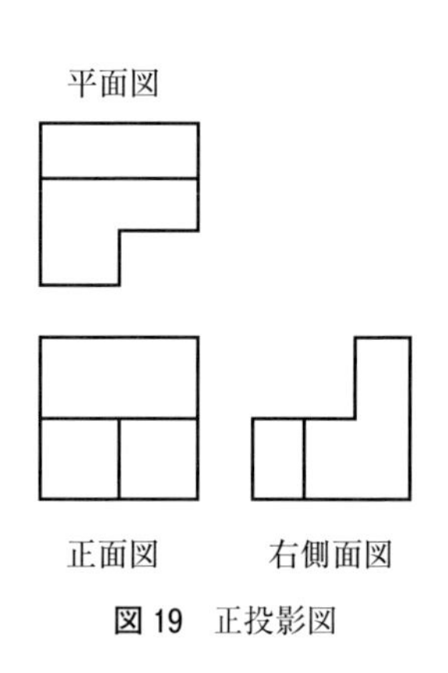

図19　正投影図

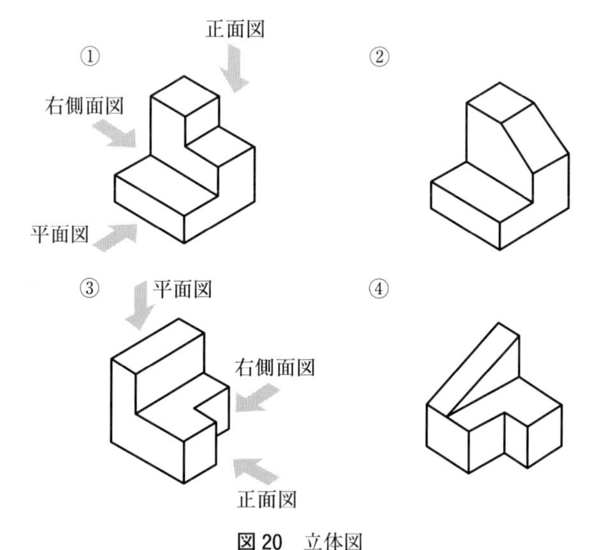

図20　立体図

（**2**）　**図 21** に示す正投影図に該当する立体図を**図 22** より選択する。

図 21 の正投影図には、斜面のある立体図は該当しないので、①が除外される。また、**図 21** の正投影図は、溝が上下にあり、かつ溝は交差している立体図である。③は溝が上下にあるが、平行で除外される。④は溝が一つで除外される。したがって、②が正解である。

【B】の答　②

【B】

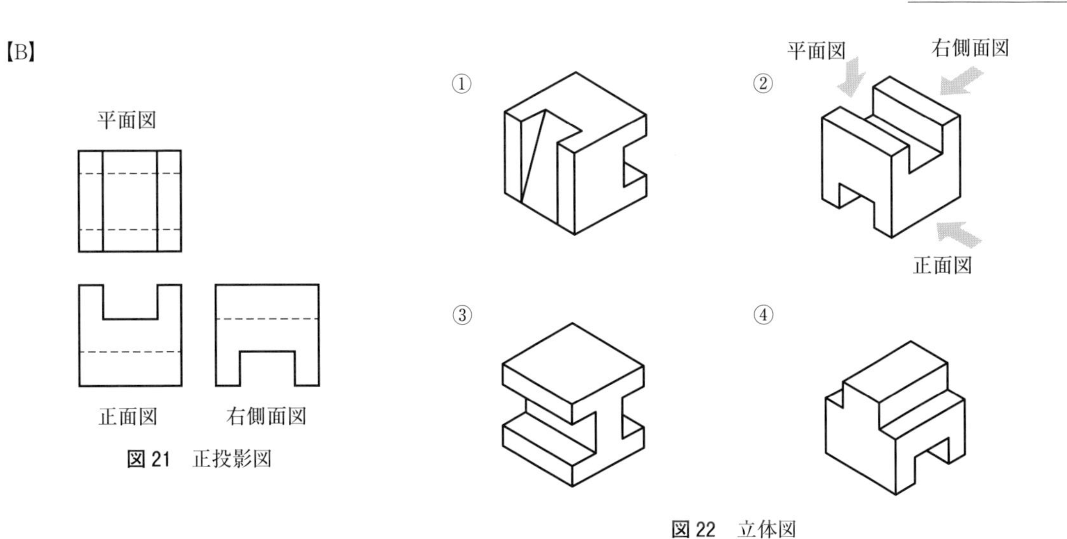

図 21　正投影図

図 22　立体図

令和５年度　３級　試験問題Ⅱ　解答・解説

〔2. 材料力学　3. 機械力学　5. 熱工学　6. 制御工学　7. 工業材料〕

〔2. 材料力学〕

1　解答

A	B	C	D	E
①	④	①	③	⑤

解説

（**1**）　棒材 BC および棒材 CD に作用する張力 T_1、T_2 の x 軸方向の力のつり合い式は、

$$T_1 \sin\theta_1 = T_2 \sin\theta_2 \qquad \cdots\cdots (1)$$

答　①

（**2**）　棒材 BC および棒材 CD に作用する張力 T_1、T_2 の y 軸方向の力のつり合い式は、

$$T_1 \cos\theta_1 + T_2 \cos\theta_2 = P \qquad \cdots\cdots (2)$$

答　④

（**3**）　前問（**1**）および（**2**）から T_1 を消去する。式(1)を変形して、

$$T_1 = \frac{T_2 \sin\theta_2}{\sin\theta_1}$$

これを式(2)に代入して

$$\frac{T_2 \sin\theta_2 \cos\theta_1}{\sin\theta_1} + T_2 \cos\theta_2 = P$$

$$\therefore \quad T_2 = \frac{P \sin\theta_1}{\sin\theta_1 \cos\theta_2 + \sin\theta_2 \cos\theta_1}$$

答　①

加法定理を用いて変形すると

$$T_2 = \frac{P \sin\theta_1}{\sin(\theta_1 + \theta_2)}$$

参考として、これを式(1)に代入して T_1 を求めると

$$T_1 = \frac{P \sin\theta_2}{\sin\theta_1 \cos\theta_2 + \sin\theta_2 \cos\theta_1} = \frac{P \sin\theta_2}{\sin(\theta_1 + \theta_2)}$$

（**4**） 横断面積 A で縦弾性係数 E、長さ ℓ の部材に荷重 T が作用したとき、この部材の伸び λ は次のように求められる。

部材に発生する応力は $\sigma = T/A$ であり、ひずみの定義から $\varepsilon = \lambda/\ell$ である。これにフックの法則 $\varepsilon = \sigma/E$ を用いると、次式を得る。

$$\lambda = \frac{T\ell}{AE}$$

これを部材 BC および CD に適用すると、それぞれの伸び λ_1 と λ_2 が求められる。

$$\lambda_1 = \frac{T_1\ell_1}{AE} = \frac{P\ell_1\sin\theta_2}{AE\sin(\theta_1 + \theta_2)}$$

上式に数値を代入して

$$\lambda_1 = \frac{15 \times 10^3 \times 2.25 \times \sin30^\circ}{100 \times 10^{-6} \times 206 \times 10^9 \times \sin(60^\circ + 30^\circ)}$$

$$= 0.000819 = 0.82 \times 10^{-3}\ [\mathrm{m}] = 0.82\ [\mathrm{mm}]$$

$$\lambda_2 = \frac{T_2\ell_2}{AE} = \frac{P\ell_2\sin\theta_1}{AE\sin(\theta_1 + \theta_2)}$$

上式に数値を代入して

$$\lambda_2 = \frac{15 \times 10^3 \times 2.85 \times \sin60^\circ}{100 \times 10^{-6} \times 206 \times 10^9 \times \sin(60^\circ + 30^\circ)}$$

$$= 0.001797 = 1.80 \times 10^{-3}\ [\mathrm{m}] = 1.80\ [\mathrm{mm}]$$

答 ③

（**5**） 点Cの変形後の位置をC′とすると、点Bを中心とする半径 $\ell_1+\lambda_1$ の円と点Dを中心とする半径 $\ell_2+\lambda_2$ の円の交点がC′となる。

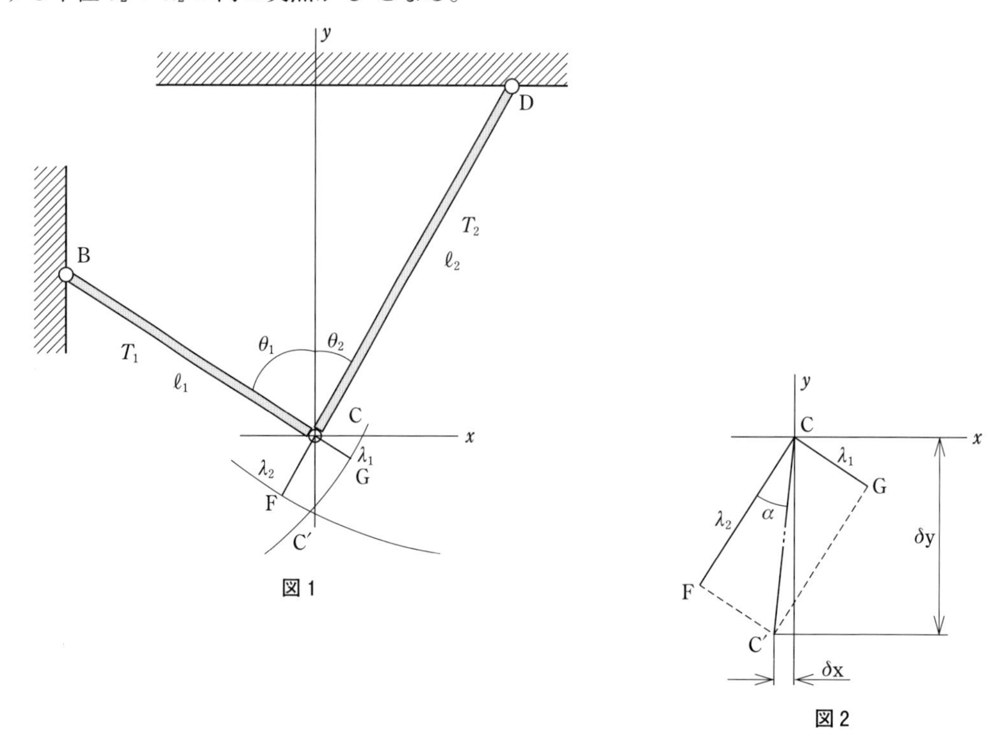

図1

図2

変形を微小として円弧を接線で近似すると、**図2**のようになる。四角形CFC′Gの対角線Fの長さは、

$$CC' = \sqrt{\lambda_1^2 + \lambda_2^2} = \sqrt{0.82^2 + 1.80^2} \times 10^{-3} = 1.9779 \times 10^{-3} = 1.98 \text{ [mm]}$$

$\angle FCC' = \alpha$ とすると、

$$\tan\alpha = \frac{\lambda_1}{\lambda_2} = \frac{0.82}{1.80}$$

$$\therefore \quad \alpha = \tan^{-1}\left(\frac{0.82}{1.80}\right) = 24.492°$$

x 軸方向への移動量 δx の値は、

$$\delta x = CC'\sin(\theta_2 - \alpha) = 1.98 \times \sin(30° - 24.492°) \times 10^{-3}$$
$$= 0.190 \times 10^{-3} = 0.19 \text{ [mm]}$$

点Cの y 軸方向への移動量 δy は、

$$\delta y = CC'\cos(\theta_2 - \alpha) = 1.98 \times \cos(30° - 24.492°) \times 10^{-3}$$
$$= 1.9709 \times 10^{-3} = 1.97 \text{ [mm]}$$

答 ⑤

2 解答

A	B	C	D	E
⑤	③	④	①	⑤

解説

（**1**） このはりが受ける全荷重 W は、$W = w\ell$ である（**図 3**）。

全荷重 W は、はりの先端 A から $\dfrac{\ell}{2}$ の位置に作用していることになるから、支点 B に関するモーメントのつり合い式は、

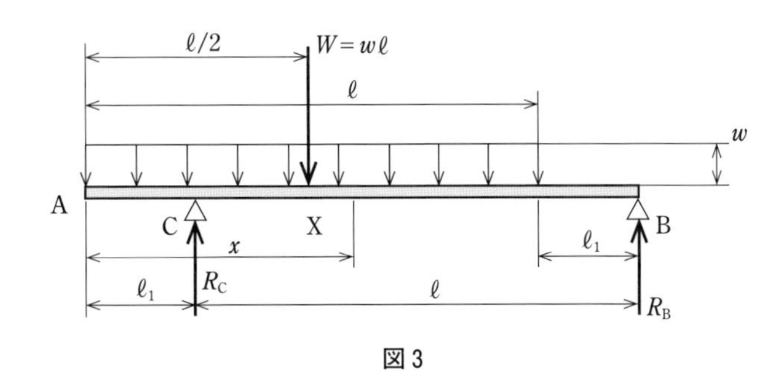

図 3

$$R_C \times \ell - w\ell \times \left(\frac{\ell}{2} + \frac{\ell}{4}\right) = 0$$

$$R_C = \frac{3w\ell}{4}$$

ただし、$\ell_1 = \dfrac{\ell}{4}$ とする。　　答 ⑤

（**2**） 両支点 B、C の反力 R_B および R_C の和は、はりに作用する全荷重 $W = w\ell$ に等しいから、

$$R_B + R_C = w\ell$$

$$\therefore \quad R_B = w\ell - R_C = w\ell - \frac{3w\ell}{4} = \frac{w\ell}{4}$$

答 ③

（**3**） はりに作用するせん断力 F_X を求める。

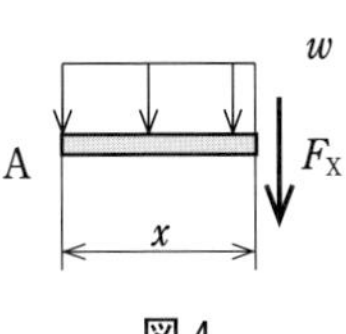

図 4

i） $0 < x < \dfrac{\ell}{4}$ のとき

分布荷重 w とせん断力のつり合い式は、

$$F_X + wx = 0$$

$$\therefore \quad F_X = -wx$$

ii） $\frac{\ell}{4} < x < \frac{3}{4}\ell$ のとき

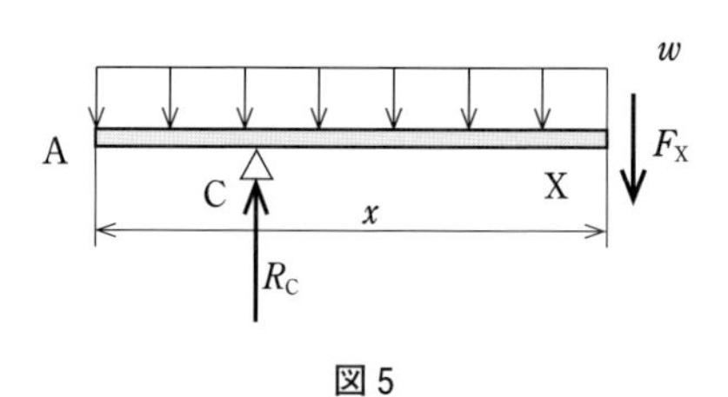

図5

分布荷重 w とせん断力のつり合い式は、

$$F_X + wx - R_C = 0$$

変形して $F_X = -wx + R_C$

$$\therefore \quad F_X = \frac{3w\ell}{4} - wx = w\left(\frac{3\ell}{4} - x\right)$$

答 ④

iii） $\ell < x < \frac{5}{4}\ell$ のとき

分布荷重 w とせん断力のつり合い式は、

$$F_X + w\ell - R_C = 0$$

変形して $F_X = -w\ell + R_C$

$$\therefore \quad F_X = \frac{3w\ell}{4} - w\ell = \frac{w\ell}{4}$$

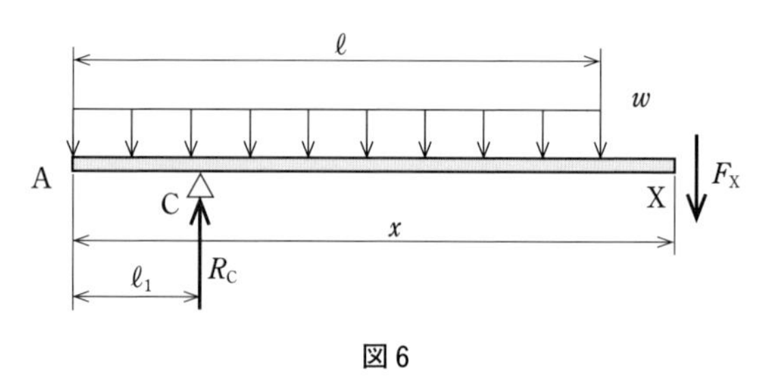

図6

（**4**） $\frac{\mathrm{d}M}{\mathrm{d}x} = F$ より、問（**3**）で求めたせん断力 F_X を x の領域で積分することによって曲げモーメント M_X を求めることができる。

$\frac{\ell}{4} < x < \frac{3}{4}\ell$ のとき、内力 F_X および M_X と支点反力 R_C および等分布荷重 wx の状態を図7に示す。

はりの断面 X におけるモーメントのつり合い式は、次式で表される。

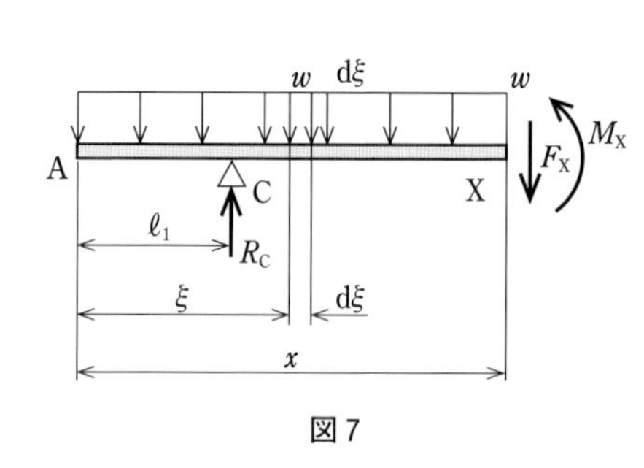

図7

$$M_X + \int_0^x w(x - \xi)\mathrm{d}\xi - R_C(x - \ell_1) = 0$$

変形して

$$M_X = R_C(x - \ell_1) - \int_0^x w(x - \xi)\mathrm{d}\xi$$

$$= \frac{3w\ell}{4}\left(x - \frac{\ell}{4}\right) - w\left(x^2 - \frac{x^2}{2}\right)$$

$$= \frac{3w}{4}\left(\ell x - \frac{\ell^2}{4} - \frac{2x^2}{3}\right)$$

答 ①

（**5**） このはりに作用する最大曲げモーメントは、問(**3**)の**ii**）で、$F_X = 0$ のときに生ずる。

$$F_X = w\left(\frac{3\ell}{4} - x\right) = 0$$

すなわち、$x = \dfrac{3\ell}{4}$ で $F_X = 0$ となる。

これを前問で求めた M_X に代入して、

$$M_{\max} = [M_X]_{x=\frac{3\ell}{4}} = \frac{3w}{4}\left[\ell \times \frac{3\ell}{4} - \frac{\ell^2}{4} - \frac{2}{3} \times \left(\frac{3\ell}{4}\right)^2\right] = \frac{3w\ell^2}{32}$$

答 ⑤

〔3. 機械力学〕

1 解答

A	B	C
②	③	④

解説

（**1**） 高さhから鉛直方向に自由落下（初速度は0）する物体に対して、加速度$\alpha = -g$が作用するので（等加速度運動）、t秒後の地上からの高さxは

$$x = h - \frac{1}{2}gt^2$$

$x = 0$、$h = 30$［m］を代入して

$$0 = 30 - \frac{1}{2}gt^2$$

これより落下時間tは

$$t = \sqrt{\frac{2 \times 30}{9.81}} \fallingdotseq 2.5 \text{［s］}$$

答 $t = 2.5$［s］

（**2**） 投下した物体の水平方向の速度v'は

$$v' = v = \frac{20}{3.6} \fallingdotseq 5.6 \text{［m/s］}$$

等速運動なので、落下までに水平方向に進む距離dは

$$d \fallingdotseq 5.6 \times 2.5 = 14.0 \text{［m］}$$

答 $d = 14$［m］

（**3**） $\tan\theta = \frac{h}{d} = \frac{30}{14.0} \fallingdotseq 2.14$ より

$$\theta \fallingdotseq 65°$$

答 $\theta = 65$［度］

2 解答

A	B	C	D	E
②	③	⑤	②	④

解説

重心Gに作用する力のベクトルを**図1**に示す。

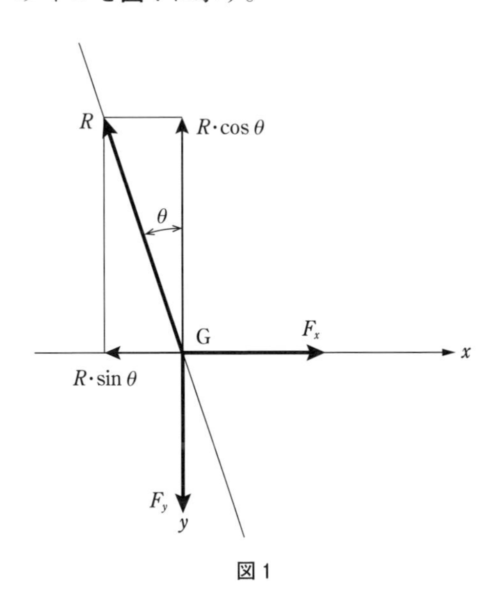

図1

(**1**) 遠心力を F_r とすると

$$F_r = m\frac{v^2}{r}$$

答　$F_r = m\frac{v^2}{r}$

(**2**) 作用力の x 方向成分の力 F_x は

$$F_x = F_r - R\cdot\sin\theta = \frac{mv^2}{r} - R\cdot\sin\theta$$

答　$F_x = \frac{mv^2}{r} - R\cdot\sin\theta$

(**3**) 作用力の y 方向成分の力 F_y は

$$F_y = mg - R\cdot\cos\theta$$

答　$F_y = mg - R\cdot\cos\theta$

(**4**) 上式の $F_x = 0$、$F_y = 0$ とすると

$$R\sin\theta = \frac{mv^2}{r}$$

$$R\cos\theta = mg$$

よって

$$\tan\theta = \frac{\sin\theta}{\cos\theta} = \frac{\dfrac{mv^2}{r}}{mg} = \frac{v^2}{rg}$$

答　$\tan\theta = \dfrac{v^2}{rg}$

【別解】 タイヤの接地点における回転モーメントを考える。接地点から重心までの距離を l とすると

$$\frac{mv^2}{r} \times l\cos\theta = mg \times l\sin\theta$$

$$\frac{l\sin\theta}{l\cos\theta} = \tan\theta = \frac{\dfrac{mv^2}{r}}{mg} = \frac{v^2}{rg}$$

(**5**) 上式に数値を代入すると

$$\tan\theta = \frac{\{(50 \times 10^3)/(60 \times 60)\}^2}{50 \times 9.81} \fallingdotseq 0.393$$

$\therefore\ \theta \fallingdotseq 21.5°$

答　$\theta = 21.5$［度］

3 解答

A	B	C
②	⑤	⑤

解説

（**1**） 点Aと点Bに作用する力のベクトルを図2に示す。

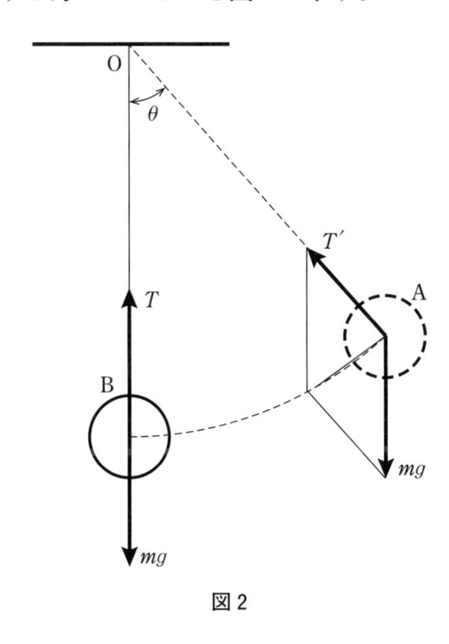

図2

力のつり合いより、ひもに作用する張力 T、T' は

$$T = mg$$

$$T' = mg\cos\theta$$

$$\therefore \quad \frac{T}{T'} = \frac{1}{\cos\theta} = k$$

答　$k = \dfrac{1}{\cos\theta}$

（**2**） 位置エネルギーの差 $\varDelta E$ は

$$\varDelta E = mg(r - r\cos\theta) = mgr(1 - \cos\theta) = mgr\left(1 - \frac{1}{k}\right)$$

答　$\varDelta E = mgr\left(1 - \dfrac{1}{k}\right)$

（**3**）　エネルギー保存の法則により

$$\frac{1}{2}mv^2 = \varDelta E$$

よって、速度 v は

$$v = \sqrt{2gr\left(1 - \frac{1}{k}\right)}$$

答　$v = \sqrt{2gr\left(1 - \frac{1}{k}\right)}$

〔5. 熱工学〕

1 解答

A	B	C	D	E※	F※	G	H	I	J
①	⑯	③	⑤	④	⑧	⑫	⑩	⑬	⑮

※【E】、【F】は順不同。

解説

図より等圧変化なので、　答【A】は①

熱力学第一法則より　答【B】は⑯

$$dq = du + p\,dv = dh - v dp$$

状態式は、

$$pv = RT = \frac{R_u}{M}T$$

答【C】は③

v、T の関係から

$$\frac{v_1}{T_A} = \frac{v_2}{T_B}$$

答【D】は⑤

より、外部から与えた熱量 q_{AB} は、

$$q_{\mathrm{AB}} = \int_A^B dh = \int_A^B c_p dT = c_p(T_B - T_A) = c_p T_A\left(\frac{v_2}{v_1} - 1\right) = c_p T_A\left(\frac{v_2}{v_1} - 1\right)$$
$$= c_p \frac{M}{R_u} p_1 v_1\left(\frac{v_2}{v_1} - 1\right) = c_p \frac{M}{R_u} p_1(v_2 - v_1)$$

答【E】は④、【F】は⑧

内部エネルギーの増加分 Δu は $du = c_v dT$ より、次式となる。

$$\Delta u = \int_A^B c_v dT = c_v(T_B - T_A) = \frac{c_p}{\kappa}\frac{M}{R_u} p_1(v_2 - v_1)$$

答【G】は⑫

等温変化において、熱力学第一法則より

$$dq = du + p\,dv = c_v dT + p dv$$

$$pv = p_1 v_2 = p_2 v_3 \text{ より}$$

答【H】は⑩

$$q_{BC} = \int_B^C p dv = p_1 v_2 \ln\left(\frac{v_3}{v_2}\right)$$

答【I】は⑬

$du = c_v dT = 0$ より

$$\Delta u = 0$$

答【J】は⑮

2 解答

A	B	C	D	E	F	G	H	I	J
⑤	⑬	⑭	⑯	⑨	⑩	①	②	⑧	⑦

解説

円管の外径 $d_2 = 48.6$ mm であり、肉厚が 2 mm より、円管の内径 d_1 は以下となる。

$$d_1 = 48.6 - 4 = 44.6 \ [\mathrm{mm}]$$

断熱材厚みが 3 mm のため、断熱材表面の直径 d_3 は以下となる。

$$d_3 = 48.6 + 6 = 54.6 \ [\mathrm{mm}]$$

答 【A】は⑤

$T_1 = 300$℃、$T_3 = 30$℃、$\lambda_1 = 19.0$ W/(mK)、$\lambda_2 = 0.057$ W/(mK)、$L = 1$ m は与えられている。そこで、円管および断熱材を通る全体の熱伝導による伝熱量 Q は定常状態では等しいので、次式が成り立つ。

$$Q = \frac{2\pi\lambda_1 L}{\ln\dfrac{d_2}{d_1}}(t_1 - t_2) = \frac{2\pi\lambda_2 L}{\ln\dfrac{d_3}{d_2}} \times (t_2 - t_3) \qquad \cdots\cdots (1)$$

答 【B】は⑬

式(1)を熱抵抗の形に書き換えると、直列の電気抵抗のオームの法則と同様に、次式の形が成り立つ。

$$Q = \frac{t_1 - t_2}{R_1} = \frac{t_2 - t_3}{R_2} = \frac{t_1 - t_3}{R_1 + R_2} \qquad \cdots\cdots (2)$$

答 【C】は⑭、【D】は⑯

ここで、式(2)は式(1)を熱抵抗の次式の形に変形している。

$$R_1 = \frac{\ln(d_2/d_1)}{2\pi\lambda_1 L}, \quad R_2 = \frac{\ln(d_3/d_2)}{2\pi\lambda_2 L}$$

答 【E】は⑨、【F】は⑩

したがって、題意の数値を代入すると、次式となる。

$$R_1 = \frac{\ln(48.6/44.6)}{2 \times 3.14 \times 19.0 \times 1}$$

$$= 7.198 \times 10^{-4} = 7.2 \times 10^{-4} = 0.00072 \text{［K/W］}$$

答 【G】は①

$$R_2 = \frac{\ln(54.6/48.6)}{2 \times 3.14 \times 0.057 \times 1} = 0.325 \fallingdotseq 0.33 \text{［K/W］}$$

答 【H】は②

式(2)にこれらの値を代入すると、

$$Q = \frac{300 - 30}{0.00072 + 0.33} = 816.4 \text{［W］} \fallingdotseq 816 \text{［W］}$$

が得られ、この Q から円管と断熱材の接面温度 t_2 は式(2)より、

$$Q = \frac{t_1 - t_2}{R_1} = \frac{300 - t_2}{0.00072} = 816 \text{ より}$$

答 【I】は⑧

$$t_2 = 300 - 0.00072 \times 829 = 299℃$$

答 【J】は⑦

が得られる。

〔6. 制御工学〕

1 解答

A	B	C	D	E	F	G	H
⑤	①	③	②	④	②	②	③

解説

（**1**）

- 制御工学では、主として制御対象の動特性（時間に依存して変化する特性のこと）を伝達関数で表し、それに基づいて制御系の解析や設計が行われる。
- 伝達関数とは、周波数領域における動的システムの入力と出力の関係を現した式である。制御工学では、時間 t で表される関数を**ラプラス変換**と呼ばれる変数変換の手法を用いて複素数 s の式に変換してシステムの出力特性を求める。

（**2**）

- 制御系で望まれる第一条件は**安定**であり、不安定な系は安定な系に改善する必要がある。ただし、「安定性と速応性は相反する関係」であることに注意しなければいけない。

（**3**）

- 制御工学では、システムが安定した定常値を求めるときに**最終値の定理**を用いる。この定理は制御系の定常特性の解析に必要不可欠である。
- 最終値の定理は、時間 t を十分大きくとったとき、関数 $f(t)$ がある一定の値に落ち着く場合に用いる定理である。最終値の定理を用いると、時間領域 t での最終値を s 領域の式から求めることができ、次式として与えられる。

$$\lim_{t\to\infty} f(t) = f(\infty) = \lim_{s\to 0} sF(s)$$
ここで、$F(s)$ は $f(t)$ の**ラプラス変換**を表す

（**4**）

- 制御特性を表す指標として、次のような特性量があり、制御系設計の評価に用いられる。

  行き過ぎ時間：応答が最大値に至るまでの時間（速応性）

  遅れ時間：応答が定常値の 50％に達するまでの時間（速応性）

  整定時間：応答が定常値の ±5％（または ±2％）以内の値に減衰するまでの時間（安定性、速応性）

  立ち上がり時間：応答が定常値の 10％から 90％に達するまでの時間（速応性）

（**5**）

- 周波数応答は、三角関数の正弦波を入力として、出力の振幅比および位相差の変化を周波数領域で表現する応答である。制御工学では振幅比を**ゲイン**という。
- ブロック線図とは、要素間の入出力関係に重きをおいてシステムの状態を可視化し、制御系をわかりやすく図示した表現方法である。
- **ボード線図**は、周波数特性を図示化したものであり、これにより特性解析およびシステムの設計を行うことができる。
- ボード線図のゲイン曲線および位相曲線より、ゲイン余裕と位相余裕を得ることで、制御システムの安定判別を行うことができる。
- ゲイン余裕と位相余裕とは、どちらも大きいほど安定性が高くなる。ただし、安定性と速応性は相反する関係であることに注意しなければいけない。

（**6**）

- 1 次遅れ要素の系では、主として**時定数**に着目し、速応性を評価する。
- 2 次遅れ要素の系では、主として**固有角周波数**および**減衰係数**に着目し、安定性や速応性を評価する。

（**7**）

- フィードバック制御系の構成図を示すと、**図 1** のようになる。

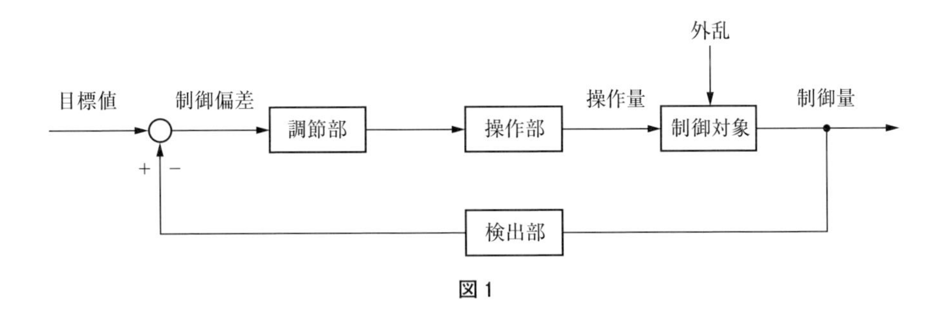

図 1

（**8**）

- 制御では、安定かつ制御量を速やかに目標値に一致させる動作が望まれる。しかし、種々の条件によっては制御量を速やかに目標値に一致させることができないことがある。その場合は、調節器を用いて、制御対象を短時間に目的の条件に適合するように制御することが多い。
- フィードバック制御系では、オンオフ制御や比例動作（P)、積分動作（I)、微分動作（D）の３つの動作を基本とした調節器が用いられる。
- 比例動作単独では、制御量が目標値と異なる最終値になる定常偏差（オフセット）を生じることがある。
- **積分動作**は、比例動作に付加し、比例動作で生じる定常偏差（オフセット）を解消させる目的で用いる動作である。
- **微分動作**は、比例動作と併用し、制御応答の改善に使用される。
- 比例＋微分動作は、比例ゲインを上げても微分動作が抑止力として機能するため、比例動作単独より応答が速くなる。

2　解答

A	B	C	D	E
②	④	②	②	③

解説

（1）　流入流量が $q_1(t)$ だけ増加したとき、水位と流出流量の関係は

$$Q_2 + q_2(t) = \frac{1}{R}\{h + h(t)\}$$

水位 h と流出流量 Q_2 には $Q_2 = \frac{1}{R}h$ の関係があるので次式が成り立つ。

$$q_2(t) = \frac{1}{R}h(t) \qquad \cdots\cdots (1)$$

水槽内体積の増加は水の出入りの流量に等しくなるので次式となる。

$$A\frac{d}{dt}\{h + h(t)\} = \{Q_1 + q_1(t)\} - \{Q_2 + q_2(t)\}$$

また平衡状態のとき、水の出入り流量は等しく $Q_1 = Q_2$ であり、式(1)を用いて整理すると

$$A\frac{d}{dt}h(t) = q_1(t) - \frac{1}{R}h(t)$$

答　②

（**2**）　初期値を「0」とおいて、設問（**1**）で求めた微分方程式の両辺をラプラス変換すれば

$$\mathscr{L}\left[A\frac{d}{dt}h(t)\right]=\mathscr{L}\left[q_1(t)-\frac{1}{R}h(t)\right]$$ より、

$$AH(s)=Q_1(s)-\frac{1}{R}H(s)$$

伝達関数 $G(s)$ は、$G(s)=\dfrac{H(s)}{Q_1(s)}=\dfrac{R}{1+ARs}$ となり、

1次遅れ系の伝達関数標準形 $G(s)=\dfrac{K}{1+Ts}$ と同様な伝達関数を得る。　答　④

（**3**）　1次遅れ要素の系では、ステップ応答が**図2**のようになり、入力に変化を与えてもある時間後には、一定状態に落ち着く**自己制御性**の応答が特徴である。一方、2次遅れ要素の系では、減衰係数の値によって**図3**のような振幅が指数関数的に減衰する曲線、場合によっては減衰せずに持続振動となる。　答　②

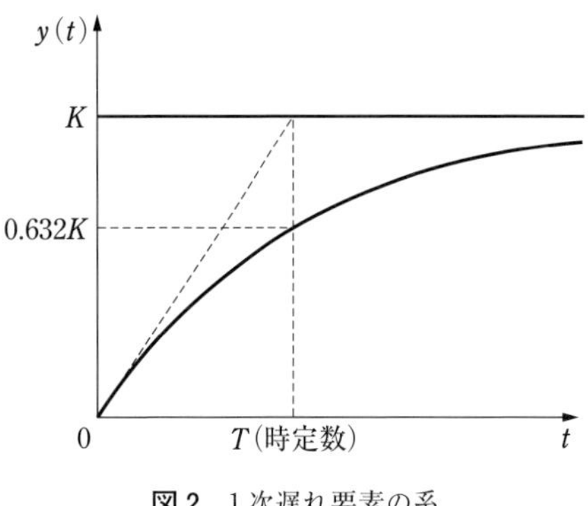

図2　1次遅れ要素の系

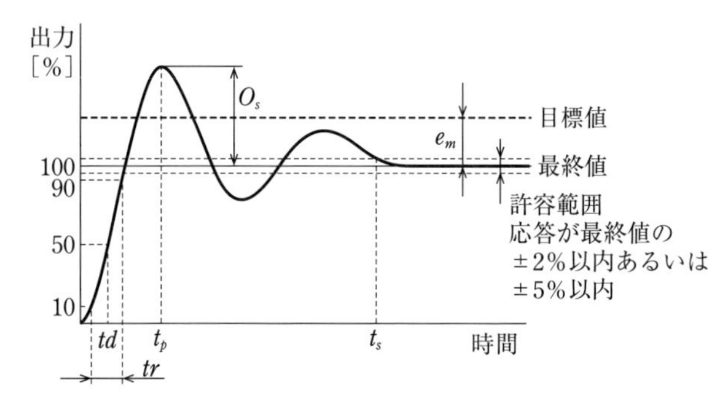

図3　2次遅れ要素の系

（**4**）　設問（**1**）の $Q_2=\dfrac{1}{R}h$ の関係より、$R=\dfrac{h(t)}{q_2(t)}=\dfrac{0.75}{0.03}=25$ [s/m²]

また、設問（**2**）で求めた伝達関数より、$T=AR=0.1\times25=2.5$ [s]

答　$T=2.5$ [s]　②

（**5**）　定常値の x%までに達する時間は $T_x=-T\ln\dfrac{100-x}{100}$ で求めることができる。

また、立ち上がり時間 T_r とは、応答が定常値の10%から90%に達する時間であるから

$$T_r=-T\left(\ln\frac{100-90}{100}-\ln\frac{100-10}{100}\right)=2T\ln3=2.20T$$

したがって、$T_r=2.20\times2.5=5.5$ [s]

答　$T_r=5.5$ [s]　③

〔7. 工業材料〕

1 解答

構成元素					特徴				
A	B	C	D	E	F	G	H	I	J
⑤	②	④	③	①	③	⑤	②	①	④

解説

銅材料は、日用品、装飾品、精密機器、機械部品、船舶・海洋などの構成元素に応じた種々の用途がある。最近では、急速な電動化によってコネクターや電線への将来的な供給不足の懸念や、クリーンエネルギー化に向けた水素やアンモニアに対する課題が浮上しており、あらためて非鉄系金属の一つである純銅をはじめとした銅材料の構成元素とその特徴の基礎的な知識を問う問題となっている。

タフピッチ銅（tough pitch copper）は、「じん性を高めた銅」という意味の語源があり、酸素含有量を0.02〜0.04%に調整した純銅地金である。この地金よりもさらに酸素含有量を減らした脱酸銅や無酸素銅があり、水素ぜい化への対策がとられている。したがって、酸素含有量が不明な銅は、水素によって経年的に破断してしまう懸念があるということである。

黄銅は、銅（Cu）と亜鉛（Zn）の合金で真ちゅうとも呼ばれる。亜鉛の含有量に応じて七三黄銅、六四黄銅などと呼び分けることもある。金と銅だけが銀白色とは異なる色調の金属光沢がみられ、Cu-Zn合金の場合はZn量が増えると銅赤色から黄金色に変化する。計器部品、五円硬貨、金管楽器などに用いられる。純銅に比べて耐食性に優れるが、プラスチックとして広く使われているフェノール樹脂との組み合わせで応力腐食割れが起こることは有名な話である。フェノール樹脂によって生じるアンモニアガスがその原因である。

青銅は、銅（Cu）とスズ（Sn）の合金として知られているが、スズが入っていないアルミニウム青銅もある。また、十円硬貨は3〜4%の亜鉛のほかに1〜2%のスズも含有しており、青銅に分類されている。歴史的には青銅鏡や青銅剣があるが、彫刻品、銅メダル、バルブ、軸受などに用いられている。鉛の水質環境規制により、鉛の代わりにビスマスが添加された鉛フリー青銅（CAC905）が開発されている。

白銅は、銅（Cu）とニッケル（Ni）の合金である。英語ではキュプロニッケル（cupronickel）と呼ばれ、美しい銀白色の光沢を放ち、硬く、展延性と耐食性に優れる。Cu-Ni系は含有比率に関わらず単相の固溶体を形成するので全率固溶体に分類される。ニッケル含有量の増加にともない耐食性が向上し、応力腐食割れにも強くなり、実用銅合金の中では最も優れている。バイカラーの新五百円硬貨の中央部に使われているほか、船舶の海水配管や高圧高温用の熱交換器などにも用いられる。

ベリリウム銅は、銅（Cu）とベリリウム（Be）を基本とする合金である。その他の元素としてニッケル（Ni）やコバルト（Co）などが含有される合金もあり、ベリリウムの含有量の違いで、高強度型と高伝導型に大別される。時効析出によって強度が高まり、時効の進行とともに固溶していた元素が十分に析出すると、伝導性を阻害する固溶元素が減るので伝導性は向上する。ばね特性が必要な電気接点に用いられるほか、特殊鋼並みの強度をもち、摩擦や衝撃を加えても火花が生じないことから、防爆工具にも用いられる。

2　解答

A	B	C	D	E	F	G	H	I	J
①	②	②	③	②	③	①	①	②	③

解説

（**1**）　材料学の初歩で学ぶ原子間結合の種類にふれつつ、工業材料の一つである無機材料すなわちセラミックスに関した基本的な特性を問う問題である。物質を構成する原子・分子の結合は、水素結合、ファンデルワールス結合、イオン結合、金属結合、共有結合がある。この中でセラミックスの結晶は互いに共有する電子対をもつ原子の結合（共有結合）からなり、ほかの結合よりも強い。その結果、密度が低くても、融点が高く耐熱性に優れ、非常に硬くてもろい物質になる。

（**2**）　金属材料は、ほかの工業材料に比べて塑性加工や熱処理の影響を受けてミクロ組織がさまざまに変化し、その結果、材料の特性が発揮される。したがって、同じ化学組成であってもミクロ組織が違えば、まったく異なる性質を示す。基本的に、その観察方法は、鏡面に仕上げた断面にエッチングを施し、結晶や相ごとに凹凸をつけて光を当てながら、その色調やコントラストを確認する。

（**3**）　金属材料の基本プロセスである鋳造と熱処理の各温度履歴に対する状態変化の現象に関する問題である。鋳造の場合はいったん液相状態にしてから凝固が起こる。凝固過程では、結晶の核となるものが安定的に成長し始めることで凝固が進む。そのときの液相中に結晶が生じることを**晶出**という。その他の選択肢は、主に固相状態で生じる現象である。

（**4**） 工業材料の中で、とくに金属材料に顕著な現象の一つである塑性変形に関する現象の説明である。この**塑性変形**が起こることで、金属材料の多くは変形によって形を変えることができ、かつ、その形状を維持できる。膨張・収縮は熱の出入りで、弾性変形は外力の負荷除荷で可逆的に変化する現象である。ダイラタンシー（dilatancy）は液体を含んだ粉体が固体として振舞う現象で、水に溶いた片栗粉や浜辺の砂などで起きる。チキソトロピー（thixotropy）は固体粒子が分散した懸濁液（スラリーまたはサスペンションともいう）をかき混ぜると粘性が下がり、流動性が増す現象である。

（**5**） マルテンサイト変態は鉄系に起こる現象というイメージがあるが、じつは非鉄系、さらには非金属系の材料にも起こること、および、あきらかにそれが起こらない金属を知っているかを問う問題である。マルテンサイト変態は硬くなるだけではなく、超弾性や形状記憶をもたらせたり、セラミックスのじん性を向上させたりするので、鉄系材料に欠かせない重要な変態であることはもちろんであるが、鉄系以外の材料への機能の付与が特徴的である。

（**6**） 工業材料の中には透明なものもあり、それがなぜ透明なのか、あるいは、透明になるための条件は何であるかを問う問題である。不純物や内部欠陥があると濁ったように不透明に見える。また、透明な材料の表面にミクロな凹凸をつけても不透明になる。これらは障害物による光の散乱が原因であり、雲や牛乳なども同じ状況である。じつはシロクマも光の散乱で白く見えているだけである。また、透明であるための条件として、ガラスだけでなく宝石も透明であることから結晶性は無関係であるが、原子配列が乱れた部分である結晶粒界が増えてくると、屈折や散乱によって透明性に影響を及ぼす。ほかに、光の吸収や反射によっても有色透明や不透明になる。この現象は電子状態に深く関係し、バンドギャップに影響を及ぼすような極端な温度（絶対零度や超高温）を除く温度域では透明のままである。したがって、そのような範囲の熱振動は透明性に影響しない。

（**7**） ステンレス鋼の基本的なミクロ組織の種類を問う問題である。この種類に応じて、耐食性に優れるもの、磁石に引き寄せられるもの、機械的性質が優れるものなどが大まかに把握できる。もっとも代表的なステンレス鋼であるSUS304は、18-8ステンレス鋼とも呼ばれ、耐食性や耐熱性に優れる**オーステナイト系**ステンレス鋼である。

（**8**） 鉄鋼材料の中でも工具鋼に分類され、さらに、切削加工中の発熱（～600℃）にも耐性をもたせた高速度工具鋼の材料記号を問う問題である。高速度工具鋼（**SKH**）はモリブデンやタングステンなどの安定な炭化物を形成する元素が添加されており、熱間金型用ダイス鋼（SKD）などの合金工具鋼よりも追加の熱処理による二次的硬化をさらに増幅させた材料である。ほかに、SUH は耐熱ステンレス鋼、SUJ はクロム軸受鋼、SCM はクロムモリブデン鋼である。

（**9**） めっきの典型的な事例としてよく紹介されるブリキ、トタンのうち、ブリキに関する問題である。トタンは亜鉛めっき、ブリキは**スズ**めっきである。亜鉛めっきの場合は、亜鉛のイオン化傾向が鉄よりも大きいので、鉄が露出しても亜鉛が優先的に溶け出すため、鉄を守る（犠牲防食）。一方、スズめっきの場合は、スズのイオン化傾向が鉄よりも小さいので、鉄が露出すると鉄が優先的に溶け出てしまう。

（**10**） 樹脂材料として身近なペットボトルに関する問題である。ペットボトルのペットは**PET**（polyethylene terephthalate）であり、**ポリエチレン テレフタレート**の略である。解答群の中でメラミンだけが熱硬化性樹脂であり、それ以外は熱可塑性樹脂に分類される。メラミンは硬化後の硬さや耐摩耗性に優れるため、食器や家具の表面に用いられたり、研磨用のスポンジに用いられたりする。

令和５年度

機械設計技術者試験
２級　試験問題Ⅰ

第１時限（130分）

1. 機械設計分野
3. 熱・流体分野
5. メカトロニクス分野

令和５年11月19日実施

〔1. 機械設計分野〕

1 下記の文章【A】～【J】はねじを有する機械要素の使用について記述したものである。正しいと思うものには解答欄の【A】～【J】に①を、間違っていると思うものには解答欄の【A】～【J】に②をマークせよ。

【A】止めねじは、一般的に軸部に平坦部を設けて止めたり、位置決め後ボス部と軸を別々に穴開けして止めねじ先端を穴に入れるか、キーの上部を直接押しつけるようにすると軸に傷を付けず、分解時にボスが抜けなくなることがない。

【B】ナットの場合の強度区分は、最大降伏応力を省略して、最小引張強度に相当する保証荷重応力のみで示される。これは、実際の破損はおもにボルトに生ずるからである。例：強度区分　5T　保証荷重応力＝ 5 × 10 ＝ 50 MPa

【C】六角ボルト・ナットの仕上げ程度は、上、中、並の３種類に分かれる。並を除いた仕上げ程度は、座面に規定があり *Rz* 50 以下である。

【D】通しボルトは締結する２つの部品に通し穴を開け、ボルトを通してナットで部品を締結する場合に用いる。通し穴は一般にドリルで開けられる。部材間にせん断が作用するところでの使用はなるべくさける。

【E】植込みボルトは、しばしば締結部の分解、組立を行う必要がある場合に用いられる。両端にねじ部を設け平先と丸先があるが、植込み側の端部は丸先である。

【F】設計上、ねじの締付力による摩擦力で部品の相対位置を確保してはならない。分解・組立部品の位置決めは、凸部と凹部を設けて組み合わせるインロー方式もあるが、ピンを用いた位置決めは簡単でコストが低減できる。

【G】軸の直径をねじの谷径にまで細くした伸びボルトがあるが、普通ボルトより強さは低下する。

【H】押えボルトはナットを用いず機械部分にねじを立て、ねじ込んで２物体を固定するためのものである。ねじの呼び径に対して、ねじ込まれる部分の長さは、材料の種類により異なる。

【I】M8 以下のねじを小ねじといい、JIS に規定がある。

【J】アイボルトは、ねじの呼びに対して保証荷重があり、使用荷重の３倍となっている。

2 図1は、従動節が往復直線運動をする板カムについて示したものである。

（1）次の文章の【A】～【N】にあてはまる語句、数式などを下記の〔解答群〕より選び、その番号を解答用紙の解答欄【A】～【N】にマークせよ。重複使用は不可である。

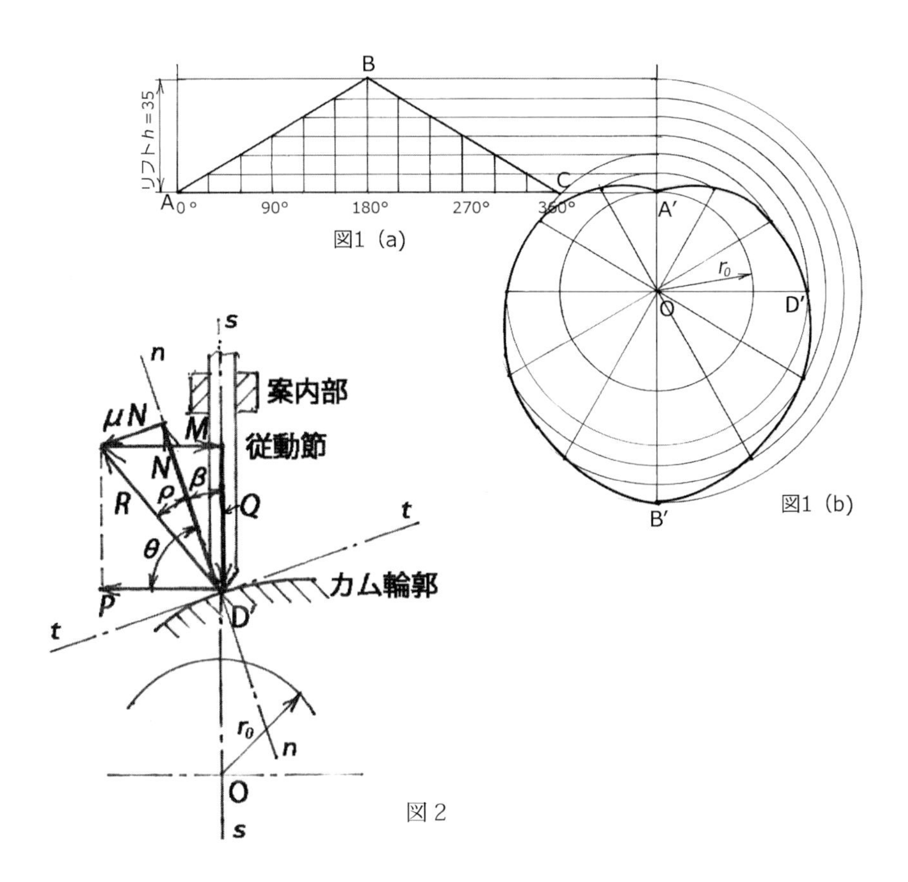

図1（a）

図1（b）

図2

図1（a）は、横軸に回転角、縦軸に従動節の変位量を取って示したもので【A】とよばれ、描かれた曲線を【B】といい、最大変位量はリフトとよばれ、図では35 mmとなっている。従動節はA点よりはじめの【C】は【D】で35 mm上昇してB点に達し、その後残りの【C】は【D】でC点に達する。図1（b）は、カムの輪郭を示したもので、このカムの形状は【E】とよばれる。

カム輪郭上のD' 点について、力のつりあい状態を図2に示す。

板カムが反時計方向に回転すれば、接触点D' の法線nnと従動節の軸線ssとのなす角βはカムの【F】とよばれる。

いま摩擦係数をμ、摩擦角をρとすれば、従動節に働く力は図のように法線力Nと摩擦抵抗μNと従動節の自重あるいはばね等により受ける力Qと案内部より受ける従動節を曲げる力Mである。いま、これらの力がつりあいの状態にあれば、四つの力より形作られるベクトルの多角形は閉じなければならない。したがって従動節がカムから受ける法線力Nと摩擦抵抗μNのベクトルの和をRとし、これの動径$\overline{OD'}$に直角方向の分力をPとすれば、$P \times \overline{OD'}$はカムに外部から与えられる回転力である。

D' 点での接線 tt と動径 $\overline{OD'}$ のなす角を θ とすれば、図から、

P =【 G 】
Q =【 H 】
μ =【 I 】

上式から、次式が得られる。

P =【 J 】
M =【 K 】

図 1（a）の A 点、B 点、C 点では速度が急変して従動節が衝撃を受ける。そのためにこれらの点ではなめらかな曲線で繋げるようにしなければならない。これを【 L 】という。
このカム曲線は、従動節の先端がとがっている場合のものである。このような従動節の先端はしばらく使用すると摩耗してしまうから従動節の先端にころを取り付けて【 M 】にすることが多い。この場合のカム曲線はころに内接する【 N 】をカム曲線とすればよい。

【 F 】β は従動節に曲げ作用をおこし、その案内部に加わる側圧力 M を増加させて摩擦抵抗が大きくなる。β が大となって直角に近づくと同じ Q に対しても P の大きさは著しく大となる。したがって、β の大きさは制限を受けることになる。

〔解答群〕

① 円板カム	② 転がり接触	③ 90°	④ 包絡線	⑤ 等速度
⑥ ハートカム	⑦ 等加速度	⑧ $\tan\rho$	⑨ カム線図	⑩ 点接触
⑪ 180°	⑫ 包囲線	⑬ $Q\tan(\beta+\rho)$	⑭ 基礎曲線	
⑮ $R\cos(\beta+\rho)$	⑯ 圧力角	⑰ 緩和曲線		
⑱ $R\cos(\theta-\rho)$	⑲ $Q\cdot(\cos\theta+\mu\sin\theta)/(\cos\beta-\mu\sin\beta)$			

（2） カムが角速度 2 rad/s で回転しているとき、従動節の上昇速度を求め、最も近い値を〔数値群〕より選び、その番号を【 O 】にマークせよ。

〔数値群〕単位：mm/s
① 15.6　② 18.4　③ 22.3　④ 26.5　⑤ 30.4

3 直径D = 250 mmのドラムにより質量m = 500 kgのおもりを速度v = 180 m/minで巻き上げたい。

次の設問（1）～（8）に答えよ。解答は〔数値群〕から適切な数値を選び、その番号を解答用紙の解答欄【A】～【H】にマークせよ。

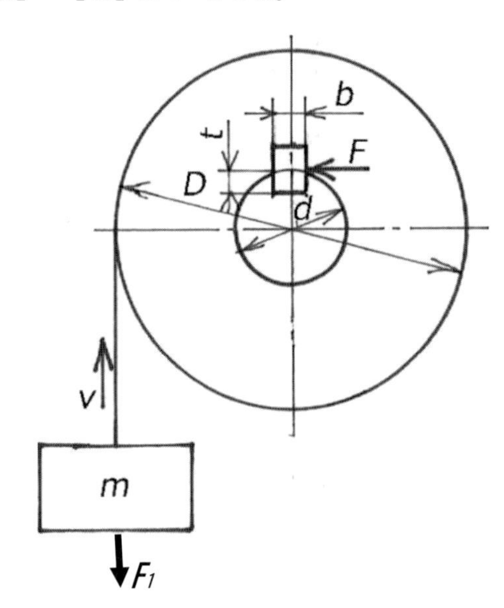

（1）おもりを巻き上げるのに必要な動力はいくらか。最も近い値を下記の〔数値群〕より選び、その番号を解答用紙の解答欄【A】にマークせよ。重力の加速度g = 9.81 m/s^{2}とする。

〔数値群〕単位：kW

① 10.2　② 12.8　③ 14.7　④ 16.4　⑤ 18.3

（2）軸の角速度ωはいくらか。最も近い値を下記の〔数値群〕より選び、その番号を解答用紙の解答欄【B】にマークせよ。

〔数値群〕単位：rad/s

① 20　② 22　③ 24　④ 26　⑤ 28

（3）ドラムの回転速度はいくらか。最も近い値を下記の〔数値群〕より選び、その番号を解答用紙の解答欄【C】にマークせよ。

〔数値群〕単位：min^{-1}

① 200　② 210　③ 220　④ 230　⑤ 240

（4）軸のねじりモーメント M はいくらか。最も近い値を下記の〔数値群〕より選び、その番号を解答用紙の解答欄【 D 】にマークせよ。

〔数値群〕単位：N・m

① 501　② 528　③ 550　④ 580　⑤ 613

（5）ドラムと軸はキーで結合するものとして、必要な軸の直径 d を求めよ。軸はせん断力に耐えるものとし、軸の許容せん断応力をキー溝がない軸の 75％として、22.5 MPa とする。適切な値を表 1 より選び、その番号を解答用紙の解答欄【 E 】にマークせよ。

表 1　軸の直径（JIS B 0901）

（単位 mm）

番号	軸径	番号	軸径
①	30	⑧	42
②	31.5	⑨	45
③	32	⑩	50
④	35	⑪	55
⑤	35.5	⑫	56
⑥	38	⑬	60
⑦	40	⑭	65

（6）ドラムを取り付けているキーに加わるせん断力 F を求めよ。最も近い値を下記の〔数値群〕より選び、その番号を解答用紙の解答欄【 F 】にマークせよ。

〔数値群〕単位：k N

① 22.3　② 25.5　③ 28.3　④ 30.0　⑤ 32.5

（7）（5）の結果より、軸径に合わせてキー溝の寸法を決めたい。JIS に規定するキーおよびキー溝の寸法表より適切なキーの呼び寸法を選び、その番号を解答用紙の解答欄【 G 】にマークせよ。

表2

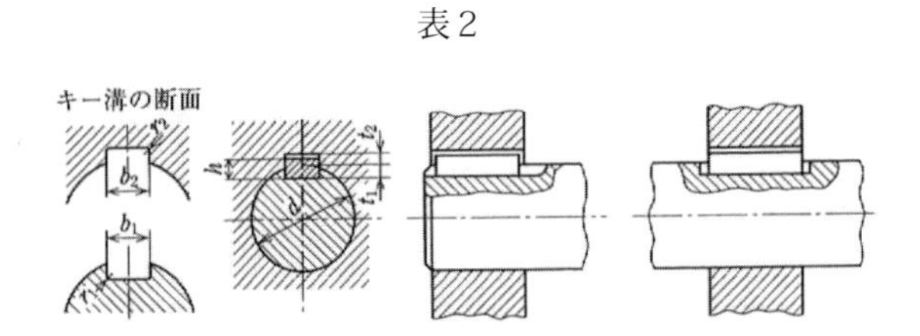

（単位　mm）

番号	キーの呼び寸法 $b \times h$	キーの寸法					キー溝の寸法					適応する軸径（d 参考）
		b	h	h_1	c	l	b_1, b_2	r_1, r_2	t_1	t_2 平行キー	t_2 こう配キー	を超え　以下
①	5 × 5	5	5	8		10 ~ 56	5		3.0	2.3	1.7	12 ~ 17
②	6 × 6	6	6	10		14 ~ 70	6		3.5	2.8	2.2	17 ~ 22
	(7 × 7)(1)	7	7 (7.2)(2)	10	0.25 ~ 0.40	16 ~ 80	7	0.16 ~ 0.25	4.0	3.0	3.0	20 ~ 25
③	8 × 7	8	7	11		18 ~ 90	8		4.0	3.3	2.4	22 ~ 30
④	10 × 8	10	8	12		22 ~ 110	10		5.0	3.3	2.4	30 ~ 38
⑤	12 × 8	12	8	12		28 ~ 140	12		5.0	3.3	2.4	38 ~ 44
⑥	14 × 9	14	9	14		36 ~ 160	14		5.5	3.8	2.9	44 ~ 50
	(15 × 10)	15	10 (10.2)	15	0.40 ~ 0.60	40 ~ 180	15	0.25 ~ 0.40	5.0	5.0	5.0	50 ~ 55
⑦	16 × 10	16	10	16		45 ~ 180	16		6.0	4.3	3.4	50 ~ 58
⑧	18 × 11	18	11	18		50 ~ 200	18		7.0	4.4	3.4	58 ~ 65
⑨	20 × 12	20	12	20		56 ~ 220	20		7.5	4.9	3.9	65 ~ 75
⑩	22 × 14	22	14	22		63 ~ 250	22		9.0	5.4	4.4	75 ~ 85
	(24 × 16)	24	16 (16.2)	24	0.60 ~ 0.80	70 ~ 280	24	0.40 ~ 0.60	8.0	8.0	8.0	80 ~ 90
⑪	25 × 14	25	14	22		70 ~ 280	25		9.0	5.4	4.4	85 ~ 95

（8）キーの長さはいくらにしたらよいか。キーの許容せん断応力を 30 MPa とする。最も近い値を下記の〔数値群〕より選び、その番号を解答用紙の解答欄【 H 】にマークせよ。

〔数値群〕単位：mm

① 40　　② 45　　③ 50　　④ 55　　⑤ 60

〔3．熱・流体分野〕

1 以下の説明は冷凍機の設計に関する計算手順を示した文章である。空欄に適した式、変数または数値を下記の〔解答群〕の中から選び、その番号を解答用紙の解答欄【 A 】～【 H 】にマークせよ。

冷凍機の外気の温度を 30.0 ℃とし、水の温度を 5.0 ℃に保つために、冷凍能力すなわち 1 時間あたりの吸熱量として 5000 kJ/h を供給しなければならないとするとき、冷凍機の所要動力を冷凍機の成績係数から求める。

冷凍機の成績係数（COP）を $\varepsilon_r = 3.0$ とし、その所要動力を L [kW]、外気に放出する熱量を Q_h [kW], タンクの水から吸収する熱量すなわち冷凍能力を Q_c [kW] とすると、

$\varepsilon_r =$【 A 】

で定義される。

この式から冷凍能力は所要動力の【 B 】倍あることがわかる。この式から

$L =$【 C 】

となり、所要動力 L は【 D 】kW になる。

一方、同じ条件で、逆カルノーサイクルと仮定したときの成績係数と所要動力を求め、さらに、この場合に外気にはどれだけの熱を放出しているかを求めてみる。

逆カルノーサイクルでは、外気の温度を T_h、タンクの水の温度を T_c とすると ε_r は温度だけの式で表すことができ

$\varepsilon_r =$【 E 】

で求めることができる。この式に与えられた T_h および T_c を代入すると

$\varepsilon_r =$【 F 】

が得られる。

したがって、ε_r の定義式より、所要動力 L を求めることができ、$L =$【 G 】kW が得られ、さらに、熱力学第 1 法則から外気に放出する熱量 Q_h も容易に得られ、$Q_h =$【 H 】kW となる。

〔解答群〕

① Q_c/L	② L/Q_c	③ ε_r	④ ε_r/Q_c	⑤ Q_c/ε_r	⑥ $\varepsilon_r Q_c$
⑦ $T_h/(T_h-T_c)$	⑧ $T_c/(T_h-T_c)$	⑨ 0.1	⑩ 0.3	⑪ 0.5	⑫ 1
⑬ 1.5	⑭ 7	⑮ 11			

2 図のように、二つの貯水池を連結する長さ 100 m の管路 AC の中央、点 B において、管径が d_1 = 300 mm から d_2 = 600 mm に急拡大している。管路 AB、管路 BC の管摩擦係数をそれぞれ $\lambda_{AB} = 0.03$、$\lambda_{BC} = 0.02$、管路入口、急拡大管および管路出口の損失係数をそれぞれ、$\zeta_A = 0.500$、$\zeta_B = 0.563$、$\zeta_C = 1.000$、流量 $Q = 0.300\ \mathrm{m^3/s}$、水の密度 $\rho = 1000\ \mathrm{kg/m^3}$、重力加速度 $g = 9.81\ \mathrm{m/s^2}$ であるとき、以下の問いに答えよ。必要に応じて下記の式を参考にせよ。

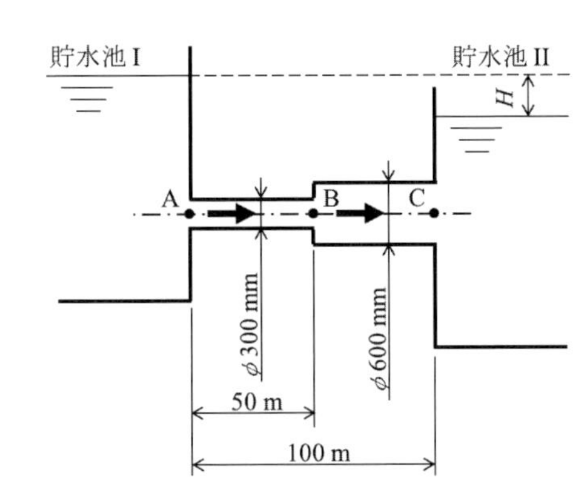

$$Q = Av = \text{一定}、\frac{p}{\rho g} + \frac{v^2}{2g} + z = \text{一定}、\Delta h_D = \lambda \frac{L}{d}\frac{v^2}{2g}、\ \Delta h = \zeta \frac{v^2}{2g}$$

※急拡大管の損失では大きい方の流速をとる。

A：断面積、v：速度、p：圧力、ρ：水の密度、z：位置ヘッド、
Δh_D：管摩擦損失 [m]、L：管路長さ、d：管路の直径、Δh：局所損失、ζ：摩擦係数

(1) A-B 間の円管内の流速として最も近い値を下記の〔数値群〕の中から選び、その番号を解答用紙の解答欄【A】にマークせよ。

〔数値群〕単位：m/s
① 2.74　② 3.24　③ 3.74　④ 4.24　⑤ 4.74

(2) 水面差 H として最も近い値を下記の〔数値群〕の中から選び、その番号を解答用紙の解答欄【B】にマークせよ。

〔数値群〕単位：m
① 5.21　② 5.71　③ 6.21　④ 6.71　⑤ 7.21

(3) 管路における各種損失の中で最も大きい損失を下記の〔語句群〕の中から選び、その番号を解答用紙の解答欄【C】にマークせよ。

〔語句群〕
① AB 間の管摩擦損失　② BC 間の管摩擦損失　③ 入口損失
④ 急拡大管の損失　⑤ 出口損失

3 ボートの 50 分の 1 の模型が 90 cm/s の速度で進行する場合、265 mN の造波抵抗を受けるとすれば実物の造波抵抗および模型と実物の所要動力がいくらになるか求めたい。
次の手順の文章の空欄に当てはまる式または最も近い数値を〔解答群〕から選び、その番号を解答用紙の解答欄【 A 】～【 F 】にマークせよ。

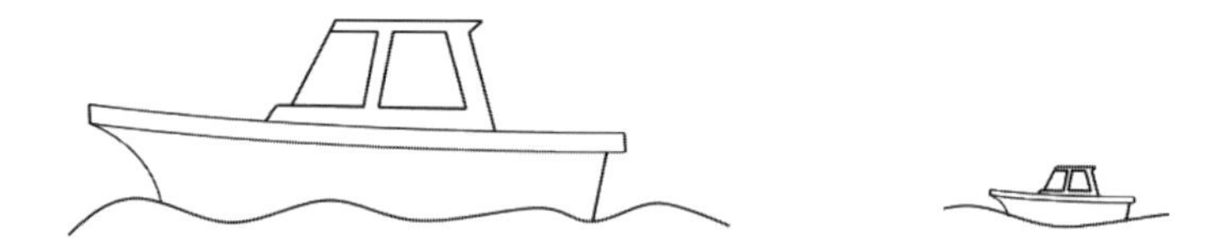

手順
造波抵抗とは、船が進むとき波をおこすことによって受ける抵抗である。船が走ると周囲の水の圧力が変化し、圧力が高いところは水面が持ち上がり、圧力が低いところはへこみ、波となる。この抵抗は高速船や小型ボートなどに大きく見られる。ボートは、自由表面である水面に浮かびながら波を立てて進むので、この流れでは重力と慣性力が支配的であるので、フルード数 Fr が基準になる。したがって、模型のボートと実物のボートが力学的相似であるためには、フルード数が等しいということが必要である。そこで、フルード数 Fr は、

$$Fr = \frac{v_m}{\sqrt{l_m g_m}} = \frac{v_p}{\sqrt{l_p g_p}}$$

とかける。ここで、l はボートの代表長さ、v はボートの速度、下付き記号の m、p は模型および実物を表している。

もともと地球の重力場で作動するので、$\dfrac{g_m}{g_p}$ ＝【 A 】となる。

模型と実物の速度および長さの比をそれぞれ、v_r、l_r とすると、$v_r{}^2$ は l_r を用いて表すと

$$v_r{}^2 = \frac{v_m{}^2}{v_p{}^2} = 【 B 】$$

となる。一方、力 F は、作動流体の密度を ρ とすると、

$$F = \rho v^2 l^2$$

で求められるので、力の比 F_r は、模型と実物で使用する作動流体を同じにすると $\rho_m = \rho_p$ なので、l_r を用いて表すと

$$F_r = \frac{F_m}{F_p} = \frac{\rho_m v_m{}^2 l_m{}^2}{\rho_p v_p{}^2 l_p{}^2} = 【 C 】$$

となる。したがって、実物の造波抵抗 F_p は

$$F_p = \frac{F_m}{【 C 】} = 【 D 】[kN]$$

となる。模型の所要動力 P_m は、

$$P_m = F_m \times v_m = 【 E 】[W]$$

となり、実物の所要動力 P_p は、

$$P_p = F_p \times v_p = 【\mathrm{F}】[\mathrm{kW}]$$

となる。

〔解答群〕

① 0.239　② 1　③ 33.1　④ 211　⑤ l_r　⑥ l_r^2　⑦ l_r^3　⑧ l_r^4

〔5. メカトロニクス分野〕

1 サーボ制御に関して述べた以下の文章の空欄【 A 】～【 K 】に最も適切な語句を下記の〔語句群〕から選び、その番号を解答用紙の解答欄【 A 】～【 K 】にマークせよ。ただし、語句の重複使用は不可である。

サーボ（Servo）という言葉の語源はラテン語の servus（サーバス）であり、【 A 】制御の中で物体の位置・角度を扱う制御系をサーボ系と呼ぶ。各機器の動作や手続きの【 B 】を記述するシーケンス制御と違い、サーボ制御では制御対象の動作を【 C 】によって読み取り、制御演算を行うコントローラに【 D 】することで実現される。そのため、サーボ制御の性能はコントローラの演算性能だけでなく、【 C 】から【 D 】される信号の正確さや反応にも左右される。サーボ制御は、サーボアンプ（制御部）、サーボモータ（駆動部）、センサ（検出部）からなり、サーボアンプはサーボモータを駆動制御するためのサーボドライバでもある。サーボドライバでは「電流制御」「速度制御」「位置制御」の３つの機能を持つことが多い。
電流制御では、サーボモータの電流を制御することによって【 E 】制御を行っており、【 E 】を一定に保ちたい機器に活用されている。また、モータではある程度の回転速度に達してしまうと、駆動電力に比例して【 F 】も増加するので、モータ内部を流れる電流値をセンサによって監視しながら電流の大きさを制御する。
サーボ制御の中の速度制御には PID 制御が使われる。
P 制御では、【 G 】を小さくし、【 H 】を大きくさせる効果があるが、十分な時間が経過した後でも【 I 】が 0（ゼロ）にはならない。
I 制御では、【 G 】を小さくし、【 H 】を大きくさせて【 I 】を 0（ゼロ）にする効果があるが、P 制御、I 制御を強くかけすぎると【 J 】が生じてしまう。
D 制御は【 J 】を抑えることができるので、システムの【 K 】を高めることができる。

〔語句群〕

① 安定性　② オーバーシュート　③ 逆起電力　④ 順序　⑤ 振動
⑥ センサ　⑦ 立ち上がり時間　⑧ 追従　⑨ 定常偏差　⑩ トルク
⑪ フィードバック

2 次の制御に関する文章の空欄【Ａ】～【Ｏ】を埋めるのに最も適切な語句を〔語句群〕から選び、その番号を解答用紙の解答欄【Ａ】～【Ｏ】にマークせよ。
ただし、語句の重複使用は不可である。

鉄道などの改札システムは、我々の生活の中に、ごく普通に溶け込んでいる。改札システムの仕組みは、まず、IC 乗車券をリーダライタにかざすと、その乗車券による通過判断を行い、ドアによる旅客の流動制御を行う。このような動作が所定の順番で実行されるように設計された機械に用いられている制御方式はシーケンス制御であり、日本産業規格（JIS）では、

「あらかじめ定められた【Ａ】又は手続きに従って制御の各【Ｂ】を逐次進めていく制御」

と、その意味を規定している。この制御の多くは、次に行われる【Ｃ】があらかじめ定められており、次の４つの制御の組み合わせである。

- 【Ｄ】への動作指令が、時刻や時間で決まる「【Ｅ】制御」
- 前の動作が【Ｆ】すると、次の動作に移行する「【Ａ】制御」
- 機械動作回数などを【Ｇ】し、その値によって【Ｄ】への動作を決める「【Ｇ】制御」
- 動作順序に関係なく、【Ｈ】に応じて、次に行う動作を論理判断して、次の動作に移行する「【Ｉ】制御」

シーケンス制御の制御方式は、主に３つに分類することができ、制御図に【Ｊ】を用い、機械式の接点がある機器を用いて制御する【Ｋ】、制御図に【Ｌ】を用い、トランジスタ、ダイオードおよびこれらの集積回路（IC）といった半導体を用いて制御する【Ｍ】、制御図に【Ｎ】を用い、専用のマイクロコンピュータを利用して制御する【Ｏ】がある。

〔語句群〕

① PLC	② 論理回路図	③ 完了	④ 計数
⑤ 時限	⑥ シーケンス図	⑦ 順序	⑧ 条件
⑨ 制御結果	⑩ 制御対象	⑪ 制御動作	⑫ 段階
⑬ 無接点リレー	⑭ 有接点リレー	⑮ ラダー図	

3 以下のシーケンス回路図に関する設問（1）～（3）に答えよ。

（1）次の図記号はどの制御用機器を表しているか。最も適切なものを〔選択群〕から選び、その番号を解答用紙の解答欄【Ａ】～【Ｅ】にマークせよ。

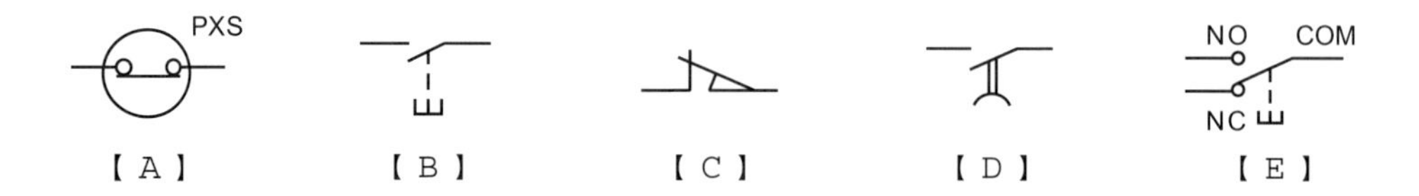

〔選択群〕

① 押しボタンスイッチ　② オフディレイタイマー　③ オンディレイタイマー
④ 近接スイッチ　⑤ 光電スイッチ　⑥ 残留接点付きスイッチ
⑦ 電磁接触器　⑧ 電磁リレー　⑨ ばね復帰スイッチ
⑩ リミットスイッチ

（2）以下の図【Ａ】～【Ｄ】は、スイッチ BS1 と BS2 およびランプ L を用いた動作回路の「タイムチャート」である。【Ａ】～【Ｄ】の動作内容を表すシーケンス図として、最も適切なものを〔図群〕から選び、その番号を解答用紙の解答欄【Ａ】～【Ｄ】にマークせよ。なお、「タイムチャート」とは、横軸に時間、縦軸に接点や制御機器がどのように動作していくかを図式化したものである。

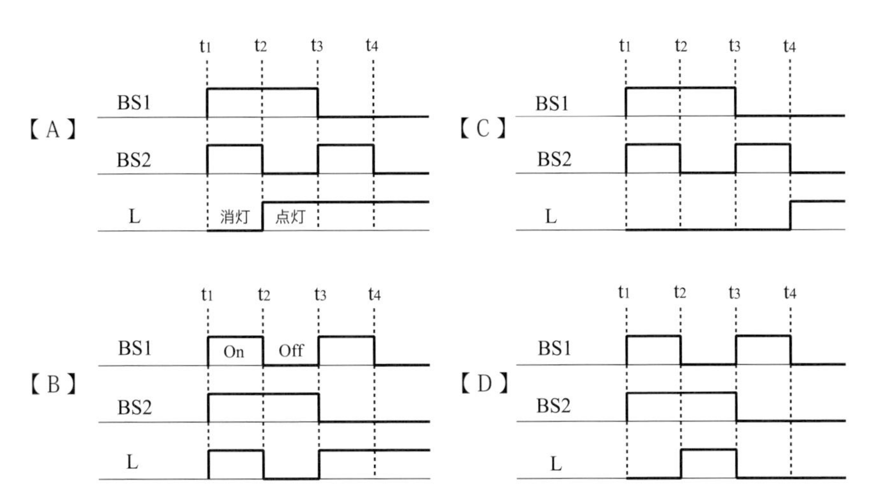

〔図群〕

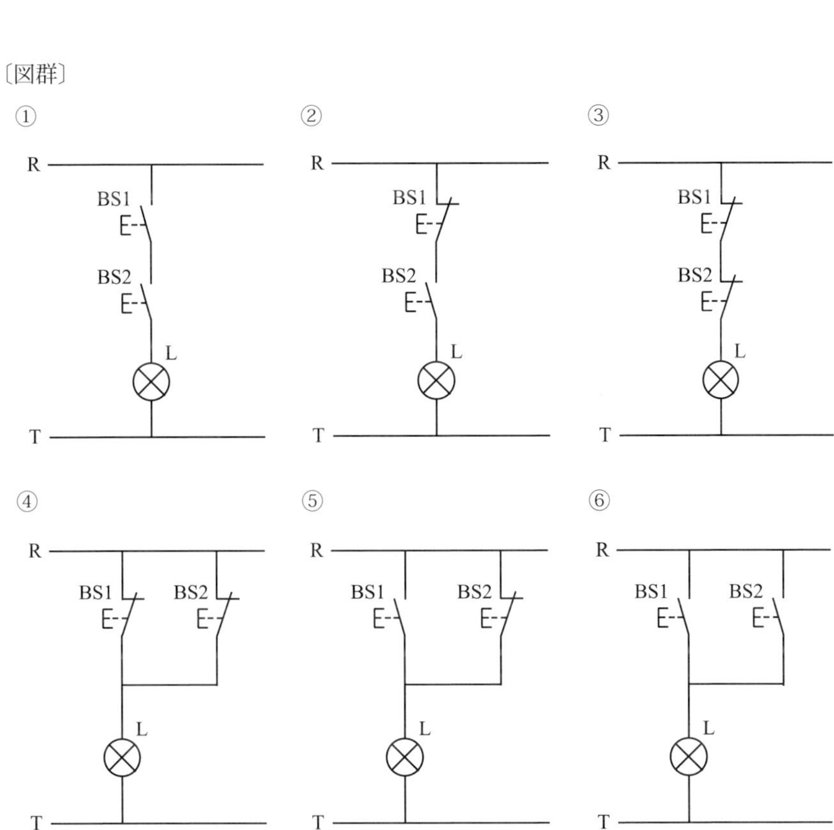

（3）右のシーケンス図の回路の動作内容を表す「タイムチャート」として、最も適切な図を〔図群〕から選び、その番号を解答用紙の解答欄【 A 】にマークせよ。ただし、タイマの設定時間を $t_3 - t_1$ とする。

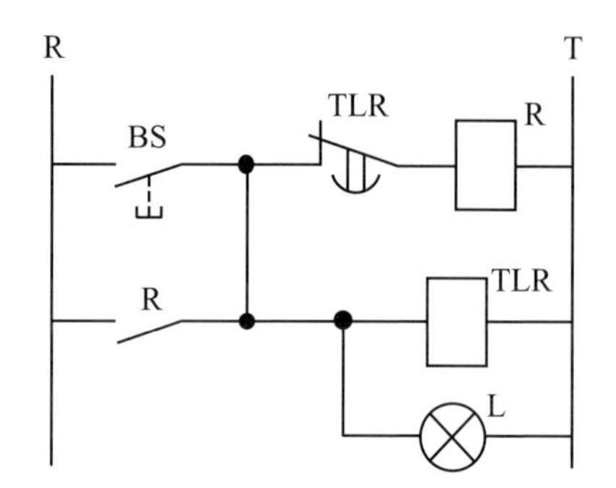

〔図群〕

①

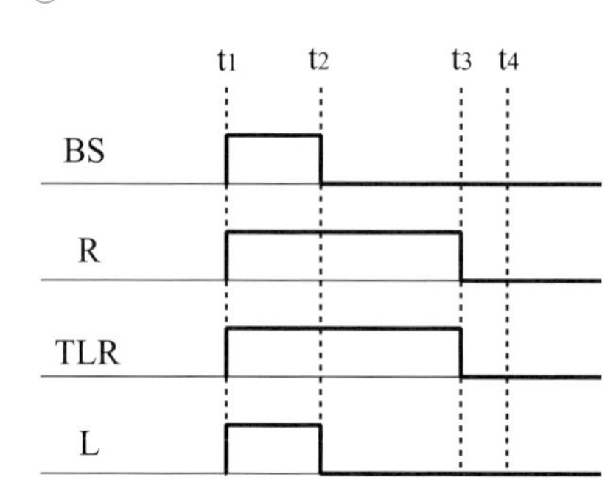

②

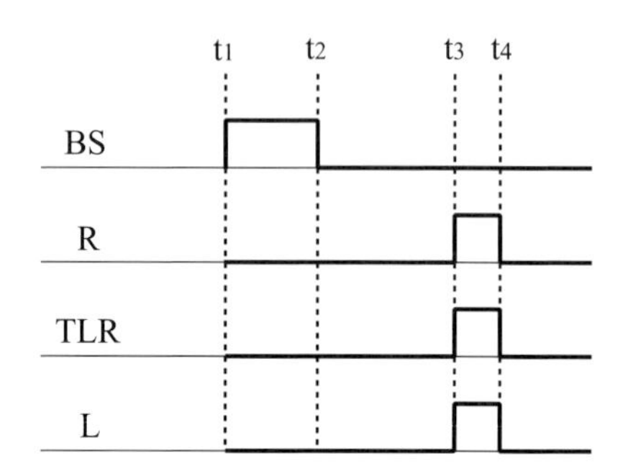

③

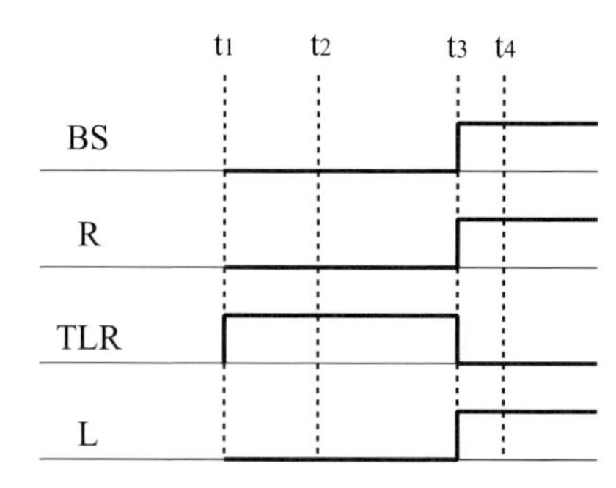

④

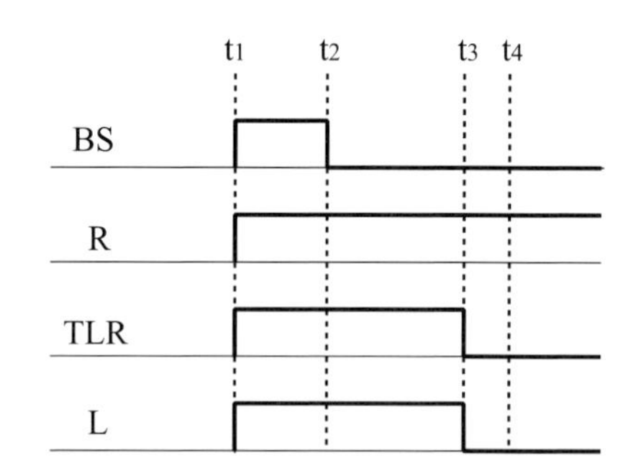

⑤

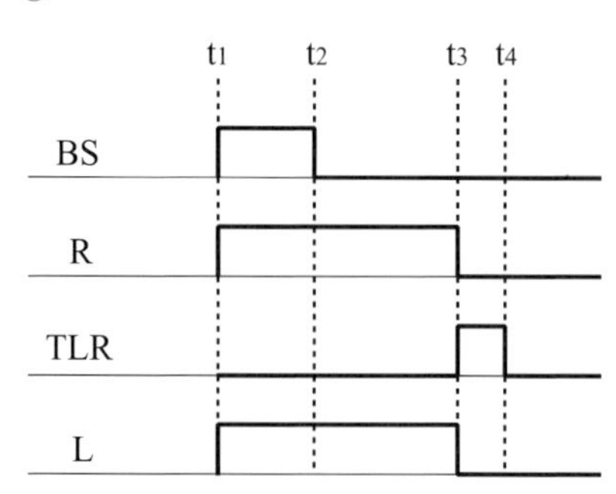

⑥

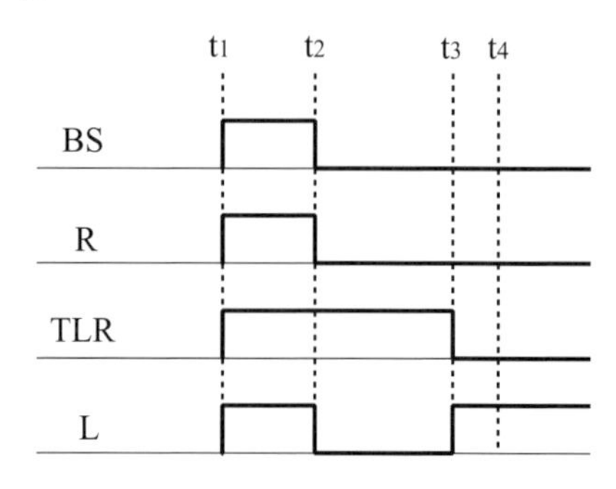

令和５年度

機械設計技術者試験
２級　試験問題Ⅱ

第２時限（120分）

2.　力学分野

4.　材料・加工分野

6.　環境・安全分野

令和５年11月19日実施

〔2. 力学分野〕

1 シャルピー衝撃試験機の力学的考察に関する以下の設問1，2に答えよ。

設問1　衝撃試験機において、図1に示すように質量 m[kg] のハンマを角度 α から自然に振り下ろしたとき、試験片を折断した後、角度 β だけ跳ね上がった。試験片を破壊するために要したエネルギを示す式を、下記の〔数式群〕から一つ選び、その番号を解答用紙の解答欄【A】にマークせよ。ただし、ハンマの重心をG、回転軸中心（回転支点）Oから重心までの距離を r[m] とし、空気抵抗や機械の摩擦抵抗は無視する。重力加速度は g[m/s^2] とする。

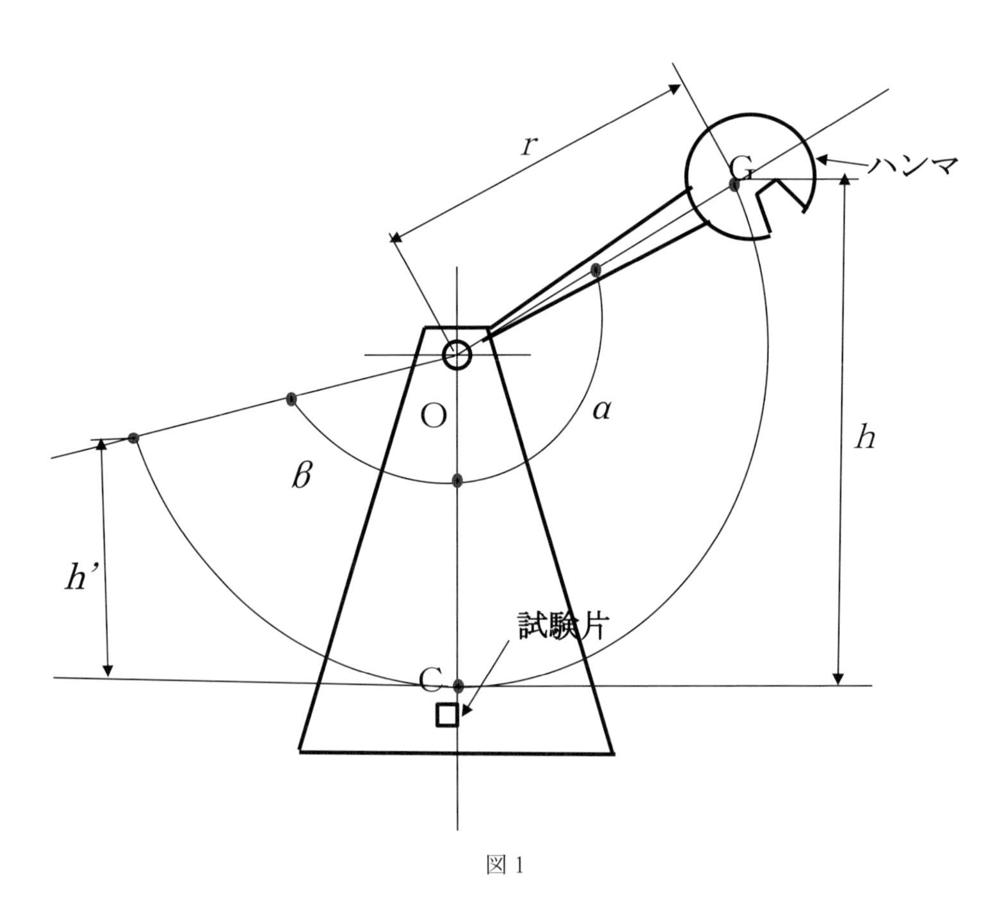

図1

〔数式群〕単位：N・m

① $mgr(\sin\alpha - \cos\beta)$　② $mgr(\sin\alpha - \sin\beta)$　③ $mgr(\sin\beta - \sin\alpha)$

④ $mgr(\cos\alpha - \cos\beta)$　⑤ $mgr(\cos\beta - \cos\alpha)$

設問2　衝撃試験機のハンマの回転支点Oには、衝撃時に力が作用しないように設計される。そのためには図2に示すように試験片の当たる位置Pと重心Gとの距離 e を適切に選択しなければならない。距離 e を計算する過程を示す以下の問い（1）～（3）に答えよ。

（1）今、ハンマ部を取り出した図3において実際の衝撃試験機とは逆に試験片がハンマに衝突すると考えると、衝突時の力積 F とハンマ重心の並進運動の速度 v の関係は $F = mv$ である。また、衝突後の重心の回転角速度を ω とすると、重心まわりの回転運動において、F と ω の関係を重心まわりの慣性モーメント I を使って表す式を、下記の〔数式群〕から一つ選び、その番号を解答用紙の解答欄【 B 】にマークせよ。

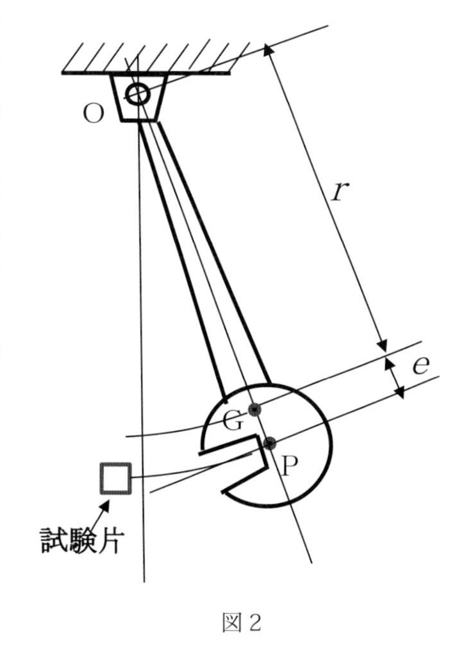

図2

〔数式群〕

① $F r = I \omega$

② $F r = I v$

③ $F e = I \omega$

④ $F e = I v$

⑤ $F I = \omega e$

（2）図3に示すようにPGの延長線上にあるG点からの任意の距離 s にある点（Qとする）の速度 v' は、以下のようになる。

$$v' = v - s\,\omega = \frac{F}{m} - \frac{s}{I} F e$$

$v' = 0$ となるような静止点Qまでの距離 s を重心まわりの回転半径 k を使って表す式として正しいものを、下記の〔数式群〕から一つ選び、その番号を解答用紙の解答欄【 C 】にマークせよ。

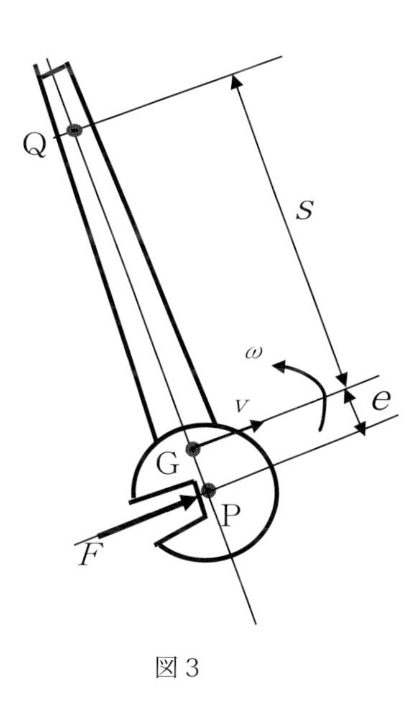

図3

〔数式群〕

① $\frac{k}{e}$　　② $\frac{k^2}{e}$　　③ $\frac{e}{k}$

④ $\frac{e}{k^2}$　　⑤ $\frac{k^2}{I}$

（3）ハンマの質量 $m=35$ kg、回転支点から重心までの距離 $r=600$ mm、ハンマのO点まわりの回転半径を 650 mm とすると、回転支点に力が作用しないようにするためには、距離 e はいくらにしたらよいか。問い（1）（2）を参考に計算し、下記の〔数値群〕から最も近い値を一つ選び、その番号を解答用紙の解答欄【 D 】にマークせよ。

〔数値群〕単位：mm

① 62　② 84　③ 104　④ 156　⑤ 208

2　下図は航空機の翼に作用する分布力を、左半分のみモデル化して示したものである。翼の長さは，ℓ [m] である。曲げ剛性を EI とし、x, y の座標軸を下図に示すようにとる。
翼に作用する揚力は、翼の固定部分A点で負側最大 q [N] である。翼に作用する重力による最大の力は、A点で $q/4$ [N] である。以下の設問（1）～（5）に答えよ。

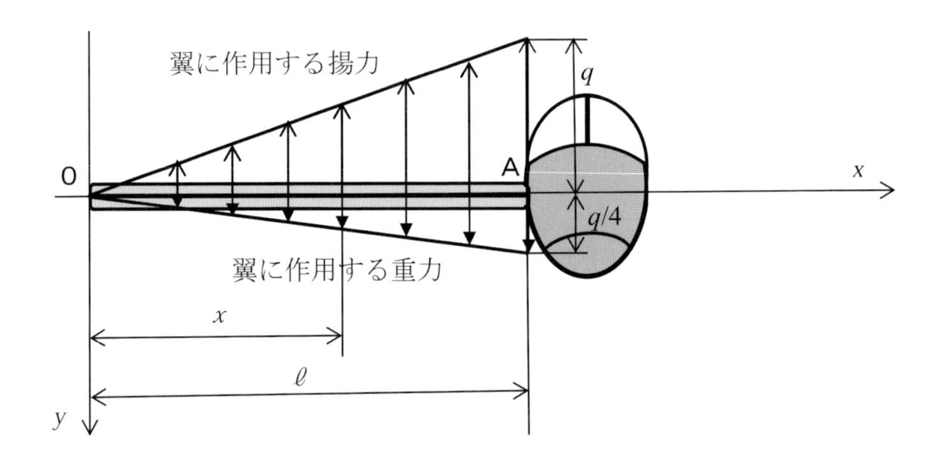

（1）翼の先端から距離 x の位置に生ずる揚力による曲げモーメント M_1 を表す式を、下記の〔数式群〕から一つ選び、その番号を解答用紙の解答欄【 A 】にマークせよ。

〔数式群〕

① $M_1=\dfrac{q\cdot x^2}{12\ell}$　② $M_1=\dfrac{q\cdot x^3}{12\ell}$　③ $M_1=\dfrac{q\cdot x^4}{6\ell}$

④ $M_1=\dfrac{q\cdot x^4}{12\ell}$　⑤ $M_1=\dfrac{q\cdot x^3}{6\ell}$

（2）翼の先端から距離 x の位置に生ずる重力による曲げモーメント M_2 を表す式を、下記の〔数式群〕 から一つ選び、その番号を解答用紙の解答欄【 B 】にマークせよ。

〔数式群〕

① $M_2 = -\dfrac{qx^3}{12\ell}$　② $M_2 = -\dfrac{qx^3}{24\ell}$　③ $M_2 = -\dfrac{qx^3}{48\ell}$

④ $M_2 = -\dfrac{qx^4}{12\ell}$　⑤ $M_2 = -\dfrac{qx^4}{24\ell}$

（3）翼の先端から距離 x の位置に生ずる揚力と重力の両者による曲げモーメント M_0 を表す式を、下記の〔数式群〕から一つ選び、その番号を解答用紙の解答欄【 C 】にマークせよ。

〔数式群〕

① $M_0 = \dfrac{qx^3}{8\ell}$　② $M_0 = \dfrac{qx^3}{16\ell}$　③ $M_0 = \dfrac{qx^4}{8\ell}$

④ $M_0 = \dfrac{qx^4}{16\ell}$　⑤ $M_0 = \dfrac{qx^3}{24\ell}$

（4）翼の固定部分 A 点に生ずる曲げ応力 M_A を表す式を、下記の〔数式群〕 から一つ選び、その番号を解答用紙の解答欄【 D 】にマークせよ。

〔数式群〕

① $M_A = \dfrac{q\ell^2}{48}$　② $M_A = \dfrac{q\ell^2}{16}$　③ $M_A = \dfrac{q\ell^2}{8}$

④ $M_A = \dfrac{q\ell^3}{16}$　⑤ $M_A = \dfrac{q\ell^3}{8}$

（5）翼の先端部 O 点に仮想荷重 P を y 方向に作用させて、ひずみエネルギ法を使い翼先端部の変位量を求める式を、下記の〔数式群〕から一つ選び、その番号を解答用紙の解答欄【 E 】にマークせよ。ただし、翼の断面二次モーメントは一定である。

〔数式群〕

① $\dfrac{-q\ell^4}{36EI}$　② $\dfrac{-q\ell^4}{20EI}$　③ $\dfrac{-q\ell^4}{48EI}$

④ $\dfrac{-q\ell^4}{40EI}$　⑤ $\dfrac{-q\ell^4}{24EI}$

3 図は同一材料、同一太さの２本の軟鋼製棒材が一端を剛体天井に B, D で結合され、他端を C でピン結合されている。部材 BC および DC の長さを $\ell_1 = 2.44$ m とし横断面積を $A = 1.25$ cm^2、縦弾性係数を $E = 206$ GPa とする。また、部材 BC および DC と y 軸とのなす角は $\theta = 30°$ とする。結合部 C から剛体の円柱 CF をのばし下端の受け皿にリング状の錘が落下して衝撃荷重が作用する場合を考える。ただし、錘の質量は $M = 4.55$ kg とし、重力加速度 $g = 9.81$ m/sec^2 とする。以下の設問（**1**）～（**6**）に答えよ。

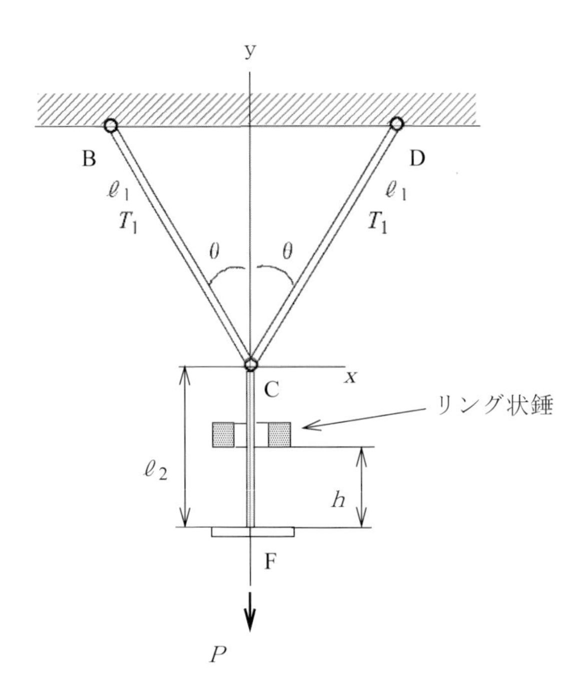

（**1**）図について、静荷重 P が作用したときの棒材 BC および DC に作用する張力 T_1 の値を計算する式を下記の〔数式群〕から選び、その番号を解答用紙の解答欄【 A 】にマークせよ。

〔数式群〕

① $\dfrac{P}{2\sin\theta}$　② $\dfrac{P}{2\cos\theta}$　③ $\dfrac{2P}{\sin\theta}$　④ $\dfrac{2P}{\cos\theta}$　⑤ $\dfrac{2P}{\tan\theta}$

（**2**）図について、張力 T_1 が作用したときの部材 BC の伸び λ を計算する式を下記の〔数式群〕から選び、その番号を解答用紙の解答欄【 B 】にマークせよ。

〔数式群〕

① $\dfrac{A\,T_1}{E\ell_1}$　② $\dfrac{A\,T_1}{2\,E\ell_1}$　③ $\dfrac{2\,T_1\,\ell_1}{A\,E}$　④ $\dfrac{T_1\,\ell_1}{A\,E}$　⑤ $\dfrac{T_1\,\ell_1}{2\,A\,E}$

（3）図について、静荷重 P が作用したとき受け皿Fの下方への移動量 δ_s を計算する式を下記の〔数式群〕から選び、その番号を解答用紙の解答欄【C】にマークせよ。

〔数式群〕

① $\dfrac{AP}{E\ell_1 \sin\theta}$　② $\dfrac{AP}{2E\ell_1 \cos\theta}$　③ $\dfrac{2P\ell_1}{AE\cos^2\theta}$

④ $\dfrac{P\ell_1}{2AE\sin^2\theta}$　⑤ $\dfrac{P\ell_1}{2AE\cos^2\theta}$

（4）図について、静荷重 P が作用したときの部材BCおよびDCに蓄えられるひずみエネルギ U を荷重 P を用いずに計算する式を下記の〔数式群〕から選び、その番号を解答用紙の解答欄【D】にマークせよ。

〔数式群〕

① $\dfrac{\delta_S^2 AE\cos^2\theta}{\ell_1}$　② $\dfrac{\delta_S^2 AE\cos^2\theta}{2\ell_1}$　③ $\dfrac{2\delta_S^2\ell_1}{AE\cos^2\theta}$

④ $\dfrac{\delta_S^2\ell_1}{2AE\sin^2\theta}$　⑤ $\dfrac{\delta_S^2\ell_1}{2AE\cos^2\theta}$

（5）図のように錘が高さ h から落下するとき衝撃荷重により、部材BCおよびDCの結合部Cは δ の移動量を生ずるとする。錘の位置エネルギと部材に蓄えられるひずみエネルギが等しいとして計算する式を下記の〔数式群〕から選び、その番号を解答用紙の解答欄【E】にマークせよ。

〔数式群〕

① $(h+\delta)Mg=\dfrac{\delta^2\ell_1}{AE\cos^2\theta}$　② $(h+\delta)Mg=\dfrac{\delta^2\ell_1}{2AE\cos^2\theta}$

③ $(h+\delta)Mg=\dfrac{\delta^2 AE\cos^2\theta}{\ell_1}$　④ $(h+\delta)Mg=\dfrac{\delta^2 AE\cos^2\theta}{2\ell_1}$

⑤ $(h+\delta)Mg=\dfrac{\delta^2 AE}{\ell_1\sin^2\theta}$

（6）前問（5）を δ について解いて、$h=356$ mm のとき衝撃荷重により結合部Cに発生する移動量 δ として最も近い値を下記の〔数値群〕から選び、その番号を解答用紙の解答欄【F】にマークせよ。

〔数値群〕単位：mm

① 0.72　② 0.82　③ 1.01　④ 1.21　⑤ 1.42

4 内圧 $p = 450$ kPa のガスを蓄える直径 $D = 12.5$ m および長さ $L = 19.5$ m で板厚 $t = 20$ mm の円筒形の鋼製タンクを製作する場合を考える。ただし、タンクは直径に対して板厚が十分薄い薄肉円筒と考える。また、材料の縦弾性係数は $E = 206$ GPa、ポアソン比は $\nu = 0.28$ とする。以下の設問（**1**）～（**5**）に答えよ。

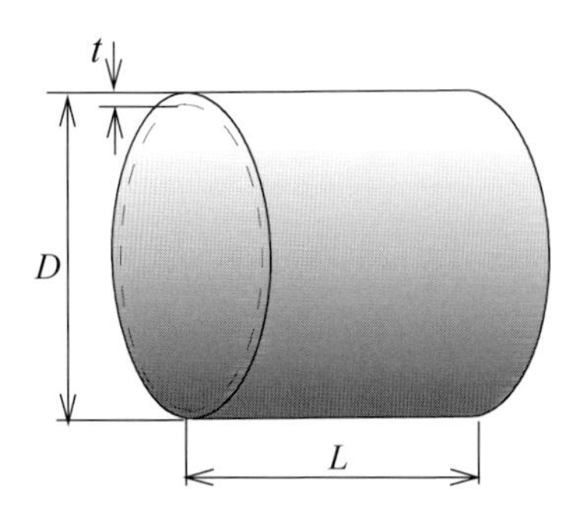

（**1**）タンクに発生する円周方向応力 σ_θ を計算し、σ_θ の値として最も近い値を下記の〔数値群〕から選び、その番号を解答用紙の解答欄【 A 】にマークせよ。

〔数値群〕単位：MPa

① 100　② 114　③ 120　④ 141　⑤ 160

（**2**）タンクに発生する対称軸方向応力 σ_Z を計算し、σ_Z の値として最も近い値を下記の〔数値群〕から選び、その番号を解答用紙の解答欄【 B 】にマークせよ。

〔数値群〕単位：MPa

① 70.3　② 80.5　③ 100　④ 111　⑤ 120

（**3**）タンクの外周に発生する円周方向ひずみ ε_θ を計算し、ε_θ の値として最も近い値を下記の〔数値群〕から選び、その番号を解答用紙の解答欄【 C 】にマークせよ。

〔数値群〕$\times 10^{-6}$

① 524　② 563　③ 587　④ 615　⑤ 684

（**4**）タンクに発生する直径の変化量 ΔD を計算し、ΔD の値として最も近い値を下記の〔数値群〕から選び、その番号を解答用紙の解答欄【 D 】にマークせよ。

〔数値群〕単位：mm

① 6.05　② 7.34　③ 7.76　④ 7.95　⑤ 8.14

（5）タンクに圧力計を取り付けるための小さな孔を開けた。円孔の内周の最大応力を計算し、その値として最も近い値を下記の〔数値群〕から選び、その番号を解答用紙の解答欄【E】にマークせよ。

参考図は、半径 ρ の円孔を持つ無限平板を x 軸方向に応力 σ_0 で引張った場合の円孔周囲の応力状態を示したものである。

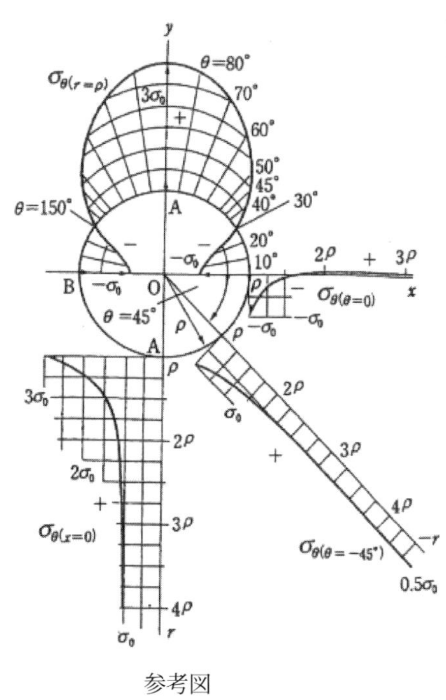

参考図

〔数値群〕単位：MPa

① 225　② 250　③ 281　④ 333　⑤ 352

〔4. 材料・加工分野〕

1 次の一覧表に示す鉄鋼材料の熱処理について、主目的の欄【 A 】～【 E 】に該当するものを〔主目的群〕から、方法の欄【 F 】～【 J 】に該当するものを〔方法群〕からそれぞれ一つずつ選び、その番号を解答用紙の解答欄にマークせよ。ただし、重複使用は不可である。

熱処理の種類	主目的	方法
焼入れ焼戻し	【 A 】	【 F 】
時効硬化処理	【 B 】	【 G 】
サブゼロ処理	【 C 】	【 H 】
ガス浸炭処理	【 D 】	【 I 】
オーステンパ	【 E 】	【 J 】

〔主目的群〕

① 高炭素鋼の焼入れで生じた残留オーステナイトをマルテンサイトに変態させ、耐摩耗性を向上させたり経年変化を防止したりする。

② アルミニウム合金の熱処理として有名だが、析出硬化型ステンレス鋼やマルエージング鋼などにも適用される。硬さ、強度、じん性を向上させる。

③ 典型的な熱処理法で、非常に硬くてもろい急冷組織から変態や析出を生じさせて、硬さやじん性などの機械的性質を調整する。

④ ばねやピアノ線などに適用され、過冷オーステナイトの等温変態を利用してベイナイト組織を得る。特に冷間線引き加工と組合せた処理はパテンチングと言う。

⑤ 炭素量の少ない鋼の表層のみを硬化することで内部のじん性を維持したまま主に耐摩耗性を向上させる。

〔方法群〕

① 過飽和固溶状態から特定の化合物を析出させ、析出物のサイズや量を温度と時間で制御する。

② オーステナイト化温度からマルテンサイト変態が生じる温度まで急冷した後、A_1 変態点以下の所定の温度まで再び加熱する。

③ オーステナイト化温度に加熱した後、マルテンサイト変態が開始しない所定の温度まで急冷した後、その温度で等温保持してベイナイト変態させる。

④ ドライアイスや液体窒素などで 0℃以下に冷却する。この処理はなるべく焼入れ直後に行う。

⑤ 変成ガス（RX ガス）または熱分解ガスを用いて 900℃程度まで加熱して、表層の炭素量を増加させて、急冷により表層のみマルテンサイト変態させる。

2 次の設問（1）～（10）は工業材料に関して記述したものである。各設問について正しい答えを〔解答群〕から一つ選び、その番号を解答用紙の解答欄【 A 】～【 J 】にマークせよ。

（1）炭素鋼において、オーステナイト相から冷却する過程で、鉄（Fe）相とセメンタイト（Fe_3C）相が交互に層状に並んで生成する変態が起きる。拡散をともなうことから拡散変態に分類され、比較的にゆっくりとした冷却で生じることから平衡状態に準じた変態と言える。この変態に該当するものを選び、その番号を解答用紙の解答欄【 A 】にマークせよ。

〔解答群〕
① 同素変態　② 規則 - 不規則変態　③ マルテンサイト変態
④ パーライト変態　⑤ ベイナイト変態

（2）ステンレス鋼はミクロ組織に応じて 5 種類に分類される。クロムを 16 ～ 18% 含有し、ニッケルは含有しない系統で、炭素を約 1 %含有するため、ステンレス鋼の中で最高の焼入れ硬さを示す。耐食性や切れ味を重視する医療用刃物の他、プラスチック成形用金型などにも用いられる。このステンレス鋼の材料記号に該当するものを選び、その番号を解答用紙の解答欄【 B 】にマークせよ。

〔解答群〕
① SUS304　② SUS316　③ SUS440C　④ SUS630　⑤ SUS329J1

（3）機械構造用合金鋼の代表的な鋼種であり、クロモリ鋼とも呼ばれる。高強度、高じん性であるため、高張力ボルトやシャフトに使用される。浸炭焼入れも可能だが、焼入性が良いため、内部まで硬くならないように注意が必要である。この鋼種で炭素量が約 0.2% の場合の材料記号に該当するものを選び、その番号を解答用紙の解答欄【 C 】にマークせよ。

〔解答群〕
① SKH51　② SKD61　③ SUH660　④ SUJ2　⑤ SCM420

（4）2000 系アルミニウム合金に分類される Al-Cu-Mg 系合金は、熱処理によって時効硬化することで炭素鋼並みの高強度が得られる。しかし、銅（Cu）の含有量が多いため耐食性が劣る。この代表的なものに A2017 合金があり、航空機用外板などに使用されている。この合金の一般的な名称に該当するものを選び、その番号を解答用紙の解答欄【 D 】にマークせよ。

〔解答群〕
① ラウタル　② シルミン　③ ジュラルミン
④ 超々ジュラルミン　⑤ ヒドロナリウム

（5）電熱線（ニクロム線）として広く知られているが、超耐熱合金の主成分でもある。オーステナイト相を合金元素（Al、Ti、W、Mo、Nb 等）の添加により析出強化する。ジェットエンジン、ガスタービン、過給機などの高温部材に使用される。この基本的な合金系に該当するものを選び、その番号を解答用紙の解答欄【 E 】にマークせよ。

〔解答群〕

① Ni-Cr 系　② Ni-Cu 系　③ Ni-Al 系　④ Ni-Ti 系　⑤ W-Ni 系

（6）タングステンカーバイト（WC）にバインダーとしてコバルト（Co）を加えて焼結した合金である。WC の粒径と Co の含有量によってじん性、硬さ、耐摩耗性を調整でき、切削工具や金型材料に用いられる。この材料に該当するものを選び、その番号を解答用紙の解答欄【 F 】にマークせよ。

〔解答群〕

① 工具鋼　② 超合金　③ 超硬合金　④ 耐熱鋼　⑤ 焼結鋼

（7）セラミックスは電子・電気材料としても利用される。電圧を加えたり取り除いたりしたときだけ電流が流れる性質や、圧力を加えると電圧が発生したり、電圧を印加するとひずみが発生する性質がある。このような材料に該当するものを選び、その番号を解答用紙の解答欄【 G 】にマークせよ。

〔解答群〕

① 絶縁体　② 誘電体　③ 導電体　④ 受容体　⑤ 黒体

（8）切削の効率化にともない、切削時の発熱が問題となっており、耐熱性に優れるセラミックス工具が注目されている。窒化ケイ素にアルミナを焼結助剤として添加した通称サイアロンは、粒界相の生成が抑制されて、窒化ケイ素よりも耐熱性、耐熱衝撃性、耐摩耗性などに優れる。このセラミックスの構成に該当するものを選び、その番号を解答用紙の解答欄【 H 】にマークせよ。

〔解答群〕

① Al_2O_3 系　② Al_2O_3-TiC 系　③ Al_2O_3-ZrO_3 系
④ Si_3N_4 系　⑤ $(Si, Al)_6\ (O, N)_8$ 系

(9) エンジニアリングプラスチックの熱硬化性樹脂の一つで、常温・常圧で成形でき、金属やコンクリートなどとの接着性が優れている。また、耐熱性、機械的性質、絶縁性、耐水性なども優れていることから、ガラス繊維や炭素繊維との複合材（FRP）は釣り竿やゴルフのクラブなどに使用されている。このプラスチックに該当するものを選び、その番号を解答用紙の解答欄【 I 】にマークせよ。

〔解答群〕
① メラミン　② エポキシ　③ ポリカーボネート
④ ポリアミド　⑤ ポリエチレン

(10) エンジニアリングプラスチックの熱可塑性樹脂の一つで、耐摩耗性、寸法安定性、絶縁性、耐候性などに優れ、透明で強度が高いため、アクリル（PMMA）と同様にプラスチックレンズや自動車のライトカバーなどに使用される。しかし、疲労強度が低く、アルカリの介在や高温下で加水分解の可能性もある。このプラスチックに該当するものを選び、その番号を解答用紙の解答欄【 J 】にマークせよ。

〔解答群〕
① メラミン　② エポキシ　③ ポリカーボネート
④ ポリアミド　⑤ ポリエチレン

3 製造現場では、加工機械間を製品や部品を移動、運搬するために多くの搬送装置が稼働している。最近では生産のシステム化によって、自動化も積極的に行われている。次の文章は運搬・移送や様々な搬送装置について述べたものである。文章中の空欄【Ａ】～【Ｌ】に最適と思われる語句を下記の〔語句群〕から選び､その番号を解答用紙の解答欄【Ａ】～【Ｌ】にマークせよ。ただし、語句の重複使用は不可である。

（1）運搬・移送の自動化方式には、予め固定された位置の間で搬送作業を自動的に行う定地点間搬送装置と搬送地点が指令に基づき変更可能な可変搬送装置に分類される。一般に前者は【Ａ】や流れ作業に採用され、後者は【Ｂ】に多く採用される。なお、定地点間搬送では、製品が連続的に流れる連続方式と搬送が時間的に不定期な【Ｃ】に分類できる。

（2）搬送装置では、運搬する製品を装置に直接取り付ける方式と製品をいったん取付具や【Ｄ】に取り付けた後に搬送装置に取り付ける方式がある。自動化、DX化が進展するにしたがって、後者の方式の採用が進んでいる。例えば、マシニングセンターでは、これを搬送装置から直接加工テーブルに自動移載し、加工が行われる。この際にマシニングセンターに設備される自動交換装置が【Ｅ】である。

（3）定地点間搬送装置の代表で、両端に設置されたプーリの回転で移動するエンドレスに張られたベルトで搬送する装置が【Ｆ】である。多数並べられた回転するローラやホイールに載せて搬送する装置が【Ｇ】である。

（4）産業用ロボットも搬送装置として利用されている。これらはプログラムでのフレキシブルな対応が可能なことから､（1）で述べた可変搬送装置としての活用である。ロボットは、加工機械への部品のローディングやアンローディングなどの【Ｈ】にも多く使われる。つまり、加工工程間の搬送である。固定シーケンス方式やプレイバック方式のロボットを利用し、小型部品の迅速な取り出しなどに使われている大量生産向けの装置をとくに【Ｉ】と呼ぶこともある。

（5）工作機械を中核としたスマートファクトリでは、加工部品や工具を搬送するために【 J 】が使われる。この特徴は走行のための軌道がなく、何らかの方法でナビゲーションが行われ、さらにバッテリなどによる自走式であることである。そのために、他の搬送台車と比べて【 K 】の自由度が高く、システム運用のフレキシビリティをあげることが可能である。誘導方式には床に貼った磁気テープをガイドパスとするものや床の白テープの反射を利用した【 L 】方式などがある。

〔語句群〕

① ハンドリング	② ベルトコンベア	③ 光学誘導	④ 多種中量生産
⑤ 大量生産	⑥ AGV	⑦ オートローダ	⑧ レイアウト
⑨ APC	⑩ 間欠搬送	⑪ パレット	⑫ ローラコンベア

4

製品設計の段階で、後工程の製造・加工工程を考慮した設計を行うことが望ましい。次の文章は機械加工を考慮した部品の形状設計に関して述べたものである。文章中の空欄【Ａ】～【Ｊ】に最適と思われる語句を下記の〔語句群〕から選び、その番号を解答用紙の解答欄【Ａ】～【Ｊ】にマークせよ。ただし、語句の重複使用は不可である。

（1）出来る限り１台の【Ａ】で加工が終了する部品形状とする。

（2）加工時に部品が保持された状態を想定し、【Ｂ】を加工しないですむ部品形状とする。

（3）保持具に固定された加工物が、加工時に切削抵抗によって変形しないような十分に【Ｃ】の高い部品形状にする。

（4）設計した部品を加工する際に、出来る限り工具、工具ホルダ、治具、保持具等が【Ｄ】しないような形状を考える。

（5）エンドミルによるポケット加工を想定した隅部の丸みは、出来る限り【Ｅ】する。これによって加工能率や精度が上がる。

（6）丸棒の端部におねじがある部品では、工具の逃げを確保するために溝を設ける。これによって、【Ｆ】の加工がなくなり、作業が楽になる。

（7）部品内部に精密な穴がある場合、バイトによる中ぐり加工を想定して、穴の端部肩の丸みはバイト刃先の【Ｇ】と等しくする。

（8）部品に穴がある場合には、一般的にドリル加工を想定して穴深さは出来る限り浅くする。穴径が小さいほどドリルは変形や振動がしやすいので、一般的には直径の【Ｈ】倍以下の深さとする。

（9）ドリル加工による穴を想定した時の加工面は、【Ｉ】になる形状は避ける。また、部品の側面近くに穴を設ける必要があるときには、出来る限り側面から穴の端までの距離は大きくする。

（10）非貫通穴の底部形状は、ドリル加工を想定して円錐形状とする。また、非貫通穴の内部にねじを設ける必要があるときには、【Ｊ】での加工を考慮して底までねじ山がある形状とはしない。

〔語句群〕

① 大きく	② 小さく	③ 不完全ねじ部	④ 完全ねじ部	⑤ 非露出面
⑥ タップ	⑦ 工作機械	⑧ レイアウト	⑨ 5	⑩ 10
⑪ 剛性	⑫ 干渉	⑬ コーナ半径	⑭ 斜面	

〔6. 環境・安全分野〕

1 次の文章（1）～（5）は、それぞれ環境関連のキーワードについて解説したものである。空欄【 A 】～【 J 】を埋めるのにもっとも適切な語句を各文章ごとの〔語句群〕より一つ選び、その番号を解答用紙の解答欄【 A 】～【 J 】にマークせよ。

（1）世界の地球温暖化対策は 1997 年の COP3 において【 A 】が採択され先進国の取組みが始まった。現在は 2015 年採択のパリ協定により、気温上昇を産業革命のころと比べ 2℃以下（できれば 1.5℃以下）に抑えることを目標としている。地球の周りに二酸化炭素等の温室効果ガスが増えることにより地球温暖化が進んでいると言われているが、もし温室効果ガスがないと地球の平均気温は約【 B 】となり、人が住めない状況になる。温室効果ガスがあることで地球の平均気温は約 14℃程度に保たれている。

〔語句群〕
① 地球サミット　② 水俣条約　③ 京都議定書　④ 0℃　⑤ -10℃　⑥ -20℃

（2）ペットボトルなどの廃棄物は、【 C 】により処理されているが、製品プラスチックについてもプラスチック資源循環法ができ、リサイクルを進めようとしている。また、携帯電話・ゲーム機等に含まれる希少金属を回収して利用しようという【 D 】も制定されている。

〔語句群〕
① 家電リサイクル法　② 自動車リサイクル法　③ 建設リサイクル法
④ 容器包装リサイクル法　⑤ 小型家電リサイクル法　⑥ 食品リサイクル法

（3）日本国内では1950年代から公害が頻発し、特に4大公害といわれる水俣病、新潟水俣病、イタイイタイ病、四日市ぜんそくが有名である。このうち、四日市ぜんそくの原因は【 E 】である。また、1968 年に発生したカネミ油症による健康被害の原因物質は【 F 】である。

〔語句群〕
① 窒素酸化物　② 硫黄酸化物　③ 浮遊粒子状物質
④ 鉛　⑤ ＰＣＢ　⑥ ＤＤＴ

（4）建築物の省エネも大切である。外壁の断熱性能向上や高効率の設備導入などにより大幅な省エネルギーを実現し、かつ再生可能エネルギーを導入することで、年間のエネルギー消費量の収支ゼロをめざした住宅を【 G 】という。また、家電製品の省エネも進み特に冷蔵庫は 10 年前と比べると電力消費量は約【 H 】減少している。

〔語句群〕
① ＺＥＨ　② ＺＥＢ　③ ＨＥＭＳ　④ 20%　⑤ 30%　⑥ 40%

（5）まだ十分食べられるにもかかわらず廃棄されている食品のことを【 I 】といい、日本人一人当たり毎日おにぎり１個分（約 130 g）の食品が捨てられている。また、安全に食べられるのに包装の破損や過剰在庫などのため市場に出すことができない食品を寄贈してもらい、必要としている施設や団体等に無償で提供する【 J 】活動が行われている。

〔語句群〕
① フードバンク　② 子ども食堂　③ 食品ロス　④ ３分の１ルール
⑤ 賞味期限　⑥ 産地偽装

2 「機械安全」に関する次の文章の空欄【 A 】～【 J 】を埋めるのに最も適切な語句を、下記の〔語句群〕から選び、その番号を解答用紙の解答欄【 A 】～【 J 】にマークせよ。ただし、重複使用は不可である。

機械設計技術者は、安全な機械を設計する必要がある。そのためには、国際安全規格や労働安全衛生法を良く知り、安全確保に努めなければならない。労働安全衛生法では、事業者の講ずべき措置等および事業者の行うべき調査等について下記のように定められている。この中で、「危険性等を調査し、その結果に基づいて、必要な措置を講ずるように努めなければならない。」というのは、【 A 】のことである。

以下、労働安全衛生法からの抜すい
（事業者の講ずべき措置等）
第二十条　事業者は、次の危険を防止するため必要な措置を講じなければならない。
　一　機械、器具その他の設備（以下「機械等」という。）による危険
　二　【 B 】の物、発火性の物、引火性の物等による危険
　三　【 C 】、熱その他のエネルギーによる危険

（事業者の行うべき調査等）
第二十八条の二　事業者は厚生労働省令で定めるところにより、建築物、設備、原材料、ガス、蒸気、粉じん等による、又は作業行動その他の業務に起因する危険性又は【 D 】等を調査し、その結果に基づいて、この法律又はこれに基づく命令の規定による措置を講ずるほか、労働者の危険又は健康障害を防止するため必要な措置を講ずるように努めなければならない。

機械の安全設計を進めるためには安全とリスクの意味をよく理解することが大切である。安全はリスクを経由して【 E 】がないことと定義されている。つまり、リスクを許容可能なレベルまで低減することが求められる。
また、リスクとは危害の発生確率と【 F 】の組合せである。安全のためには【 A 】により、許容可能なレベルまでリスクを低減する必要がある。許容可能なレベルまでリスクが下がっていない場合には、本質的安全設計、【 G 】、使用上の情報と呼ばれるリスク低減方策が実施される。

なお、機械設備による災害は、【 H 】と機械設備の不安全状態によって起こる。本質的な安全のためには、この不安全な状態をなくすことが重要である。それには次の二つの方策が考えられる。

1）【 I 】:【 H 】に対する方策
人が誤って不適切な操作をしても、結果が事故や災害につながらないか、あるいは正常な動作を妨害しない仕組み

2）【 J 】: 機械設備の不安全状態に対する方策
動力源が故障したり、機械の構成部品やシステムのどこかに故障が生じても、確実に安全側（例：機械が止まるなど）に落ち着く仕組み

〔語句群〕

① リスク低減方策	② フェールセーフ化	③ 機械設備の不安全状態
④ 操作する人の不安全行動	⑤ 安全保護方策	⑥ フールプルーフ化
⑦ 電気	⑧ リスクアセスメント	⑨ 危害の程度
⑩ 爆発性	⑪ 危害の発生確率	⑫ 許容不可能なリスク
⑬ 許容可能なリスク	⑭ 危険性	⑮ 有害性

令和５年度

機械設計技術者試験
２級　試験問題Ⅲ

第３時限（90分）

7．応用・総合

令和５年11月19日実施

〔7. 応用・総合〕

1 図は、巻上げ装置の基本概略図を示す。

主仕様　つり上げ質量　$M = 500$ kg

つり上げ速度　$V = 10$ m/min

ドラム直径　$D = 500$ mm

GM（ギヤードモータ）のモータ回転速度　$N = 1500$ min^{-1}

平歯車の減速比　$i_o = 1/2$

機械効率　$\eta = 0.8$（機構全体の機械効率）

重力加速度　$g = 9.81$ m/s^2

下記の設問（**1**）～（**4**）に答えよ。

ただし、ドラム、歯車、つり上げワイヤの質量、慣性モーメントは無視する。

（**1**）GM（ギヤードモータ）のモータの必要出力［kW］を求め、その計算をもとに適正な値を〔数値群〕より１つを選択せよ。

〔数値群〕単位：kW

① 0.4　② 1.5　③ 3.7　④ 5.5　⑤ 7.5

（**2**）GM の減速比を求めよ。

（**3**）GM のモータの定格出力から GM 出力軸のトルクを求めよ。

（**4**）つり上げ質量から平歯車を介した GM の出力軸に加わる実トルクを求めよ。

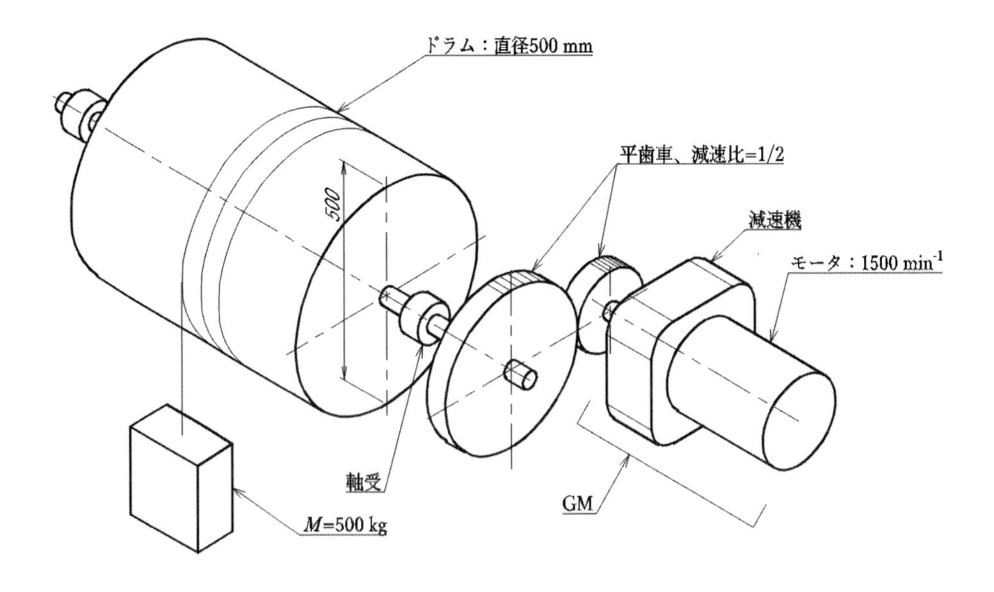

2

図は、液体の貯槽図である。

下記の設問（1）～（4）について答えよ。ただし、重力加速度は、$g = 9.81$ m/s^2 とする。

（1）液体の密度を 1 g/cm^3 として、蓋が閉止状態のとき、蓋に加わる最大荷重を求めよ。

（2）エアシリンダの必要ストローク、および、必要内径を求めよ。
ただし、エア圧 0.5 MPa、負荷率 $\eta = 50$ %、開閉角度 90°とする。シリンダ内径は下記〔数値群〕の標準径より選択せよ。
〔数値群〕単位：mm
① ϕ80　② ϕ100　③ ϕ140　④ ϕ160　⑤ ϕ180

（3）蓋が閉止状態のとき、蓋の支点ピンに加わる合成荷重を求めよ。

（4）前問（3）で求めた荷重により、ピン径を求めよ。ただし、ピンはせん断のみを受けるものとし、ピン材の許容せん断応力 $\tau = 20$ MPa とする。

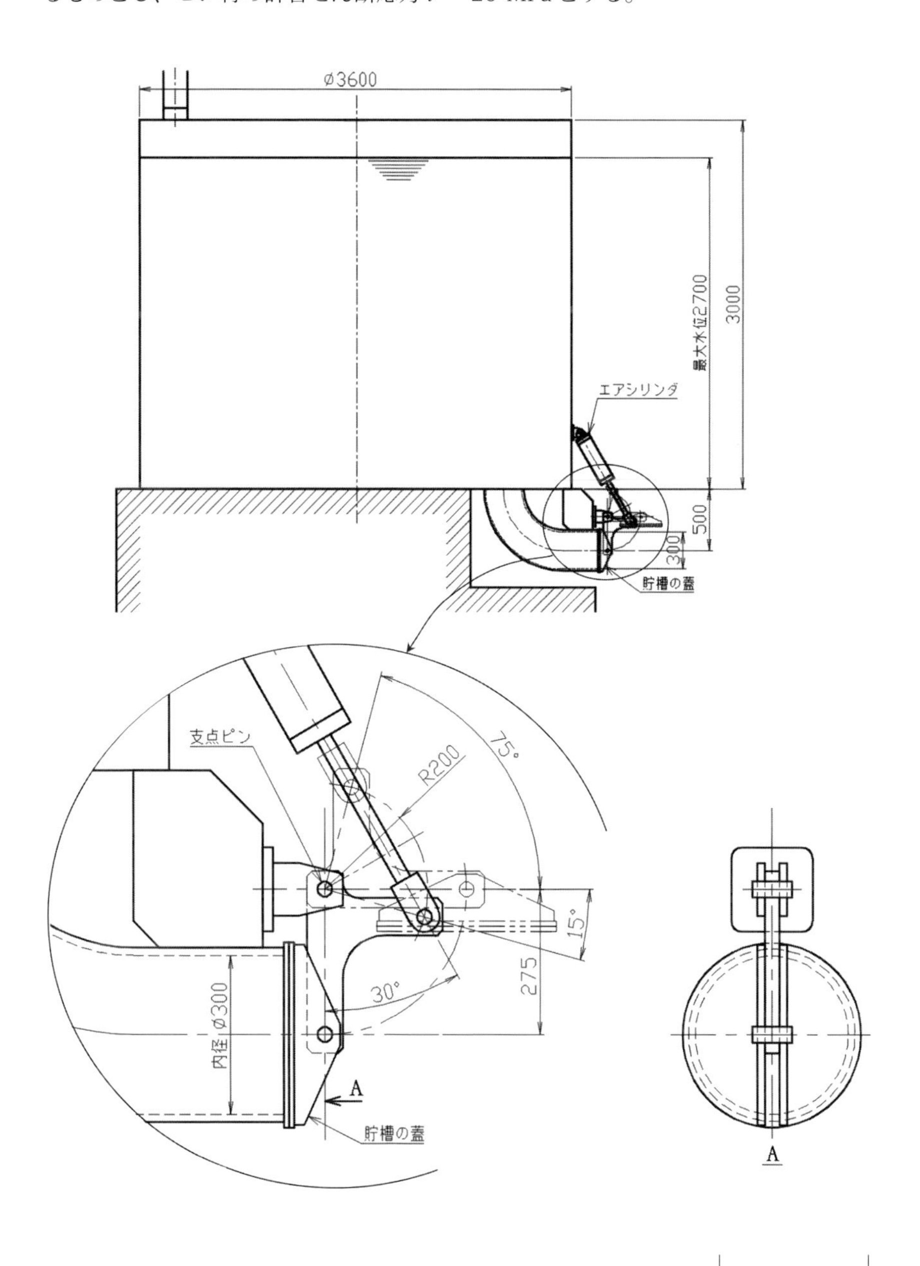

2級 試験問題

3 図は、壁掛けクレーンの概略図である。
荷を吊るホイストは、ジブアームのA点からB点の間を移動する。吊り荷重、ホイスト等の全荷重 $P = 19$ kN である。荷重係数は1として、装置の質量は考慮しないものとする。なお、部材の交点はピン結合とみなすものとする。

下記の設問（**1**）～（**3**）に答えよ。

（**1**）ホイストがA点にあるとき、

1）ジブアームに加わる最大モーメントを求めよ。

2）ジブアームに加わる圧縮力を求めよ。

3）つり材に加わる引張力を求めよ。

4）D点、E点に加わる力を求めよ。

（**2**）上部（D点）と下部（E点）の軸受箱に適した軸受を次の〔語句群〕の中から選び、それぞれの番号を解答欄に記入せよ。また、その選択理由を述べよ。

〔語句群〕

① 深溝玉軸受　② 円すいころ軸受　③ スラスト玉軸受

（**3**）つり材は棒鋼とし、その直径を計算で求めよ。ただし、許容応力 $\sigma = 120$ MPa として、下記の〔数値群〕より選択せよ。

〔数値群〕単位：mm

① φ20　② φ25　③ φ32　④ φ40　⑤ φ50

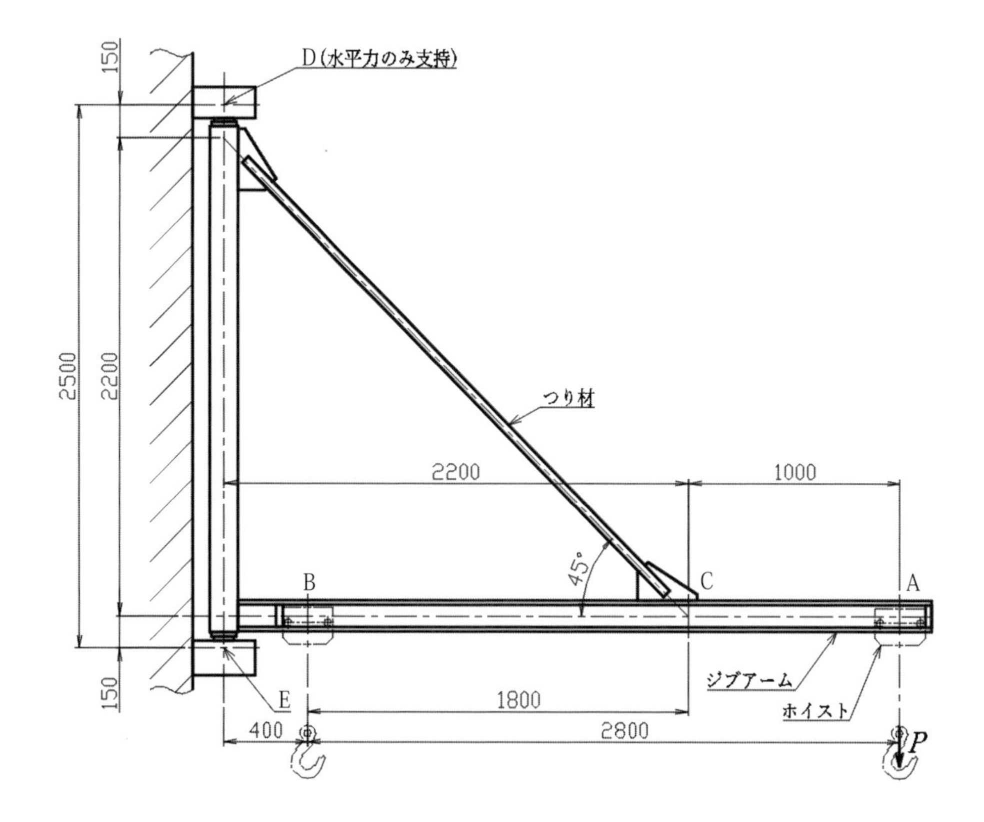

令和５年度　２級　試験問題Ⅰ　解答・解説

〔1. 機械設計分野　3. 熱・流体分野　5. メカトロニクス分野〕

〔1. 機械設計分野〕

1　解答

A	B	C	D	E	F	G	H	I	J
②	①	②	①	②	①	②	①	②	①

解説

ねじを有する機械要素について記述した問題である。正しいと思う文章には解答用紙に①を、間違っている文章には解答用紙に②をマークする。

間違っている問題（解答②）に対し、理由を述べる。

【A】 位置決め後ボス部と軸を別々に穴開けして→位置決め後ボスと軸を同時に穴開けする。そうしないと穴の位置がずれる。

【C】 Rz 50 以下である。→ Rz 25 以下である。

【E】 植え込み側の端部は丸先である。→平先である。
機械の本体に固くねじ込んで食いつきをよくする。

【G】 普通ボルトより強さは低下する。→ボルトはねじ部での破損がほとんどで強さは変わらない。

【I】 M8 以下のねじを小ねじといい→ M10 以下の小ねじが JIS に規定されている。

2 解答

（**1**）

A	B	C	D	E	F	G	H	I	J	K	L	M	N
⑨	⑭	⑪	⑤	⑥	⑯	⑱	⑮	⑧	⑲	⑬	⑰	②	④

解説

従動節が往復直線運動をする板カムについての問題である。

設問の文章を示し、文章の【　　】には、〔解答群〕の番号と解答を示した。

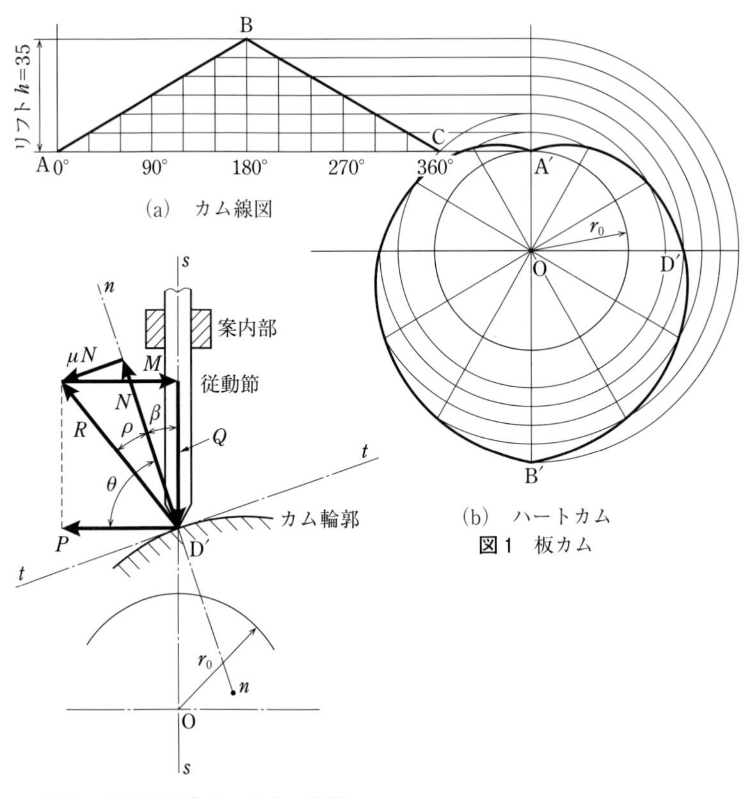

(a)　カム線図

(b)　ハートカム

図 1　板カム

図 2　D′ 点での力のつり合い状態

図 1 (a) は、横軸に回転角、縦軸に従動節の変位量を取って示したもので【A：⑨ カム線図】と呼ばれ、描かれた曲線を【B：⑭ 基礎曲線】といい、最大変位量はリフトと呼ばれ、図では 35 mm となっている。

従動節は A 点よりはじめの【C：⑪ 180°】は【D：⑤ 等速度】で 35 mm 上昇して B 点に達し、その後、残りの【C：⑪ 180°】は【D：⑤ 等速度】で C 点に達する。

図 1 (b) は、カムの輪郭を示したもので、このカムの形状は【E：⑥ ハートカム】と呼ばれる。

カム輪郭上のD′点について、力のつり合い状態を**図2**に示す。

板カムが反時計方向に回転すれば、接触点D′の法線 nn と従動節の軸線 ss とのなす角 β はカムの【F：⑯ 圧力角】と呼ばれる。

いま摩擦係数を μ、摩擦角を ρ とすれば、従動節に働く力は**図2**のように、法線力 N と摩擦抵抗 μN と従動節の自重、あるいはばね等により受ける力 Q と案内部より受ける従動節を曲げる力 M である。

いま、これらの力がつり合いの状態にあれば、四つの力より形づくられるベクトルの多角形は閉じなければならない。

したがって、従動節がカムから受ける法線力 N と摩擦抵抗 μN のベクトルの和を R とし、これの動径 $\overline{\mathrm{OD}'}$ に直角方向の分力を P とすれば、$P \times \overline{\mathrm{OD}'}$ はカムに外部から与えられる回転力である。

D' 点での接線 tt と動径 $\overline{\mathrm{OD}'}$ のなす角を θ とすれば、**図2**から、

$P =$【G：⑱ $R\cos(\theta - \rho)$】

$Q =$【H：⑮ $R\cos(\beta + \rho)$】

$\mu =$【I：⑧ $\tan\rho$】

上式から、次式が得られる。

$P =$【J：⑲ $Q \cdot (\cos\theta + \mu\sin\theta)/(\cos\beta - \mu\sin\beta)$】

$M =$【K：⑬ $Q\tan(\beta + \rho)$】

図1（a）のA点、B点、C点では、速度が急変して従動節が衝撃を受ける。そのために、これらの点ではなめらかな曲線で繋げるようにしなければならない。これを【L：⑰ 緩和曲線】という。

このカム曲線は、従動節の先端がとがっている場合のものである。このような従動節の先端はしばらく使用すると摩耗してしまうから、従動節の先端にころを取り付けて【M：② 転がり接触】にすることが多い。この場合のカム曲線は、ころに内接する【N：④ 包絡線】をカム曲線とすればよい。

【F：⑯ 圧力角】β は、従動節に曲げ作用をおこし、その案内部に加わる側圧力 M を増加させて摩擦抵抗が大きくなる。β が大となって直角に近づくと、同じ Q に対しても P の大きさは著しく大となる。したがって、β の大きさは制限を受けることになる。

（2）

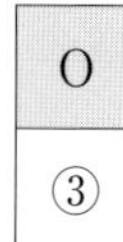

O
③

解説

カムが角速度2［rad/s］で回転しているとき、従動節の上昇速度を求める。

角速度 $\omega = 2$ ［rad/s］

1回転の所要時間 $= 2\pi/2 = \pi$ ［s］

半回転では $t = \pi/2$ ［s］、その間にリフト $h = 35$ ［mm］の距離に達する。

上昇速度 $v = h/t = 35/(\pi/2) = 70/\pi = 22.28$ ［mm/s］

答　O：③ 22.3

3　解答

(1)	(2)	(3)	(4)	(5)	(6)	(7)	(8)
A	B	C	D	E	F	G	H
③	③	④	⑤	⑪	①	⑦	③

解説

図3のように、直径$D = 250$［mm］のドラムにより質量$m = 500$［kg］のおもりを速度$v = 180$［m/min］で巻き上げる。

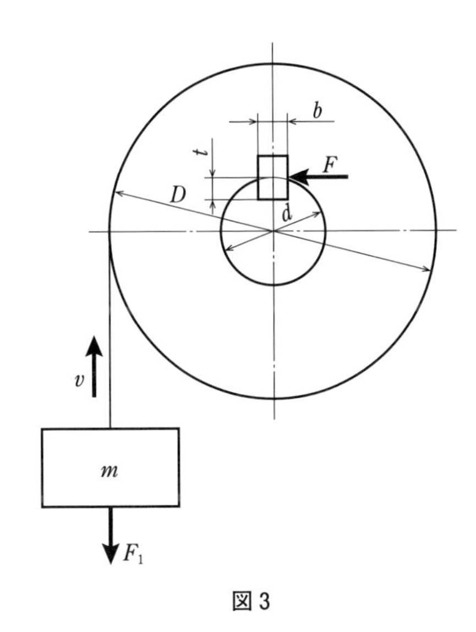

図3

（**1**）　おもりを巻き上げるのに必要な動力を求める。

$$電動機容量\ P = F_1 \cdot v = m \cdot g \cdot v$$
$$= 500 \times 9.81 \times 3 = 14715\ [\mathrm{W}] = 14.7\ [\mathrm{kW}]$$

答　A：③ 14.7

（**2**）　軸の角速度ωを求める。

$$角速度\ \omega = 2 \cdot v/D = 2 \times 3000/250 = 24\ [\mathrm{rad/s}]$$

答　B：③ 24

（**3**） ドラムの回転速度を求める。

回転速度 $n = 1000 \cdot v/(\pi \cdot D)$

$= 1000 \times 3 \times 60/(\pi \times 250) \fallingdotseq 230$ ［min^{-1}］

答　C：④ 230

（**4**） 軸のねじりモーメント M を求める。

ねじりモーメント $M = D \cdot F_1/2$

$= 0.25 \times 500 \times 9.81/2 = 613.1 \fallingdotseq 613$ ［N·m］

答　D：⑤ 613

（**5**） ドラムと軸はキーで結合するものとして、必要な軸の直径 d を求める。

軸はせん断力に耐えるものとし、軸の許容せん断応力をキー溝がない軸の75%として、22.5［MPa］とする。適切な値を設問の**表1**より選び、その番号を答える。

$$軸の直径\ d = \sqrt[3]{\frac{16T}{\pi \cdot \tau_a}} = \sqrt[3]{\frac{16 \times 613 \times 1000}{\pi \times 22.5}} = \sqrt[3]{138825} = 51.8 \ [\mathrm{mm}]$$

答　E：⑪ 55

（**6**） ドラムを取り付けているキーに加わるせん断力 F を求める。

キーに加わる力 $F = 2 \cdot T/d$

$= 2 \times 613000/55 = 22290$ ［N］$\fallingdotseq 22.3$ ［kN］

答　F：① 22.3

（**7**） 設問（**5**）の結果より、軸径に合わせてキー溝の寸法を決めたい。JISに規定するキーおよびキー溝の寸法表より適切なキーの呼び寸法を選び、解答欄に答える。

キーの呼び寸法は設問の**表2**より、適応する軸径55～58［mm］に対応するキーの呼び寸法を選べばよい。

答　G：⑦ 16×10

（**8**） キーの長さを求める。キーの許容せん断応力を30［MPa］とし、キーの長さを l とする。

キーの長さ $l = F/(b \cdot \sigma_b) = 22300/(16 \times 30) = 46.46 \fallingdotseq 50$ ［mm］

答　H：③ 50

〔3. 熱・流体分野〕

1 解答

A	B	C	D	E	F	G	H
①	③	⑤	⑪	⑧	⑮	⑨	⑬

解説

冷凍機の成績係数（COP）を ε_r とし、所要動力を L［kW］、タンク水から吸収する熱量、すなわち冷凍能力を Q_c［kW］とすると、ε_r は次式で定義される。

$$\varepsilon_r = Q_c/L \qquad \cdots\cdots (1)$$

答【A】①

この式から

$$L = Q_c/\varepsilon_r \qquad \cdots\cdots (2)$$

答【B】③

となり、また、Q_c は所要動力 L の ε_r 倍であることもわかる。

題意から $Q_c = 5000$［kJ/h］$= 1.4$［kW］、$\varepsilon_r = 3.0$ を代入すると、所要動力は $L = 0.47$［kW］として求められる。

答【C】⑤

答【D】⑪

冷凍機が理想的な逆カルノーサイクルで運転されていると仮定すると、高温の外気および低温のタンク水の絶対温度はそれぞれ、

$$T_h = 273 + 30 = 303 \text{［K］}$$

$$T_c = 273 + 5 = 278 \text{［K］}$$

として与えられており、逆カルノーサイクルでは外気へ放出する熱量を Q_h とするとき

$$\frac{Q_c}{Q_h} = \frac{T_c}{T_h} \qquad \cdots\cdots (3)$$

が成り立つ。

また、熱力学第1法則から

$$L = Q_h - Q_c \qquad \cdots\cdots (4)$$

が成り立つので、式(4)を式(1)に代入し、式(3)を適用することによって動作係数ε_rは、次式で求められる。

$$\varepsilon_r = \frac{Q_c}{L} = \frac{Q_r}{Q_h - Q_c} = \frac{T_c}{T_h - T_c} = \frac{278}{303 - 278} = 11.1$$

答　【E】⑧

答　【F】⑮

したがって、所要動力は式(1)より、

$$L = Q_c/\varepsilon_r = 1.4/11.1 = 0.13 \ [\mathrm{kW}]$$

答　【G】⑨

として得られ、理想的な逆カルノーサイクルで運転されていると仮定すると、きわめて少ない動力となる。また、式(4)より、次式として、外気への放出量も求められる。

$$Q_h = Q_c + L = 1.4 + 0.13 = 1.5 \ [\mathrm{kW}]$$

答　【H】⑬

2 解答

A	B	C
④	②	④

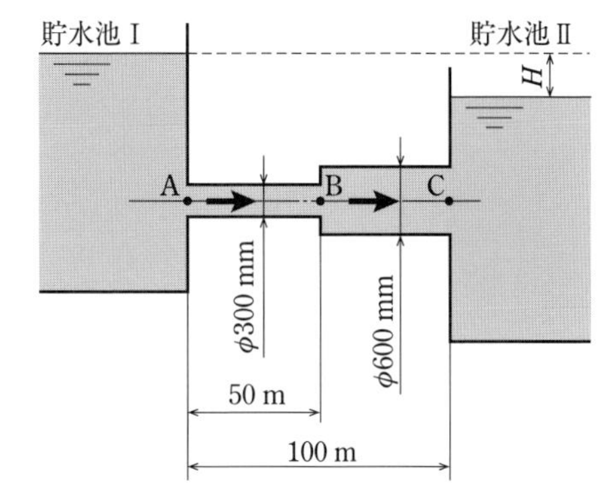

A：断面積、v：速度、p：圧力、ρ：水の密度、z：位置ヘッド、Δh_D：管摩擦損失［m］、
L：管路長さ、d：管路の直径、Δh：局所損失、ζ：摩擦係数

$$Q = Av = 一定$$

$$\frac{p}{\rho g} + \frac{v^2}{2g} + z = 一定$$

$$\Delta h_D = \lambda \frac{L}{d}\frac{v^2}{2g}、\Delta h = \zeta \frac{v^2}{2g}$$

※急拡大管の損失では大きいほうの流速をとる。

図1

解説

（**1**）$Q = Av$ より

$$v_{AB} = \frac{Q}{\frac{\pi}{4}{d_{AB}}^2} = 4.24 \text{［m/s］}$$

$$v_{BC} = \frac{Q}{\frac{\pi}{4}{d_{BC}}^2} = 1.06 \text{［m/s］}$$

答　【A】④ 4.24

（**2**）

$$H = \left(\zeta_A + \lambda_{AB}\frac{l_{AB}}{d_{AB}} + \zeta_B\right)\frac{{v_{AB}}^2}{2g} + \left(\zeta_C + \lambda_{BC}\frac{l_{BC}}{d_{BC}}\right)\frac{{v_{BC}}^2}{2g}\left(0.5 + 0.03 \times \frac{50}{0.3} + 0.563\right)$$

$$\times \frac{4.24^2}{2 \times 9.81} + \left(1 + 0.02 \times \frac{50}{0.6}\right) \times \frac{1.06^2}{2 \times 9.81}$$

$$= 5.71 \text{［m］}$$

答　【B】② 5.71

（**3**）各損失を比べると AB 間では急拡大管の損失が最も大きく、その値は

$$\zeta_B \frac{{v_{AB}}^2}{2g} = 0.516 \text{［m］}$$

BC 間では出口損失が最も大きく、その値は

$$\zeta_C \frac{{v_{BC}}^2}{2g} = 0.0573 \text{［m］}$$

よって AC 間で最も大きい損失は**急拡大管の損失**であることがわかる。

答　【C】④ 急拡大管の損失

3 解答

A	B	C	D	E	F
②	⑤	⑦	③	①	④

解説

この流れでは重力と慣性力が支配的であるので、フルード数 Fr が基準になる。フルード数 Fr は、次式のようになる。

$$Fr = \frac{v_m}{\sqrt{l_m g_m}} = \frac{v_p}{\sqrt{l_p g_p}}$$

ここで、l はボートの代表長さ、v はボートの速度、下付き記号の m、p は模型および実物を表している。

もともと地球の重力場で作動するので、$\frac{g_m}{g_p} = 1$ となる。　答　【A】②

模型と実物の速度および長さの比をそれぞれ、v_r、l_r とすると、次式となる。

$$v_r^{\ 2} = \frac{v_m^{\ 2}}{v_p^{\ 2}} = \frac{l_m}{l_p} = l_r$$

答　【B】⑤

一方、力 F は、作動流体の密度を ρ とすると、

$$F = \rho v^2 l^2$$

で求められるので、力の比 F_r は、作動流体を同じにすると $\rho_m = \rho_p$ なので、次式となる。

$$F_r = \frac{F_m}{F_p} = \frac{\rho_m v_m^{\ 2} l_m^{\ 2}}{\rho_p v_p^{\ 2} l_p^{\ 2}} = \rho_r v_r^{\ 2} l_r^{\ 2} = l_r^{\ 3}$$

答　【C】⑦

したがって、実物の造波抵抗 F_p は、次式となる。

$$F_p = \frac{F_m}{l_r^{\ 3}} = \frac{0.265}{\left(\frac{1}{50}\right)^3} = 33.1 \times 10^3\ [\mathrm{N}] = 33.1\ [\mathrm{kN}]$$

答　【D】③

模型の所要動力は、次式となる。

$$P_{\mathrm{p}} = F_{\mathrm{m}} \times v_{\mathrm{m}} = 0.265 \times 0.9 = 0.239 \text{〔W〕}$$

答【E】①

実物の所要動力は、次式となる。

$$P_{\mathrm{m}} = F_{\mathrm{p}} \times v_{\mathrm{p}} = F_{\mathrm{p}}\left(\frac{v_{\mathrm{m}}}{v_{\mathrm{r}}}\right) = F_{\mathrm{p}}\left(\frac{v_{\mathrm{m}}}{l_{\mathrm{r}}^{\frac{1}{2}}}\right)$$

$$= 33.1 \times 10^{3} \times \frac{0.9}{\sqrt{\frac{1}{50}}} = 211 \times 10^{3} \text{〔W〕} = 211 \text{〔kW〕}$$

答　【F】④

2級　解答・解説

〔5. メカトロニクス分野〕

1 解答

A	B	C	D	E	F	G	H	I	J	K
⑧	④	⑥	⑪	⑩	③	⑦	⑤	⑨	②	①

解説

- サーボシステムとは、対象とする機械の位置・方位・姿勢などを制御量として、目標値に**追従**させる制御系のことである。
- サーボ制御の活用例として代表的なものにロボットがある。変化する目標値に対して、現在の値を**センサ**によって読み取り、**フィードバック**によって機械を制御する仕組みである。
- サーボモータは位置や速度を自由に変えられる制御装置を備えたモータであり、一般のモータとは異なる。多くの場合、エンコーダ（モータ軸の回転位置を検出するセンサ）がサーボモータに内蔵されているか、サーボモータに取り付けられている。
- サーボアンプはサーボモータが目標値どおりに動くために必要な出力を供給し、サーボモータを制御して、より繊細な動きを可能にする装置である。
- サーボドライバは、コントローラから送信された回転速度、位置、出力などの駆動設定値の情報を元に、サーボモータに対して必要な電力を供給する。
- 制御系では、安定かつ制御量を速やかに目標値に一致させる動作が求められる。とくに**安定性**は制御系で望まれる第一条件であり、応答の**振動**のし難さで、最大行き過ぎ量（**オーバーシュート**）や整定時間などで表される。速応性は、入力に対する応答の速さであり、**立ち上がり時間**などで表される。
- モータ制御などでよく用いられるPID制御における各制御の特性をまとめると、**表1**のようになる。ただし、実際の制御では、それぞれの制御を組み合わせて操作量を決定し、それぞれのパラメータの調整により最大行き過ぎ量（オーバーシュート）を抑え、**定常偏差**を減少させ、制御量の変動に即応できる制御系の構築を行う。

表1 PID制御における各制御の特性

	比例制御（P制御）	積分制御（I制御）	微分制御（D制御）
振動	大きく	大きく	小さく
立ち上がり時間	短く	短く	長く
定常偏差	減少	除去	―

2 解答

A	B	C	D	E	F	G	H	I	J	K	L	M	N	O
⑦	⑫	⑪	⑩	⑤	③	④	⑨	⑧	⑥	⑭	②	⑬	⑮	①

解説

- シーケンス制御の本質は**順序**と**時間**を制御することである。

- シーケンス制御は、**順序制御**、**条件制御**、**時限制御**、**計数制御**の4つの要素に分類される。

順序制御：工程歩進制御ともいわれ，各工程を順序に沿って進める制御である。

条件制御：前もって決められた条件に従って論理的判断を行い、動作指令を行う制御である。センサなどの検知結果により、次の動作を指示する制御である。

時限制御：あらかじめ制御回路に設定された時間だけ動作することができる制御であり、時間の計測にはタイマやスイッチを使用することが多い。

計数制御：製品個数や機械の動作回数などを計測し、その計数値によって制御対象の動作を決める制御であり、計数にはカウンタ機能を必要とする。

- シーケンス制御の制御方式は、**有接点式**、**無接点式**、**プログラム式**の3種類に分類される。

有接点式：リレーシーケンスともいい、電磁継電器などの有接点リレーをスイッチとして利用して制御する方式である。制御図を表すにはシーケンス図が用いられる。

無接点式：トランジスタ、ICなどの半導体論理素子をスイッチとして利用した制御方式である。制御図を表すには論理回路図が用いられる。

プログラム式：制御内容をリレーではなく、プログラムによって表現し、これを実行することによりシーケンス制御を行う。

PLC(Programmable Logic Controller)と呼ばれる専用のマイクロコンピュータが使用され、コンピュータのプログラムによって制御回路が構成される。制御図を表すには、ラダー図が用いられる。

3 解答（1）

A	B	C	D	E
④	①	⑩	②	⑥

解説

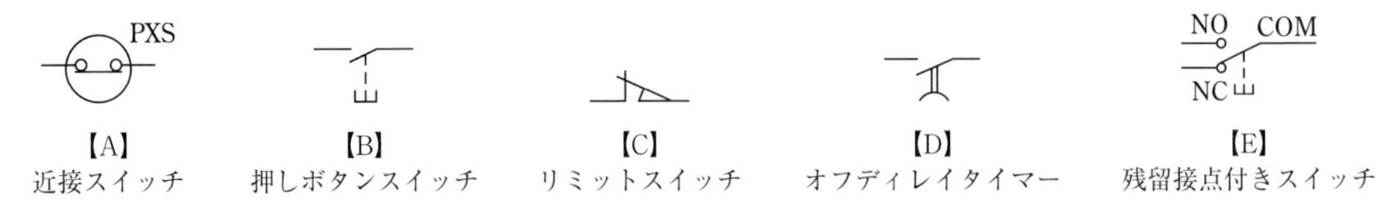

【A】近接スイッチ　【B】押しボタンスイッチ　【C】リミットスイッチ　【D】オフディレイタイマー　【E】残留接点付きスイッチ

- 【A】**近接スイッチ**（b 接点）（PXS：proximity switch）：検出する対象物へ接触することなく、金属や磁性体が近づくことで電界や磁界の変化を検知して接点の開閉を行うスイッチ。
- 【B】**押しボタンスイッチ**（a 接点）：手の押し、または引き動作によって操作部がその軸方向に動くことで接点の開閉を行うスイッチ。
- 【C】**リミットスイッチ**（b 接点）：機械的な接触により接点の開閉を行うスイッチ。
- 【D】**オフディレイタイマー**（a 接点）：入力信号が与えられると、瞬時に出力側の a 接点を閉じ（または b 接点を開き）、入力信号を断つと、ある設定した時間を経過した後、出力側の接点が元の状態に復帰する。運転・停止を繰り返すような機器に利用される。停止操作をしても、しばらくは運転操作を続けるような機器に利用される。
- 【E】**残留接点付きスイッチ**（c 接点）：操作によって接点が動作し、操作後も接点はその状態を保持するが、操作部分は元の状態に戻り、再び操作すると接点は元の状態に復帰するスイッチ。
- a 接点は、通常は開いており、操作指令が入ると、接点が閉じる。
- b 接点は、通常は閉じており、操作指令が入ると、接点が開く。
- c 接点は、a 接点と b 接点を 1 つにまとめた、可動接点部を共通（COM：common）にした接点。
- 通常は b 接点（NC：normally close、常閉）がつながっており、操作指令が入ると a 接点（NO：normally open、常開）がつながり、b 接点が離れる。
- **オンディレイタイマー**：入力信号が与えられると、一定時間経過した後、出力側の a 接点を閉じ（または b 接点を開き）、入力信号を断つと瞬時に出力側の接点が元の状態に復帰する。運転・停止を繰り返すような機器に利用される。
- **光電スイッチ**（PHS：photoelectric switch）：光を利用し、投光された光が検出対象物によって遮られたり、反射したりするときの、受光部に入射する光量の変化を検知し、接点が開閉する非接触形のスイッチ。

3 解答（2）

A	B	C	D
④	⑤	③	②

解説

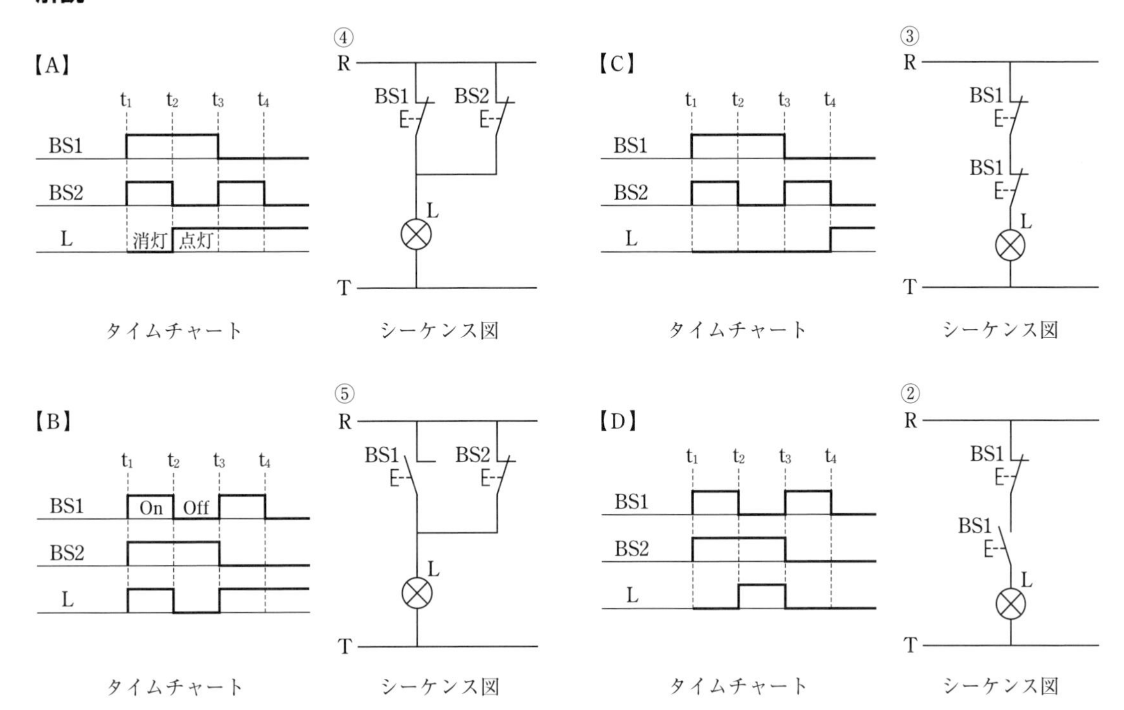

- **シーケンス図**は、実際の機器の配列や配線ではなく、機器の図記号を用いて回路の動作内容や電流の流れなどを表し、その働きに注目した回路図のことである。
- シーケンス図において、電源部分は省略し、上下（縦書き）または左右（横書き）の制御母線（平行線）に、交流はR、T、直流はP（+）、N（−）の記号を付けて電源を表す。
- シーケンス図の各機器の図記号は、回路に操作を加えない、および励磁していない状態で描き表す。
- シーケンス制御において、シーケンス回路の機器の動作を時間的な関係で示した図を**タイムチャート**と呼ぶ。
- この設問では、タイムチャートから動作内容を読み取り、2つの押しボタンスイッチ（BS1、BS2）の**a接点**と**b接点**の動作を確認しながら、適切なシーケンス図を選択する。

3 解答（3）

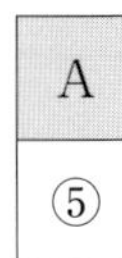

解説

［回路の動作］

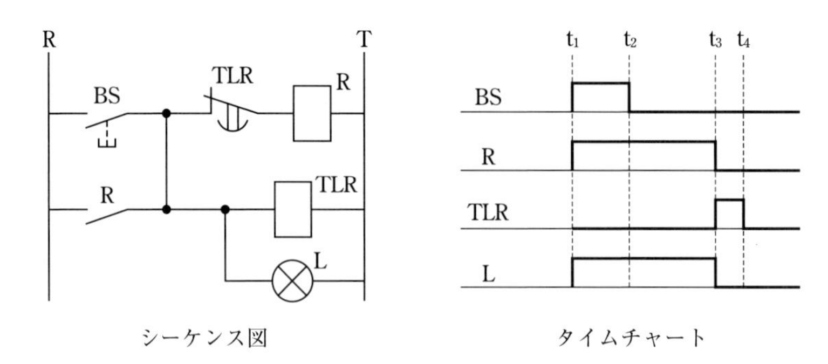

シーケンス図　　　　タイムチャート

① 押しボタンスイッチ（BS）は、a 接点であるから操作をすると、b 接点のオンディレイタイマー（TLR）が導通し、リレーのコイル（R）に電流が流れるので、リレー（R）が励磁される。

② このとき、押しボタンスイッチ（BS）を操作して OFF にしても**自己保持回路**となるので、ランプ（L）は点灯し続ける。自己保持回路はリレーで重要な回路である。

③ ただし、オンディレイタイマー（TLR）は、導通して一定時間が経過した後、b 接点を開いて「自己保持回路」を解除するので、ランプ（L）は消灯する。

令和５年度　２級　試験問題Ⅱ　解答・解説

〔2. 力学分野　4. 材料・加工分野　6. 環境・安全分野〕

〔2. 力学分野〕

1 解答

A	B	C	D
⑤	③	②	③

解説　設問1

振り下ろす前のハンマの位置エネルギー E は

$$E = mgh = mg(r - r\cos\alpha)$$

跳ね上がり後のハンマの位置エネルギー E' は

$$E' = mgh' = mg(r - r\cos\beta)$$

よって、折断に費やされたエネルギー $\varDelta E$ は

$$\varDelta E = E - E' = mgr(\cos\beta - \cos\alpha)\ [\mathrm{N{\cdot}m}]$$

答　$mgr(\cos\beta - \cos\alpha)$ [N·m]

解説　設問2

（**1**）　剛体の平面運動は、重心の並進運動と重心まわりの回転運動に分けられる。並進運動については、力積を F、重心の速度を v とすれば

$$F = mv$$

回転運動に関しては、角速度を ω、重心まわりの慣性モーメントを I とすれば

$$Fe = I\omega$$

答　$Fe = I\omega$

（**2**）　重心から距離 s にある点Qの速度 v' を求める。

$$v' = v - s\omega = \frac{F}{m} - \frac{s}{I}Fe = \left(\frac{1}{m} - \frac{se}{I}\right)F$$

$v' = 0$ とすると

$$\frac{1}{m} - \frac{se}{I} = 0$$

$$s = \frac{I}{me} = \frac{mk^2}{me} = \frac{k^2}{e}$$

ここで k は重心まわりの回転半径である。

答　$s = \dfrac{k^2}{e}$

つまり、衝撃力を受ける剛体は、重心から $\dfrac{k^2}{e}$ の距離にあるＱ点を中心に回転運動をする。

Ｑは不動点であるから、衝撃力に対し、Ｑでは反力は作用しない。このようなＱ点はPG線上にあるが、ここで、Ｐ点をＱ点に対する**打撃の中心**と呼ぶ。

（**3**）　設問の図におけるＯ点をＱ点に相当させる。つまり、Ｐ点がＯ点に対する打撃の中心とすればよい。したがって、上式の s を $r = 0.6$［m］に置き換えれば

$$e = \frac{k^2}{r} = \frac{k^2}{0.6}$$

重心まわりの慣性モーメント $I = k^2m$ を並行軸の定理を使ってＯ点まわりの慣性モーメント I_0 に変換すれば

$$I_0 = k^2m + r^2m = m(k^2 + r^2) = 35(k^2 + 0.6^2)\ [\mathrm{kg \cdot m^2}]$$

I_0 は問題にあるように $0.65^2 \times 35$［kg·m²］であるので

$$k^2 = 0.65^2 - 0.6^2 = 0.0625\ [\mathrm{m^2}]$$

よって

$$e = \frac{k^2}{r} = \frac{0.0625}{0.6} = 0.104\ [\mathrm{m}]$$

答　104［mm］

2 解答

A	B	C	D	E
⑤	②	①	③	④

解説

(1) x 点における曲げモーメント M_1 は、**図 1** の揚力の分布荷重より

$$M_1 = \left(x \times \frac{qx}{l} \times \frac{1}{2}\right) \times \frac{x}{3} = + \frac{qx^3}{6l}$$

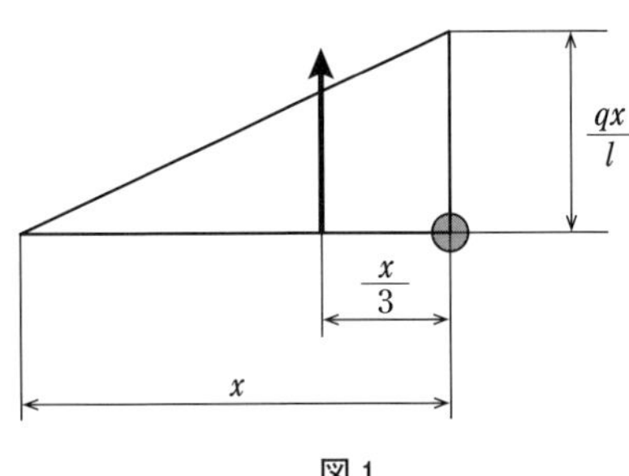

図 1

曲げモーメントの向きに注意

＋　　　－

答　$M_1 = \frac{qx^3}{6l}$

(2) x 点における重力による曲げモーメント M_2 は、**図 2** の重力の分布荷重より

$$M_2 = -\left(x \times \frac{qx}{4l} \times \frac{1}{2}\right) \times \frac{x}{3} = -\frac{qx^3}{24l}$$

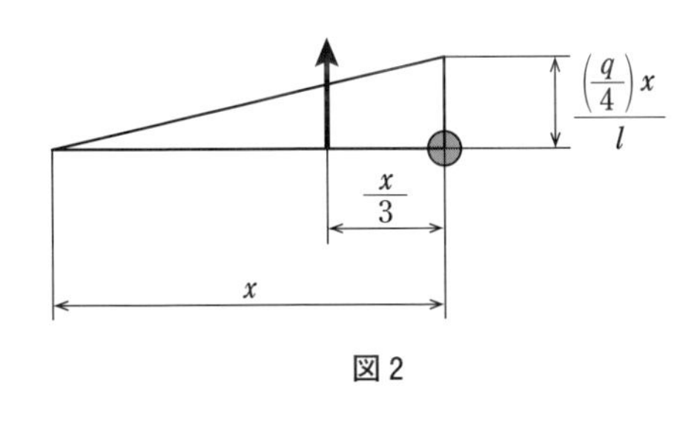

図 2

答　$M_2 = -\frac{qx^3}{24l}$

(3) x 点における揚力と重力による曲げモーメント M_0 は

$$M_0 = M_1 + M_2 = \frac{qx^3}{6l} - \frac{qx^3}{24l} = \frac{3qx^3}{24l} = \frac{qx^3}{8l}$$

答　$M_0 = \frac{qx^3}{8l}$

(**4**)　固定部分A点における曲げモーメント M_A は、x 点における曲げモーメント M_0 の式に $x = l$ を代入して

$$M_A = \frac{ql^3}{8l} = \frac{ql^2}{8}$$

答　$M_A = \dfrac{ql^2}{8}$

(**5**)　翼の先端部の変位量 δ をひずみエネルギー法により求める。

仮想荷重 P を翼先端に負荷すると、x 点の曲げモーメント M_x は

$$M_x = \frac{qx^3}{8l} - Px$$

カスチリアーノの定理（ひずみエネルギー U を荷重の関数で表して偏微係数を求めると、荷重の作用点における荷重の作用方向の変位となる）より、荷重点の変位 δ は

$$\delta = \frac{\partial U}{\partial P} = \frac{\partial U}{\partial M} \cdot \frac{\partial M}{\partial P}$$

ここで $\dfrac{\partial M}{\partial P} = -x$

曲げひずみエネルギー U は $\dfrac{1}{2}M_i$ なので、

$$U = \int_0^l \frac{M^2}{2EI} dx$$

よって

$$\delta = \int_0^l \frac{Mx}{EI} \times (-x) dx$$

M_x の式中の P は0として

$$\delta = \frac{1}{EI}\int_0^l \left(\frac{qx^3}{8l}\right) \times (-x) dx = \frac{-q}{8l \cdot EI}\int_0^l x^4 \cdot dx$$

$$= \frac{-q}{8l \cdot EI} \times \frac{l^5}{5} = \frac{-ql^4}{40EI}$$

－符号は、y 方向座標の負側の変位を示す。

答　$\delta = \dfrac{-ql^4}{40EI}$

(注)　ここではひずみエネルギー法を用いて求めたが、以下の曲げモーメント M とたわみ v の関係からも求めることができる。つまり、以下の式を2階積分して、たわみ v を求めれば、同じ答えが出てくるはずである。

$$\frac{d^2v}{dx^2} = -\frac{M}{EI} = -\frac{M_0}{EI} = -\frac{q}{8lEI}x^2$$

3	解答

A	B	C	D	E	F
②	④	⑤	①	③	⑤

解説

（**1**） 鉛直方向成分のつり合い式は、$2T_1\cos\theta = P$ であるから、

$$T_1 = \frac{P}{2\cos\theta}$$ 答 ②

（**2**） フックの法則 $\sigma = E\varepsilon$、ひずみの定義 $\varepsilon = \dfrac{\lambda}{\ell_1}$ および応力 $\sigma = \dfrac{T_1}{A}$ を用いると、伸び λ は次式で求めることができる。

$$\lambda = \ell_1\varepsilon = \frac{\ell_1\sigma}{E}$$

部材 AC の伸びは、$\lambda = \dfrac{T_1\ell_1}{AE}$ ……(1) 答 ④

（**3**） 前問（**1**）および（**2**）で求めた T_1 および λ を用いる。**図 3** に示すように、点 B、D を中心とし、半径 $\ell_1 + \lambda$ の円を描き、その交点を C′ とする。変形を微小として円弧を接線で近似すると、変形の状態は**図 4** のようになる。

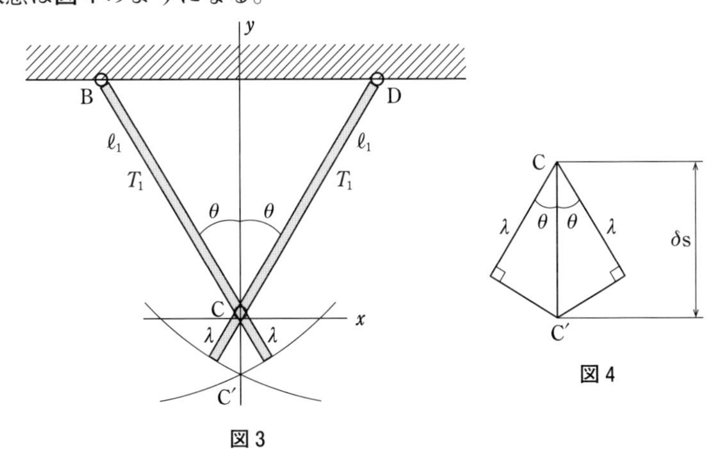

図 3

図 4

静荷重 P を受けて、点 C が C′ に移動するとすると、**図 4** からあきらかなように、

$$\delta_s\cos\theta = \lambda$$

これを式(1)に用いて

$$\therefore\ \ \delta_s = \frac{T_1\ell_1}{AE\cos\theta} = \frac{P\ell_1}{2AE\cos^2\theta}$$ ……(2) 答 ⑤

（**4**） 円柱に作用する力が0からPまで増加して、伸びがδ_sになる間にするに仕事は、**図5**の三角形OABの面積で与えられる。

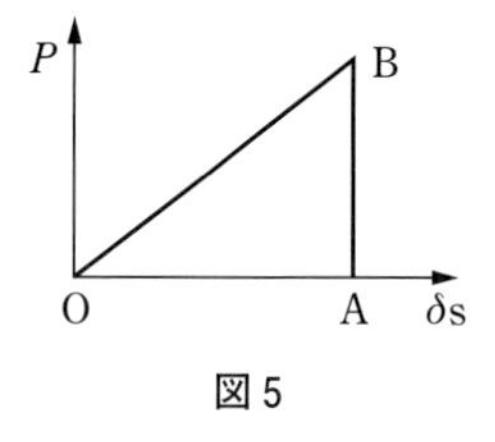

図5

よって、円柱に蓄えられるエネルギーUは

$$U = \frac{P\delta_s}{2} \qquad \cdots\cdots (3)$$

円柱に蓄えられるエネルギーUを荷重Pを用いずに表すため、式(2)、(3)からPを消去すると、

$$U = \frac{\delta_s^2 AE\cos^2\theta}{\ell_1}$$

答　①

（**5**） 設問の図のように、リング状のおもりが高さhから落下するとき、衝撃荷重により部材ACおよびBCの結合部Cは、δの移動量を生ずる。おもりの位置エネルギーと部材ACおよびBCに蓄えられるひずみエネルギーが等しいとすると、次式が成立する。

$$U = \frac{\delta^2 AE\cos^2\theta}{\ell_1} = Mg(h+\delta) \qquad \cdots\cdots (4)$$

答　③

式(4)をδについて解く。式(4)を変形すると、

$$A\,E\cos^2\theta\,\delta^2 - \ell_1 Mg\,\delta - \ell_1\,Mg\,h = 0$$

2次方程式の解の公式を用いてδを求めると、

$$\delta = \frac{\ell_1 Mg \pm \sqrt{(\ell_1 Mg)^2 + 4AE\cos^2\theta\ell_1 Mg\,h}}{2AE\cos^2\theta}$$

δは、正の値であるから

$$\delta = \frac{\ell_1 Mg + \sqrt{(\ell_1 Mg)^2 + 4AE\ell_1 Mg\,h\cos^2\theta}}{2\,AE\cos^2\theta} \qquad \cdots\cdots (5)$$

（**6**） 式(5)に数値を代入して、

$$\delta = \frac{2.44\cdot4.55\cdot9.81 + \sqrt{(2.44\cdot4.55\cdot9.81)^2 + 4\cdot1.25\cdot10^{-4}\cdot206\cdot10^9\cdot2.44\cdot4.55\cdot9.81\cdot0.356\times0.75}}{2\times1.25\cdot10^{-4}\times206\cdot10^9\times0.75}$$

$$= \frac{108.911 + \sqrt{11861.52 + 29951.51\times10^5}}{386.25\times10^5}$$

$$= \frac{108.911 + \sqrt{2995.162\times10^6}}{386.25\times10^5} = \frac{108.911 + 54.728\times10^3}{386.25\times10^5}$$

$$= \frac{54.836\times10^3}{386.25\times10^5} = 1.4197\times10^{-3}\ [\mathrm{m}] = 1.42\ [\mathrm{mm}]$$

答　⑤

4 解答

A	B	C	D	E
④	①	③	②	⑤

解説

（**1**）　図6のような、単位長さの板厚tの薄肉円筒について考える。直径を通る断面における力のつり合い式は、

$$pD = 2t\sigma_\theta$$

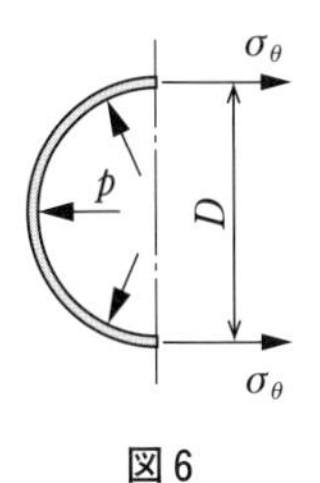

図6

これを変形して、

$$\sigma_\theta = \frac{pD}{2t} \qquad \cdots\cdots (1)$$

上式(1)に数値を代入して、

$$\sigma_\theta = \frac{450 \times 10^3 \times 12.5}{2 \times 20 \times 10^{-3}} = 140.625 \times 10^6 \text{〔Pa〕} = 141 \text{〔MPa〕}$$

答　④

（**2**）　図7に示すようなタンクの対称軸に垂直な断面について、横方向の力のつり合い式を考える。左向きの力は、

$$\frac{\pi D^2}{4}p$$

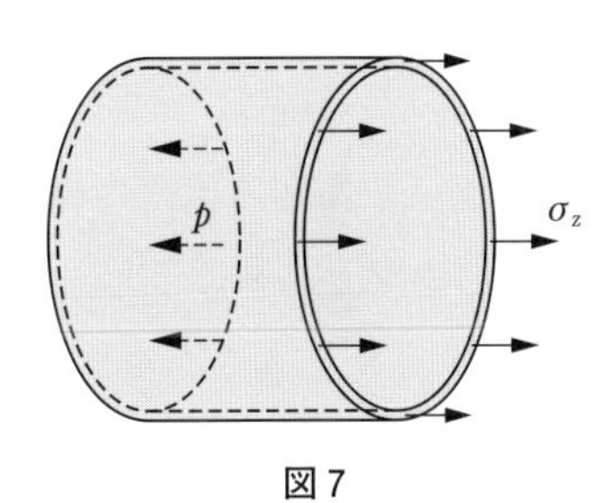

図7

タンクを構成する板内の応力に板の面積をかけると、右向きの軸力が、次のように$\pi Dt \cdot \sigma_z$と求められる。

これらを等しいとおいてσ_zを求めると、

$$\sigma_z = \frac{pD}{4t} \qquad \cdots\cdots (2)$$

上式(2)に数値を代入して、

$$\sigma_z = \frac{450 \times 10^3 \times 12.5}{4 \times 20 \times 10^{-3}} = 70.313 \times 10^6 \text{〔Pa〕} = 70.3 \text{〔MPa〕}$$

答　①

（**3**） 円周方向応力 σ_θ と軸方向応力 σ_z が作用する組み合わせ応力状態にあるから、一般化されたフックの法則を用いると、円周方向ひずみ ε_θ は、次式で求めることができる。

$$\varepsilon_\theta = \frac{\sigma_\theta - v\sigma_z}{E} \qquad \cdots\cdots (3)$$

上式(3)に数値を代入して

$$\varepsilon_\theta = \frac{140.625 \times 10^6 - 0.28 \times 70.313 \times 10^6}{206 \times 10^9} = 0.587 \times 10^{-3} = 587 \times 10^{-6}$$

答 ③

（**4**） 圧力 p が加えられたことにより、このタンクの円周の長さは $\pi(D + 2u)$ となる。

加圧前の円周の長さは πD だから、円周ひずみ ε_θ は、次式で表される。

$$\varepsilon_\theta = \frac{\pi(D + 2u) - \pi D}{\pi D} = \frac{2u}{D}$$

$$\Delta D = 2u = D\varepsilon_\theta = 12.5 \times 0.587 \times 10^{-3}\ [\mathrm{m}] = 7.34\ [\mathrm{mm}]$$

答 ②

（**5**） たがいに直交する応力 σ_θ および σ_z が作用する無限平板に開けた円孔を**図 8** に示す。

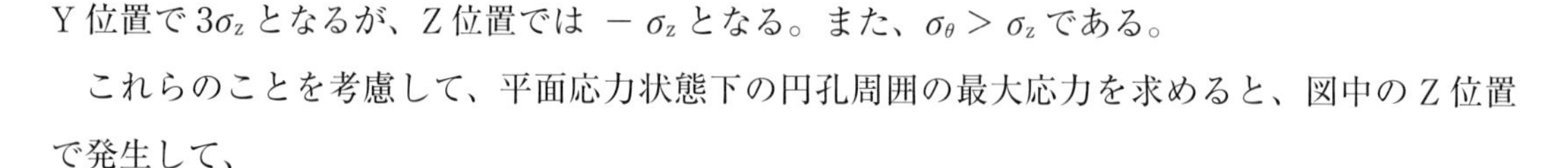

図 8

設問の参考図は、一軸応力状態の場合の円孔周囲の応力分布である。平面応力状態の場合は、応力 σ_θ および σ_z の影響を考慮する必要がある。

応力 σ_θ による応力分布は、**図 8** の Z 位置で $3\sigma_\theta$ となるが、Y 位置では $-\sigma_\theta$ となる。応力 σ_z による応力分布は、図中の Y 位置で $3\sigma_z$ となるが、Z 位置では $-\sigma_z$ となる。また、$\sigma_\theta > \sigma_z$ である。

これらのことを考慮して、平面応力状態下の円孔周囲の最大応力を求めると、図中の Z 位置で発生して、

$$\sigma_{\max} = 3\sigma_\theta - \sigma_z$$

これに、前問（**1**）および（**2**）で求めた数値を代入して、

$$\sigma_{\max} = 3 \times 140.625 - 70.313 = 351.56 = 352\ [\mathrm{MPa}]$$

答 ⑤

〔4. 材料・加工分野〕

1 解答

主目的					方法				
A	B	C	D	E	F	G	H	I	J
③	②	①	⑤	④	②	①	④	⑤	③

解説

鉄鋼材料の世界需要、約18億トンに対して、たとえばアルミニウムのそれは約7000万トンである。ほかの金属材料に比べて圧倒的に多く、今後も社会基盤を支える重要な工業材料である。鉄鋼材料は、ほかの金属に比べて熱処理による特性の変化が多様であり、適した設計指示が欠かせない。ここでは、実用的かつ基本的な鉄鋼材料の熱処理の目的と方法を問う問題となっている。

焼入れ焼戻し　鉄の相変態を利用して、硬さやじん性を飛躍的に高める基本的な熱処理であり、オーステナイト相からの焼入れによってマルテンサイト相に変態させて、硬さを最大にした後、そのマルテンサイト相を分解させない温度域（A_1変態点以下）にて焼戻しを行い、適度な硬さとじん性を得る方法である。

時効硬化処理　加熱温度と時間を調節して、母相から特定の合金成分からなる炭化物などの化合物を析出させて、硬さやじん性などを向上させる方法である。マルエージング鋼の場合、マルテンサイト変態と析出硬化によって、純鉄に比べて、降伏強さが約30倍、引張強さが約10倍の強化を誇る。

サブゼロ（sub-zero）**処理**　固溶炭素量に応じた冷却温度差などが足りずに、マルテンサイト相に変態しきれずに残留したオーステナイト相を、追加の急冷によって変態させる処理である。残留オーステナイトは寸法変化や耐摩耗性の低下をもたらす反面、延性やじん性に貢献する。subが「下請け」の意味があり、sub-zeroで氷点下、0℃以下の意味になる。

ガス浸炭処理　プロパン（C_3H_8）またはブタン（C_4H_{10}）と空気を混合して変成させたガスを用いて、鋼の表面付近の炭素量を増やして、その後の焼入れで表面のみを硬くする方法である。変成ガスのCOがFeと反応することで浸炭が起こる。

オーステンパ　オーステナイト化後にマルテンサイト変態が生じる手前の温度（400℃程度）に急冷して、その温度で所定時間を保持してベイナイト変態を得る処理である。その後、冷間線引き加工を施す場合をパテンチングともいう。さらに、高弾性を得るためにブルーイングと呼ばれる加熱と急冷処理を行う。ばね、ピアノ線に適用する。

2 解答

A	B	C	D	E	F	G	H	I	J
④	③	⑤	③	①	③	②	⑤	②	③

解説

（**1**） 工業材料の一般的な炭素鋼の熱処理がされていない生材などに見られるFe-C系の平衡状態組織に関する問題である。**パーライト変態**で生じる相は、Fe相とFe_3C相が交互に層状に並んだ構造となり、エッチングによりそのコントラストを光学顕微鏡で確認することができる。ただし、非常に微細なパーライト組織は光学顕微鏡では暗く塗りつぶしたように見えるため、層状を確認するためには走査型電子顕微鏡が必要である。

（**2**） ステンレス鋼の中でも最も硬く耐食性に優れるマルテンサイト系ステンレス鋼に関する問題である。記号のSUSはsteel use stainlessの略で、その後の数字が、300番台はCr-Ni系、400番台はCr系、600番台は析出硬化系であり、最後のアルファベットはABCの順番に炭素量が増えていく。したがって、SUS304およびSUS316はオーステナイト系、SUS440Cはマルテンサイト系、SUS630は析出硬化系、SUS329J1はオーステナイト・フェライト系である。J1の意味は、日本独自の1番目の鋼種という意味である。

（**3**） 機械構造用合金鋼の中のクロムモリブデン鋼およびその浸炭焼入れについての問題である。この鋼種は、焼入性が高められた合金鋼であるため、熱処理の意図である表面硬化だけでなく、部品全体が硬くなる可能性があり、意図しない材質変化には注意が必要である。SCMは機械構造用鋼における主要合金元素記号であり、クロムモリブデン鋼を意味する。その次の4は主要合金元素量コードといい、1～8パターンまである。最後の20は、炭素量の代表値を表し、0.2％である。

（**4**） アルミニウム合金の中でも2000系の展伸材に分類される有名な**ジュラルミン**に関する問題である。2000系にはA2017とA2024の二つのジュラルミンがあり、後者を超ジュラルミンという。どちらも自然時効（室温時効）によって4～14日でほぼ安定した強度に達する。ラウタルは、Al-Cu-Si系鋳物、シルミンはAl-Si系鋳物、ヒドロナリウムはAl-Mg系鋳物である。

（**5**） 解答群のニッケル（Ni）系の材料の中から、Ni系超耐熱合金（超合金）を選ぶ問題である。ニクロム（Ni-Cr）線はヒーターなどに使用される一般的な電熱線であり、合金系の元素の名前を省略したものが線材の名前になっている。Ni 基合金は、基本的に耐熱性や耐食性に優れる。Ni-Cu 系はモネル、Ni-Al 系および Ni-Ti 系は耐熱合金の主要な強化相であり、形状記憶の機能もある。W-Ni 系は、さらに Cu や Fe を添加して焼結することで、ヘビーアロイとしてウェイト材や放射線遮蔽材などに用いられている。

(6) 一般的な切削工具の材料である超硬合金に関する問題である。**超硬合金**はその構成からサーメット（金属とセラミックスの複合材）にも分類されるが、粉末冶金法で作られるため、焼結合金ともみなす。超硬合金は Widia（Wie Diamant）という商品名で製造されたのが始まりであり、その意味は「ダイヤモンドのごとく」である。

(7) 一般的な圧電体の分類に関する問題である。絶縁体の中には電気をためる性質のものがあり、それは材料内の分極によってもたらされる。そのような材料のことを、とくに**誘電体**と呼び、直流ではなく交流回路では電気を通すため絶縁体とは区別される。チタン酸バリウム（$BaTiO_3$）が有名である。

(8) セラミックス工具として有名なサイアロンに関する問題である。サイアロンは sialon と記述するが、この呼び名は、材料の化学組成（Si-Al-O-N）にちなんだものである。このほか、工具用として使われる主な成分は、アルミナ、窒化ケイ素などである。

(9) 熱可塑性と熱硬化性の樹脂の分類と用途を問う問題である。解答群の中で熱硬化性樹脂は、メラミンと**エポキシ**である。メラミンは食器や家具の表面に用いられたり、研磨用スポンジに用いられたりする。

(10) (**9**)と同じく、熱可塑性と熱硬化性の樹脂の分類と用途を問う問題である。解答群の中で熱可塑性樹脂は、**ポリカーボネート**、ポリアミド、ポリエチレンである。その中で、ポリアミドはナイロンの商品名で有名である。結晶性であり、耐熱性や耐摩耗性が必要な自動車部品などに用いられる。ポリエチレンも結晶性で、成形性がよく、包装袋や各種容器などに用いられる。

3 解答

A	B	C	D	E	F	G	H	I	J	K	L
⑤	④	⑩	⑪	⑨	②	⑫	①	⑦	⑥	⑧	③

解説

生産性の観点から、工場内での物の移動はないほうが望ましいが、実際には多くの運搬工程が不可欠である。そのために、**図1**にあるようなさまざまな運搬装置が採用されている。

ここでは、搬送装置を搬送方法や用途などにより分類しているが、使用側はその目的に沿って最適なものを採用している。問題にある文章は、それぞれの機構や特徴を解説していることになる。

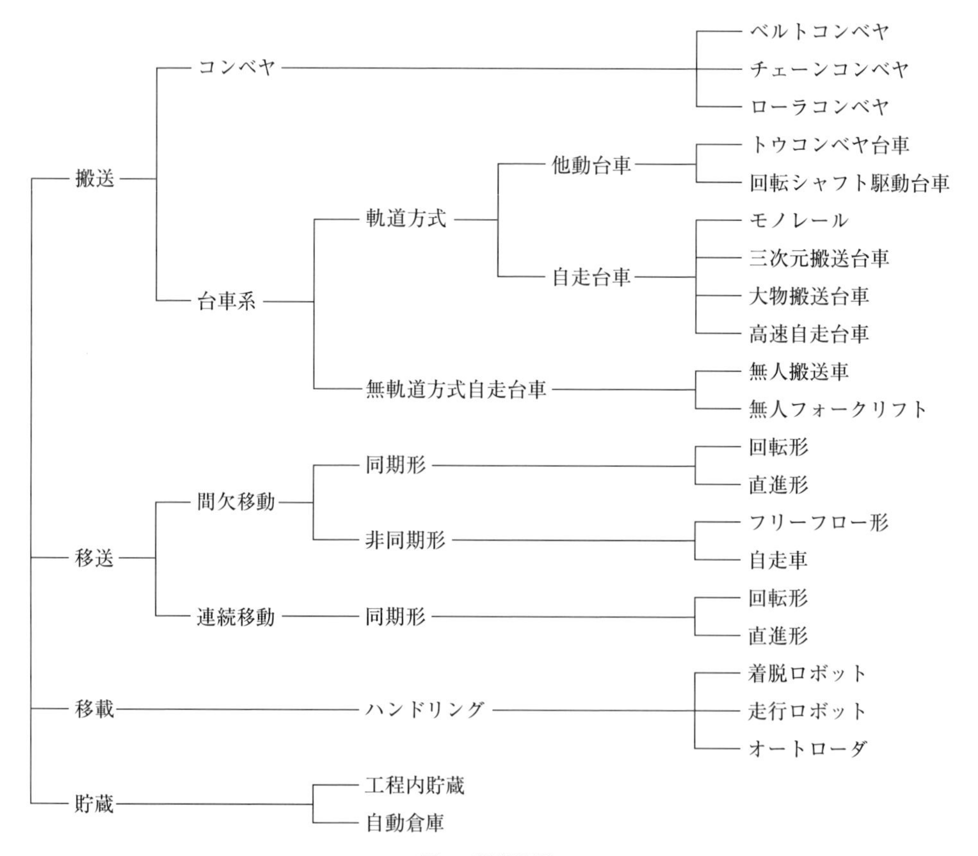

図1　運搬装置
出典：生産システム副読本（ニュースダイジェスト社）

多品種少量生産や中種中量生産向けのフレキシブル生産システムが**FMS**（Flexible Manufacturing system）である。この中で工作機械間における加工部品や工具などを搬送するために使われるのが**AGV**（Automatic Guided Vehicle）ある。

図中で無人搬送車と記載されているのが、AGVを指す。指令によって最適な経路や運搬先順序を選択しながらフレキシブルに動作できることから、レイアウトの自由度が高い。そのために、軌道のない無軌道式の運搬機で、さらにバッテリ等を積載し自走できる特徴を有している。無軌道運転における誘導方式には、電磁誘導方式、磁気誘導方式、光学誘導方式などがある。将来的にはロボットとのコラボレーションによる高度な自動化が期待できる。

工作機械間で加工部品を運搬する場合、**パレット**と呼ばれる取付台に加工部品をセットしてから、パレットごと運搬するケースがある。FMSではこのほうが一般的である（とくにマシニングセンタなど）。

工作機械のテーブルに載せるときもパレットのままセットし、加工もパレット上で行うことで加工部品の取り付け、取り外しが省略でき、生産性が上がる。自動でパレットをセットする装置が、**APC**（Automatic Palette Changer）である。**図2**にその一例を示す。似た言葉でNC工作機械の機能で、**ATC**（Automatic Tool Changer）があるが、これは工具自動交換装置のことである。

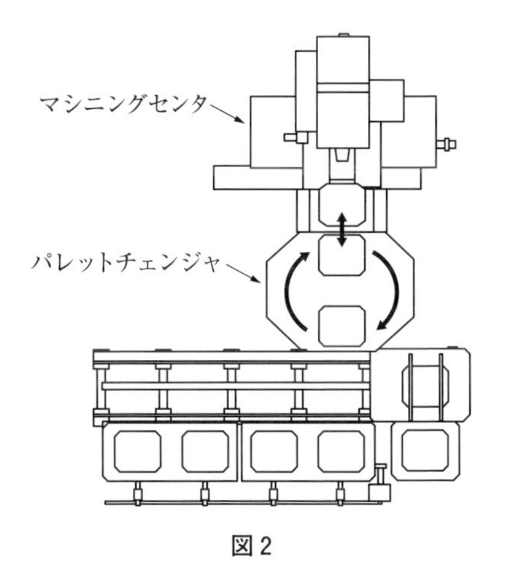

図2

4 解答

A	B	C	D	E	F	G	H	I	J
⑦	⑤	⑪	⑫	①	③	⑬	⑨	⑭	⑥

解説

機械加工（切削加工）を対象とした生産設計に関わる問題である。加工者はもとより、設計者においても加工のノウハウを考慮しながら設計にあたることが求められる。項目ごとに簡単にコメントをしておく。

（**1**） **工作機械**を渡り歩かないと完成しない部品形状では、各機械で取り付け・取り外しなどの段取り作業が必要となるので、加工コストはアップしてしまう。そのために、最近では多工程集約の工作機械、たとえばマシニングセンタやターニングセンタが多用されている。

（**2**） 工作機械のテーブルに接地した面は加工ができないために、裏面を加工するときには工作物を反転させなければならない。このときも段取りが生じてしまう。露出面であれば、最近のNC工作機械では工作物を自動回転させることで、全面を加工することができる。

（**3**） 加工の際には、かなりの切削抵抗が発生する。これによって工作物が変形すると精度が確保できないことになる。設計上、軽量化が必要である場合は仕方ないが、可能な限り、**剛性**の高い形状になるように心掛ける。

（**4**） 加工時に、工具、ホルダ、取付具等が干渉しないような形状を採用する。複雑形状の部品加工では**干渉**を事前に予測することが難しい場合もある。最近では、3Dの加工シミュレーションでチェックするシステムも市販されている。

（**5**） 工作物の変形とともに、工具の変形も加工精度に影響を与える。エンドミルは細くて長い工具であるため、たわみやすい。したがって、使用するエンドミルの直径はなるべく大きいサイズを採用したい。そのためには隅部のコーナ半径は、なるべく**大きく**設定しておいたほうが良い。

（**6**） 丸棒におねじをバイト等で加工する場合、ねじの終わりはバイトの切込みを減少させながら**不完全ねじ部**を創成しなければならない。工具逃げの溝を確保しておけば、このような面倒な作業が省略できる。

（**7**）　端部肩の丸みをバイト刃先の丸みと同じにしておけば、そのままバイトを送って穴深さに達したら、送りを停止すれば完成となる。なお、スローアウェイ方式のバイト**コーナ半径**は、JISで決まっているので、その丸みを採用するようにしたい。

（**8**）　一般的に使われるツイストドリルは、必要以上に長いことと加工個所から保持部までの距離が大きいことから容易に変形してしまう。したがって、極度に深い穴は避けるようにする。自動機では通常のドリルより長さが短いスタブドリルが多用されている。

（**9**）　ドリルの先端形状は円錐状であるために、加工面が**斜面**のときにはスリップしてしまう。したがって、加工部分はあらかじめエンドミルなどによって平面に加工しておく。設計においても、加工面は平面にしておく。

側面近くの穴あけでは、穴と側面との距離が確保できないために壁の剛性が低くなり、ドリルは側面側に変形してしまう。最悪の場合は、壁を破壊してしまうので、壁の厚さは大きくしておく。

（**10**）　ドリルは、通常120°（実際には118°）の先端角を有している。したがって、所要深さに達し、送りを停止すれば、その形状が穴底に転写される。穴あけ後、内面にめねじを切る工具が**タップ**である。通常、タップの端面は平面であるため、ドリル穴の底まで加工することはできない。底の手前で終わるような、ねじ深さを指定する。

〔6. 環境・安全分野〕

1 解答

A	B	C	D	E	F	G	H	I	J
③	⑥	④	⑤	②	⑤	①	⑥	③	①

解説

（1） 地球温暖化対策

世界の地球温暖化対策は、1997年のCOP3において【A：③京都議定書】が採択され、先進国の取組みが始まった。現在は2015年採択のパリ協定により、気温上昇を産業革命のころと比べ、2℃以下（できれば1.5℃以下）に抑えることを目標としている。京都議定書もパリ協定も気候変動枠組条約に基づいて制定されたものであるが、京都議定書ではアメリカや中国の温暖化ガスを大量に排出している国が参加しておらず、効果が部分的であった。しかし、パリ協定では途上国を含む、ほとんどの主要排出国が参加し、各国が温暖化対策の目標を策定している。しかし、この目標を達成しても、めざす1.5℃を大幅に超える見込みである。

地球の周りに二酸化炭素等の温室効果ガスが増えることにより地球温暖化が進んでいるといわれているが、もし温室効果ガスがないと地球の平均気温は約【B：⑥ −20℃】（正確には −19℃）となり、人が住めない状況になる。しかし、温室効果ガスがあることで、地球の平均気温は約14℃程度に保たれている。地球に人間が住むためには温室効果ガスは必要であるが、多すぎてはいけないということである。

（2） 廃棄物リサイクル関連法令

ペットボトルなどの廃棄物は、【C：④容器包装リサイクル法】により処理されているが、製品プラスチックについてもプラスチック資源循環法ができ、リサイクルを進めようとしている。また、携帯電話・ゲーム機等に含まれる希少金属を回収して利用しようという【D：⑤小型家電リサイクル法】も制定されている。

リサイクル関連の法令には、家電リサイクル法、自動車リサイクル法、建設リサイクル法、容器包装リサイクル法、食品リサイクル法、小型家電リサイクル法等がある。

なお、最近プラスチック新法（プラスチックに係る資源循環の促進等に関する法律）ができ、これまでの容器包装プラスチックだけでなく、製品プラスチックのリサイクルが拡大していく見込みである。

（3） 日本の4大公害病

日本国内では1950年代から公害が頻発し、とくに4大公害といわれる水俣病、新潟水俣病、イタイイタイ病、四日市ぜんそくが有名である。このうち、四日市ぜんそくの原因は、大気中の【E：② 硫黄酸化物】であり、水俣病と新潟水俣病では水銀、イタイイタイ病ではカドミウムが病気の原因である。

また、1968年に発生したカネミ油症の原因物質は【F：⑤ PCB】であるが、PCBはダイオキシン類の一部である。ダイオキシン類等の有機塩素化合物は人体に有害なものが多いが、発展途上国ではまだ有機塩素系の農薬であるDDT、BHC等が使われており、問題となっている。

（4） 建物の省エネ

外壁の断熱性能向上や高効率の設備導入などにより大幅な省エネルギーを実現し、かつ再生可能エネルギーを導入することで、年間のエネルギー消費量の収支ゼロをめざした住宅を【G：① ZEH】（Net Zero Energy House）という。また、エネルギー消費量の収支ゼロをめざしたビルをZEB（Net Zero Energy Building）といい、HEMS（Home Energy Managemennt System）とは、家庭の電力等のエネルギー使用状況を監視し、節約するためのシステムである。

なお、日本ではまだ窓ガラスにアルミサッシが使われており、諸外国と比べて住宅の断熱性能はたいへん遅れている。たとえば、内窓の設置や断熱の強化により、冷暖房のエネルギーを減らすことができる。

また、家電製品の省エネも進み、とくに冷蔵庫は10年前と比べると、電力消費量は約【H：⑥ 40%】減少している。家電製品を買い替えるだけでも、省エネ効果は大きい。2050年、カーボンニュートラルの目標を設定後、国内における家庭部門の削減目標は66%となっており、今後も住宅等の省エネ対策は重要である。

（5） 食品ロス問題

【I：③ 食品ロス】とは、まだ十分食べられるにもかかわらず廃棄されている食品のことであり、日本人1人当たり毎日おにぎり1個分（約130 g）の食品が捨てられている。また、安全に食べられるのに、包装の破損や過剰在庫などのため市場に出すことができない食品を寄贈してもらい、必要としている施設や団体等に無償で提供する【J：① フードバンク活動】が行われている。子ども食堂とは、子どもやその保護者に対し、無料または安価で「栄養のある食事」等を提供する活動である。

なおスーパーなどの食品の小売においては、食品の賞味期限まで残り3分の1となる前に、卸業者が小売店に納品しなければならないという商習慣があり、食品ロスを生み出す大きな原因の一つといわれている。

2 解答

A	B	C	D	E	F	G	H	I	J
⑧	⑩	⑦	⑮	⑫	⑨	⑤	④	⑥	②

解説

機械設計技術者は、安全な機械を設計する必要がある。そのためには、国際安全規格や労働安全衛生法を良く知り、安全確保に努めなければならない。労働者の安全や衛生を守る労働安全衛生法（昭和四十七年法律第五十七号）の関連部分を、以下の枠内に示した。

まず、第二十条では「事業者の講ずべき措置」として、「機械、器具その他の設備（以下「機械等」という。）による危険を防止するため必要な措置を講じなければならない」とされている。

また、第二十八条の二の中で、「事業者の行うべき調査等」としておよび事業者の行うべき調査等について定められている。この中で、「危険性又は有害性等を調査し、その結果に基づいて、この法律又はこれに基づく命令の規定による措置を講ずるほか、労働者の危険又は健康障害を防止するため必要な措置を講ずるように努めなければならない」とされている。これは、【A：⑧リスクアセスメント】を行いなさいということである。

（事業者の講ずべき措置等）

第二十条　事業者は、次の危険を防止するため必要な措置を講じなければならない。

一　機械、器具その他の設備（以下「機械等」という。）による危険

二　【B：⑩爆発性】の物、発火性の物、引火性の物等による危険

三　【C：⑦電気】、熱その他のエネルギーによる危険

（事業者の行うべき調査等）

第二十八条の二　事業者は厚生労働省令で定めるところにより、建築物、設備、原材料、ガス、蒸気、粉じん等による、又は作業行動その他の業務に起因する危険性又は【D：⑮有害性】等を調査し、その結果に基づいて、この法律又はこれに基づく命令の規定による措置を講ずるほか、労働者の危険又は健康障害を防止するため必要な措置を講ずるように努めなければならない。

機械の安全設計を進めるためには、安全とリスクの意味をよく理解することが大切である。安全はリスクを経由して【E：⑫許容不可能なリスク】がないことと定義されている。つまり、

許すことができないようなリスクが残されていてはいけないということであり、リスクを許容できるレベルまで低減することが求められている。

また、リスクとは危害の発生確率と【F：⑨危害の程度】の組合せである。ISO/IEC ガイド51 における安全に関する諸定義を**表1**に示しておく。

表1 安全に関する諸定義（ISO/IEC ガイド51より）

項目	内容
安全	許容不可能なリスクがないこと
リスク	危害の発生確率及びその危害の程度の組合せ
危害	人への傷害若しくは健康障害、又は財産及び環境への損害
許容可能なリスク	現在の社会の価値観に基づいて、与えられた状況下で、受け入れられるリスクのレベル

安全のためには【A：⑧リスクアセスメント】とリスク低減方策により、許容可能なレベルまでリスクを低減する必要がある。許容可能なレベルまでリスクが下がっていない場合には、本質的安全設計、【G：⑤安全保護方策】、使用上の情報と呼ばれるリスク低減方策が実施される。

なお、機械設備による災害は、【H：④操作する人の不安全行動】と機械設備の不安全状態によって起こる。本質的な安全のためには、この不安全な状態をなくすことが重要である。それには次の二つの方策が考えられる。

1) 【I：⑥フールプルーフ化】：【H：④操作する人の不安全行動】に対する方策
人が誤って不適切な操作をしても、結果が事故や災害につながらないか、あるいは正常な動作を妨害しない仕組み

2) 【J：②フェールセーフ化】：機械設備の不安全状態に対する方策
動力源が故障したり、機械の構成部品やシステムのどこかに故障が生じても、確実に安全側（例：機械が止まるなど）に落ち着く仕組み

フールプルーフ化の事例

・機器のスイッチを切ったあとも惰性で動いたり、電力が残ったりしている場合、ガードが開かないよう設計する。
・組みこみ穴と対応する部品の形状を一致させ、異なる部品を組み込めないように設計する。

フェールセーフ化の事例

・地震で転倒すると、自動で運転を停止するストーブ。
・故障や停電が発生すると、自動的に赤点滅や黄点滅に切り替わる信号機など。

令和５年度　２級　試験問題Ⅲ　解答・解説

〔7. 応用・総合〕

〔7. 応用・総合〕

1　解答・解説

（**1**）　GM のモータ出力 P は、

$$P = M \times g \times \frac{V}{60} \times \frac{1}{\eta}$$

$$= 500 \times 9.81 \times \frac{10}{60} \times \frac{1}{0.8} = 1022 \ [\mathrm{W}] = 1.02 \ [\mathrm{kW}]$$

答　選択するモータの出力：②1.5［kW］

（**2**）　GM 出力軸回転速度 N'= 小歯車回転速度 = ドラム回転速度 ×2、ドラム直径 $D(= 0.5 \ [\mathrm{m}])$ なので、

$$N' = \frac{V}{D \times \pi} \times \frac{1}{i_0} = \frac{10}{0.5 \times \pi} \times \frac{2}{1} = 12.73 \ [\mathrm{min}^{-1}]$$

モータ回転速度 $N = 1500 \ [\mathrm{min}^{-1}]$、GM の減速比 i

$$i = \frac{N'}{N} = \frac{12.73}{1500} = \frac{1}{117.8} \Rightarrow \frac{1}{118}$$

答　減速比 $i = \frac{1}{118}$

（**3**）　GM のモータ定格出力 P と GM の減速比 i からのトルク T_1 は、

$$T_1 = \frac{60}{2\pi \times N_2} \times P \times \frac{1}{i}$$

$$= \frac{60}{2\pi \times 1500} \times 1.5 \times 10^3 \times 118 = 1127 \ [\mathrm{N \cdot m}] = 1.12 \ [\mathrm{kN \cdot m}]$$

答　トルク =1.12［kN·m］

または、GM のモータ定格出力 P と GM 出力軸回転速度 N' からのトルク T_1 は、

$$T_1 = \frac{60}{2\pi \times N'} \times P$$

$$= \frac{60}{2\pi \times 12.73} \times 1.5 \times 10^3 = 1125 \ [\mathrm{N \cdot m}] \ = 1.12 \ [\mathrm{kN \cdot m}]$$

答　トルク =1.12［kN·m］

（**4**）　つり上げ質量からの実トルク T_2 は、

$$T_2 = M \times g \times \frac{D}{2} \times i_0$$

$$= 500 \times 9.81 \times \frac{0.5}{2} \times \frac{1}{2}$$

$$= 613 \ [\mathrm{N \cdot m}] = 0.61 \ [\mathrm{kN \cdot m}]$$

答　実トルク =0.61［kN·m］

2級　解答・解説

2　解答・解説

（**1**）　液体の圧力により、蓋に加わる最大荷重 P_1 として、

$$P_1 = \rho \times h \times A \times g$$

ρ：液体比重、h：液面～蓋中心高さ、A：蓋をしている管内径面積、g：重力加速度

$\rho = 1$［g/cm^3］
　$= 1 \times 10^{-3}/10^{-6}$［kg/m^3］$= 1 \times 10^3$［kg/m^3］

$h = 2700 + 500$
　$= 3200$［mm］$= 3.2$［m］

$A = \pi/4 \times 300^2$［mm^2］
　$= \pi/4 \times 0.3^2$［m^2］

$P_1 = \rho \times h \times A \times g$
　$= 1 \times 10^3 \times 3.2 \times \pi/4 \times 0.3^2 \times 9.81 = 2219$［N］$= 2.22$［kN］

答　蓋の最大荷重 $= 2.22$［kN］

（**2**）　エアシリンダの必要ストローク S、蓋リンクの長さ $R_1 = 200$［mm］、$\alpha = 45°$

$S = R_1/\cos\alpha$
　$= 200/\cos 45° = 282.8 = 283$［mm］

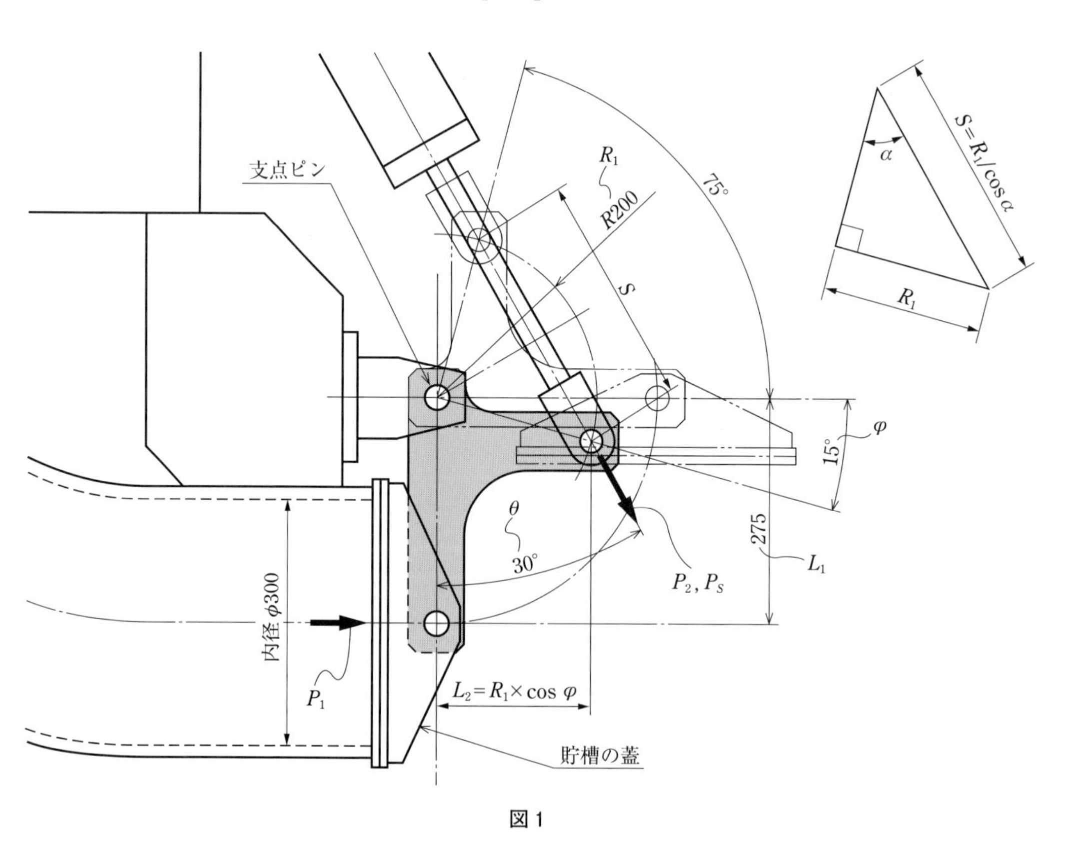

図1

解1　シリンダ必要内径の算出

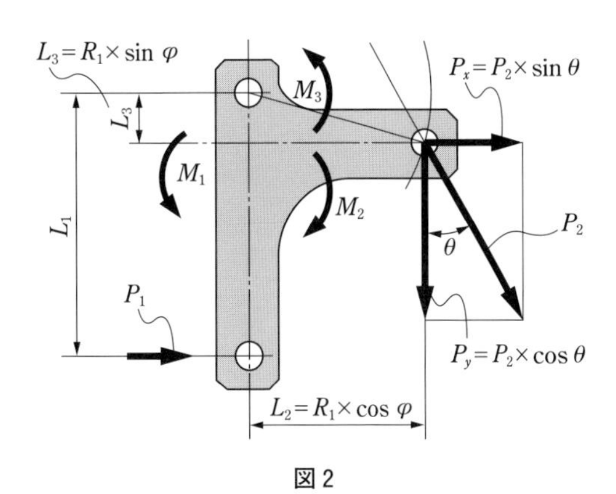

図2

支点ピンを中心とする蓋の荷重 P_1、シリンダ推力 P_2 によるモーメントを考える。

蓋の荷重 P_1 と長さ L_1 によるモーメント M_1 につり合うのは、シリンダ推力 P_2 の垂直成分 P_y、長さ L_2 によるモーメント M_2、シリンダ推力 P_2 の水平成分 P_x、長さ L_3 によるモーメント M_3 を合成したものなので、

$$M_1 = M_2 - M_3$$

$$M_1 = P_1 \times L_1$$

$$\begin{aligned} M_2 &= P_y \times L_2 \\ &= P_2 \times \cos\theta \times R_1 \times \cos\varphi \end{aligned}$$

$$\begin{aligned} M_3 &= P_x \times L_3 \\ &= P_2 \times \sin\theta \times R_1 \times \sin\varphi \end{aligned}$$

$$P_1 \times L_1 = P_2 \times \cos\theta \times R_1 \times \cos\varphi - P_2 \times \sin\theta \times R_1 \times \sin\varphi$$

$$P_1 \times L_1 = P_2 \times R_1 \times (\cos\theta \times \cos\varphi - \sin\theta \times \sin\varphi)$$

$$P_2 = \frac{P_1 \times L_1}{R_1 \times (\cos\theta \times \cos\varphi - \sin\theta \times \sin\varphi)}$$

$P_1 = 2219$［N］、$L_1 = 275$［mm］、$R_1 = 200$［mm］、$\theta = 30°$、$\varphi = 15°$

$$P_2 = \frac{2219 \times 275}{200 \times (\cos 30° \times \cos 15° - \sin 30° \times \sin 15°)} = 4315 \text{［N］}$$

シリンダ理論推力 P_s、負荷率 η とすると、

$$\frac{P_2}{P_s} \leqq \eta \;\Rightarrow\; P_2 \leqq \eta \times P_s$$

エア圧 $a_p = 0.5$［MPa］$= 0.5 \times 10^6$［Pa］、負荷率 $\eta = 50\,\%$、シリンダ内径 D とすると、

$$P_s = \frac{\pi}{4} \times D^2 \times a_p$$

よって、

$$P_2 \leqq \eta \times P_s \;\Rightarrow\; P_2 \leqq \eta \times \frac{\pi}{4} \times D^2 \times a_p \;\Rightarrow\; \frac{4 \times P_2}{\pi \times \eta \times a_p} \leqq D^2$$

$$\Rightarrow\; D \geqq \sqrt{\frac{4 \times 4315}{\pi \times 0.5 \times 0.5 \times 10^6}} = 0.148 \text{［m］} = 148 \text{［mm］}$$

$$\Rightarrow\; \phi 160 \text{［mm］}$$

答　必要ストローク＝283［mm］、シリンダ内径：④ ϕ160［mm］

2級　解答・解説

解2　シリンダ必要内径の算出

支点ピンを中心とする蓋の荷重 P_1、シリンダ推力 P_2 によるモーメントを考える。

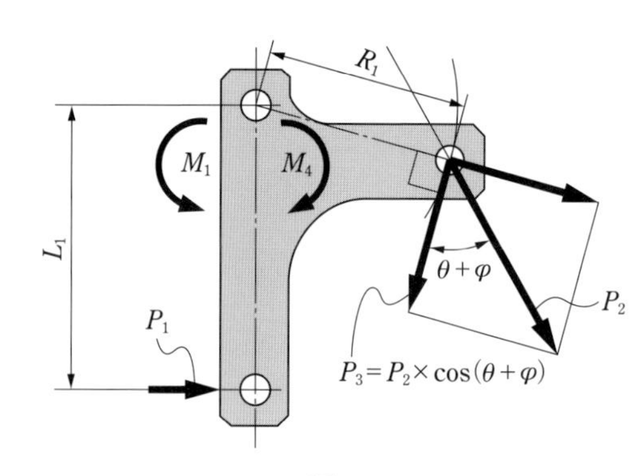

図3

蓋の荷重 P_1 と長さ L_1 によるモーメント M_1 につり合うのは、蓋回転中心（支点ピン）からシリンダロッド取付点までの長さ R_1 に対してシリンダ推力 P_2 の垂直成分 P_3 と長さ R_1 によるモーメント M_4 なので、

$$M_1 = M_4$$

$$M_1 = P_1 \times L_1$$

$$\begin{aligned} M_4 &= P_3 \times R_1 \\ &= P_2 \times \cos(\theta + \varphi) \times R_1 \end{aligned}$$

$$P_1 \times L_1 = P_2 \times \cos(\theta + \varphi) \times R_1$$

$$P_2 = \frac{P_1 \times L_1}{\cos(\theta + \alpha) \times R_1}$$

$P_1 = 2219$［N］、$L_1 = 275$［mm］、$R_1 = 200$［mm］、$\theta = 30°$、$\varphi = 15°$

$$P_2 = \frac{2219 \times 275}{\cos 45° \times 200} = 4315 \text{［N］}$$

シリンダ理論推力 P_s、負荷率 η とすると、

$$\frac{P_2}{P_s} \leqq \eta \ \Rightarrow\ P_2 \leqq \eta \times P_s$$

エア圧 $a_p = 0.5$［MPa］$= 0.5 \times 10^6$［Pa］、負荷率 $\eta = 50\,\%$、シリンダ内径 D とすると、

$$P_s = \frac{\pi}{4} \times D^2 \times a_p$$

よって、

$$P_2 \leqq \eta \times P_s \ \Rightarrow\ P_2 \leqq \eta \times \frac{\pi}{4} \times D^2 \times a_p \ \Rightarrow\ \frac{4 \times P_2}{\pi \times \eta \times a_p} \leqq D^2$$

$$\Rightarrow\ D \geqq \sqrt{\frac{4 \times 4315}{\pi \times 0.5 \times 0.5 \times 10^6}} = 0.148 \text{［m］} = 148 \text{［mm］}$$

$$\Rightarrow\ \phi 160 \text{［mm］}$$

答　必要ストローク ＝ 283［mm］、シリンダ内径：④ ϕ160［mm］

（**3**） 内径 $\phi 160$ [mm] のシリンダ理論推力 P_S とすると、

$$P_S = \frac{\pi}{4} \times D^2 \times a_p$$

$$= \frac{\pi}{4} \times 0.16^2 \times 0.5 \times 10^6 = 10053 \text{ [N]}$$

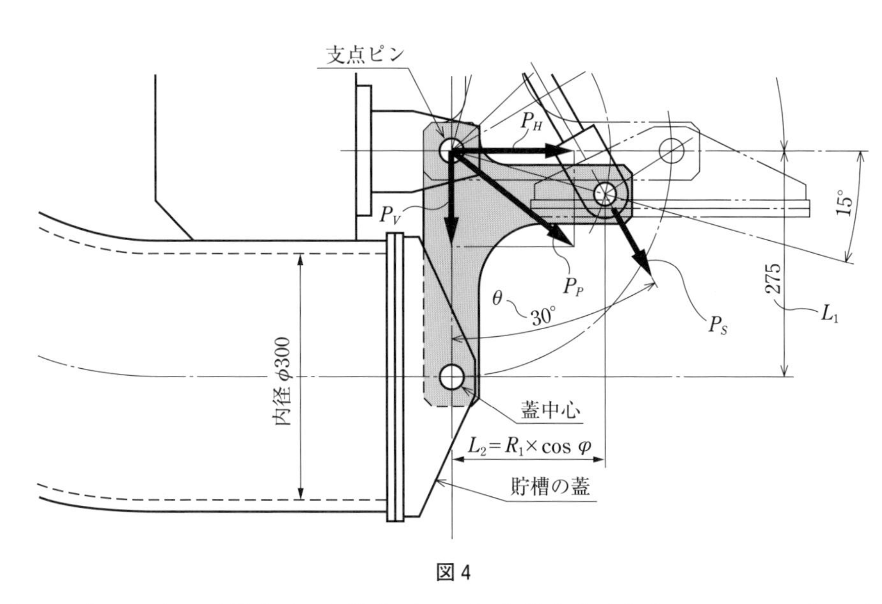

図 4

支点ピンには、シリンダ推力 P_S と推力 P_S による蓋中心まわりのモーメントによる水平力 P_{H1} が加わる。

解 1　シリンダ理論推力 P_S によるモーメント M_S の計算

推力 P_S の水平方向分力 P_{Sx} と長さ L_4 によるモーメント M_5 とする。

推力 P_S の垂直方向分力 P_{Sy} と長さ L_2 によるモーメント M_6 とする。

蓋中心まわりのモーメントによる、水平力 P_{H1} とする。

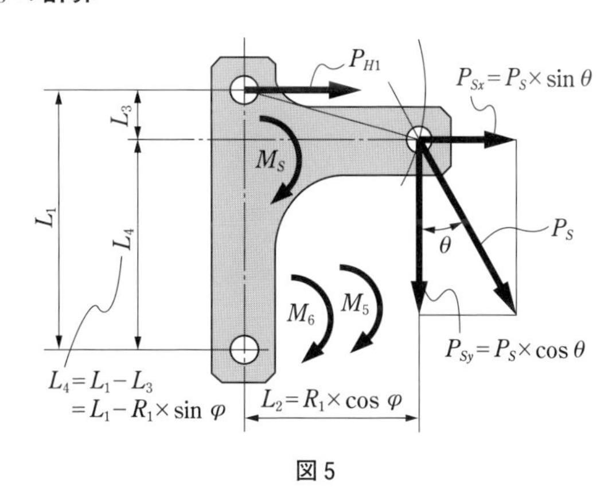

図 5

$$P_{H1} = M_S / L_1 = (M_5 + M_6) / L_1$$

$$M_5 = P_{Sx} \times L_4$$
$$= P_S \times \sin \theta \times (L_1 - R_1 \times \sin \varphi)$$

$$M_6 = P_{Sy} \times L_2$$
$$= P_S \times \cos \theta \times R_1 \times \cos \varphi$$

$$P_{H1} = (M_5 + M_6) / L_1$$
$$= \{P_S \times \sin \theta \times (L_1 - R_1 \times \sin \varphi) + P_S \times \cos \theta \times R_1 \times \cos \varphi\} / L_1$$
$$= P_S \times \{\sin \theta \times (L_1 - R_1 \times \sin \varphi) + \cos \theta \times R_1 \times \cos \varphi\} / L_1$$

$P_S = 10053$ [N]、$L_1 = 275$ [mm]、$R_1 = 200$ [mm]、$\theta = 30°$、$\varphi = 15°$

$$P_{H1} = 10053 \times \{\sin 30° \times (275 - 200 \times \sin 15°) + \cos 30° \times 200 \times \cos 15°\}/275$$

$$= \frac{2803996}{275} = 10196 \text{ [N]}$$

支点ピンに加わる水平力 $P_H = P_{H1} + P_{Sx}$、支点ピンに加わる垂直力 $P_V = P_{Sy}$

$$P_{Sx} = P_S \times \sin\theta = 10053 \times \sin 30° = 5027 \text{ [N]}$$

$$P_H = P_{H1} + P_{Sx} = 10196 + 5027 = 15223 \text{ [N]}$$

$$P_V = P_{Sy} = P_S \times \cos\theta = 10053 \times \cos 30° = 8706 \text{ [N]}$$

支点ピンに加わる合成荷重 P_P は

$$P_P = \sqrt{P_H{}^2 + P_V{}^2} = \sqrt{15223^2 + 8706^2} = 17.54 \times 10^3 \text{ [N]} = 17.5 \text{ [kN]}$$

答　蓋の支点ピン荷重 = 17.5 [kN]

解 2　シリンダ理論推力 P_S によるモーメント M_S の計算

蓋中心から推力が働く点までの距離を L_6 として、L_6 に垂直な推力 P_S の分力を P_{S1} とする。

P_{S1} と長さ L_6 によるモーメント M_7 とする。

蓋中心まわりのモーメントによる水平力 P_{H1} とする。

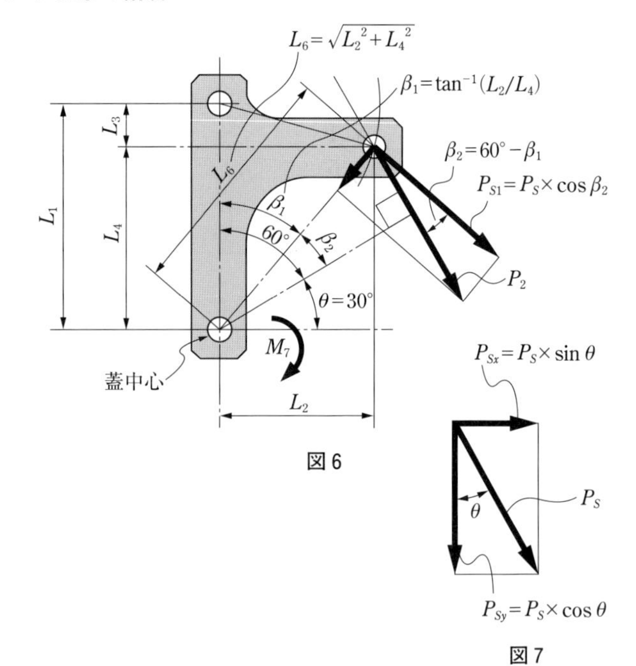

図 6

図 7

$$M_S = M_7$$

$$P_{H1} = M_7/L_1$$

$$M_7 = P_{S1} \times L_6$$

$$P_{S1} = P_S \times \cos\beta_2$$

$$\beta_1 = \tan^{-1}\left(\frac{L_2}{L_4}\right)$$

$$\beta_2 = 60° - \beta_1 = 60° - \tan^{-1}\left(\frac{R_1 \times \cos\varphi}{L_1 - R_1 \times \sin\varphi}\right)$$

$$= 60° - \tan^{-1}\left(\frac{200 \times \cos 15°}{275 - 200 \times \sin 15°}\right) = 60° - 40.872° = 19.128°$$

$$L_6 = \sqrt{L_2{}^2 + L_4{}^2} = \sqrt{(R_1 \times \cos\varphi)^2 + (L_1 - R_1 \times \sin\varphi)^2}$$

$$= \sqrt{(200 \times \cos 15°)^2 + (275 - 200 \times \sin 15°)^2} = 295.22$$

$$P_{H1} = M_7/L_1 = P_{S1} \times L_6/L_1 = P_S \times \cos\beta_2 \times L_6/L_1$$

$P_S = 10053$［N］、$L_1 = 275$［mm］、$R_1 = 200$［mm］、$\varphi = 15°$、$\beta_2 = 19.128°$

$$P_{H1} = 10053 \times \cos 19.128° \times 295.220/275 = \frac{2803989}{275} = 10196\ [\mathrm{N}]$$

支点ピンに加わる水平力 $P_H = P_{H1} + P_{Sx}$、支点ピンに加わる垂直力 $P_V = P_{Sy}$

$$P_{Sx} = P_S \times \sin\theta = 10053 \times \sin 30° = 5027\ [\mathrm{N}]$$

$$P_H = P_{H1} + P_{Sx} = 10196 + 5027 = 15223\ [\mathrm{N}]$$

$$P_V = P_{Sy} = P_S \times \cos\theta = 10053 \times \cos 30° = 8706\ [\mathrm{N}]$$

支点ピンに加わる合成荷重 P_P は

$$P_P = \sqrt{P_H{}^2 + P_V{}^2} = \sqrt{15223^2 + 8706^2} = 17.54 \times 10^3\ [\mathrm{N}] = 17.5\ [\mathrm{kN}]$$

答　蓋の支点ピン荷重 = 17.5［kN］

（**4**）　前問（**3**）で求めた荷重により、ピン径を求める。

ピンは2面せん断、許容せん断応力 $\tau = 20$［MPa］$= 20 \times 10^6$［Pa］

ピン断面の面積 A_P、ピン径 D_P として、

$$A_P = \pi/4 \times D_P{}^2$$

$$\tau = 20 \geqq \frac{P_P}{2\,[\text{箇所}]} \times \frac{1}{A_P} = \frac{P_P}{2} \times \frac{1}{\pi/4 \times D_P{}^2} = \frac{2 \times P_P}{\pi \times D_P{}^2}$$

$$D_P{}^2 \geqq \frac{2 \times P_p}{\pi \times \tau} \quad \Rightarrow \quad D_P \geqq \sqrt{\frac{2 \times P_p}{\pi \times \tau}}$$

$$= \sqrt{\frac{2 \times 17.54 \times 10^3}{\pi \times 20 \times 10^6}} = 0.02362\ [\mathrm{m}] = \phi 23.6\ [\mathrm{mm}]$$

$$\Rightarrow \quad \phi 25\ [\mathrm{mm}]$$

答　支点ピン計算径 $=\phi 23.6$［mm］、支持ピン選定径 $=\phi 25$［mm］

3 解答・解説

(1)

1) 曲げモーメント M は、C 点で最大になり、

$$M = P \times l_1 = 19 \times 10^3 \times 1.0 = 19000 \ [\mathrm{N \cdot m}] = 19 \ [\mathrm{kN \cdot m}]$$

答　最大モーメント ＝ 19［kN·m］

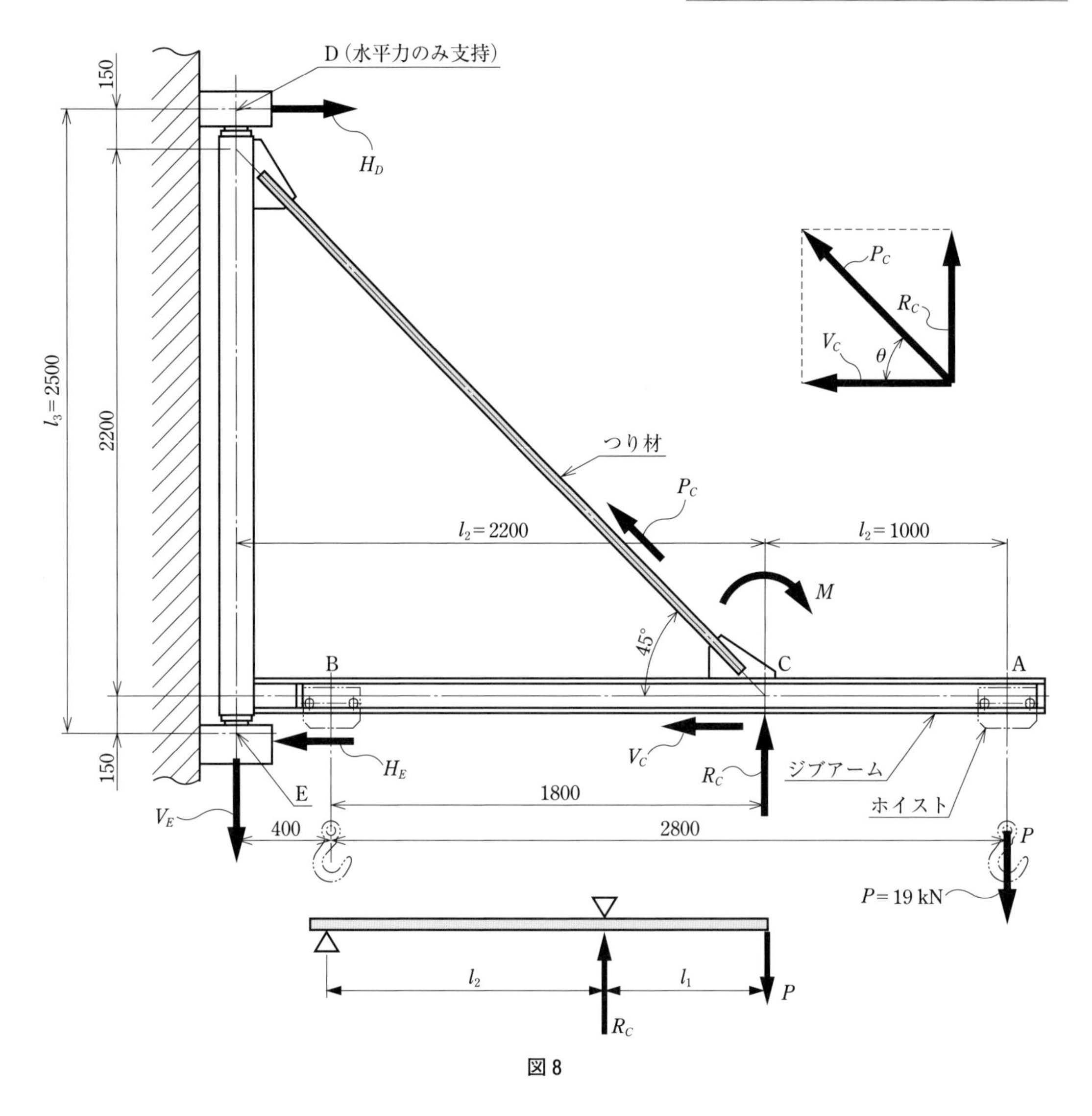

図 8

2) C点の反力 R_c として、E点まわりのモーメントのつり合いを考えると、

$$R_c \times l_2 = P \times (l_2 + l_1)$$

$$R_c = \frac{P \times (l_1 + l_2)}{l_2} = \frac{19 \times 10^3 \times (2.2 + 1.0)}{2.2} = 27636\ [\mathrm{N}] = 27.6\ [\mathrm{kN}]$$

反力 R_c により、ジブに加わる力 V_c

$$V_c = \frac{R_c}{\tan\theta} = \frac{27636}{\tan 45°} = 27636\ [\mathrm{N}] = 27.6\ [\mathrm{kN}]$$

答　ジブアーム圧縮力 = 27.6［kN］

3) 反力 R_c により、つり材に加わる引張力 P_c は、力のつり合いを考え、

$$P_c = \frac{R_c}{\sin\theta} = \frac{27636}{\sin 45°} = 39083\ [\mathrm{N}] = 39.1\ [\mathrm{kN}]$$

答　つり材の引張力 = 39.1［kN］

4) 垂直荷重 P は、下部E点での垂直力 V_E として支持する。モーメント M_0 は、D点、E点の水平力として支持するので、H_D と H_E は、大きさは同じで方向が逆になり、左方向を +、右方向を − とすれば、

$$M_0 = H_D \times l_3 = H_E \times l_3 = P \times (l_1 + l_2)$$

$$H_D, H_E = \pm \frac{P \times (l_1 + l_2)}{l_3}$$

$$= \frac{19 \times 10^3 \times (2.2 + 1.0)}{2.5}$$

$$= \pm 24.3\ [\mathrm{kN}]$$

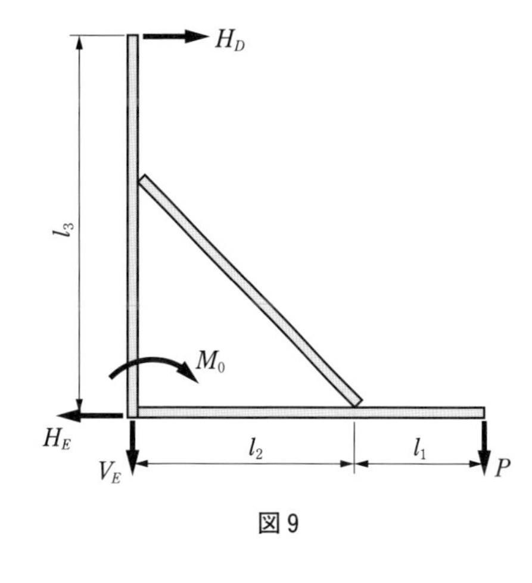

図9

答　D点の水平力 H_D = − 24.3［kN］
E点の水平力 H_E = + 24.3［kN］
E点の垂直力 V_E = 19.0［kN］

2級 解答・解説

（**2**） 答　D点　軸受：① 深溝玉軸受

理由：水平力のみを負荷するので、① 深溝玉軸受のみで十分なため。

答　E点　軸受：② 円すいころ軸受、または、

E点　軸受：① 深溝玉軸受と ③ スラスト玉軸受を組合せる。

理由：水平力と垂直力を負荷させるが、① 深溝球軸受のみでは、本機構の垂直力を負荷させるには不適当なため、② 円すいころ軸受で水平力と垂直力を負荷させるか、① 深溝球軸受で水平力を負荷させ、③ スラスト玉軸受で垂直力を負荷させる。

（**3**） つり材に加わる力 $P_c = 39.1$ [kN] $= 39.1 \times 10^3$ [N]

応力 $\sigma = \dfrac{P}{A}$ であり、

許容応力 $\sigma = 120$ [MPa] $= 120 \times 10^6$ [Pa]、$P = P_c$

$$A = \frac{P}{\sigma} = \frac{P_c}{\sigma}$$

つり材の直径 D として、

$$A = \frac{\pi}{4}D^2 = \frac{P_c}{\sigma} \quad \text{よって} \quad D^2 = \frac{4}{\pi} \times \frac{P_c}{\sigma}$$

$$D = \sqrt{\frac{4}{\pi} \times \frac{P_c}{\sigma}} = \sqrt{\frac{4}{\pi} \times \frac{39.1 \times 10^3}{120 \times 10^6}} = 0.0204\ [\text{m}] = 20.4\ [\text{mm}]$$

ゆえに、つり材の直径は、$\phi 25$ [mm] とする。

答　つり材の直径：② $\phi 25$ [mm]

令和５年度

機械設計技術者試験
１級　試験問題 Ⅰ

第１時限（130 分）

1. 設計管理関連課題
2. 機械設計基礎課題
3. 環境経営関連課題

令和５年 11 月 19 日実施

〔1．設計管理関連課題〕

1－1　「設計業務と設計管理」に関して述べた次の文章の空欄を埋めるのに、最も適切な語句を、〔語句群〕の中から選び、その番号を解答用紙の解答欄に記入せよ。（重複使用不可）

生産を主体とする企業においては、その製品の優劣が設計のそれに懸かっているともいわれ、製品の開発・設計を担当する設計部門としては、質的な要求に確実に対応するとともに、増加する仕事量をタイミングよく消化しなくてはならない。このことからも企業の設計部門の役割は重く、設計業務の効率化と適正な管理が必要となり、それは企業全体にとって重要な課題となっている。

設計者は製品の設計に当たっては、客先や市場のニーズの把握に努め、常に「より高い機能」「より安いコスト」「より短い納期」を追及し、目標とする条件をいかに満たすかに精神を傾注している。これらの作業は一般に知的業務といわれ、設計のアウトプットとしての計算書・［ A ］・図面・マニュアル等を作るために必要な情報が生み出されるまでの過程は、今でこそ、デジタル機器のキーを叩く具体的行為があるとはいえ、ほとんど［ B ］、知的業務そのものであるということができる。

ひとくちに設計といっても、その業務内容はきわめて多岐にわたり、その業務を主体業務と付帯業務に分けて考えるとしても、どの範囲までが本来の主体業務であり、どこまでが付帯業務であるか、判然としない場合が多いものである。これらの業務は、その設計部門の内容や規模にもよるが、個々の業務について、それぞれの設計部門でどのように行なわれているかを点検し、［ C ］が図れる分野とそうはできない分野とに区分することによって、担当者の適材適所配置による分業化・専門化により、質の良い仕事を能率よく行なえるように代えていくことができる。企業における［ D ］は、商品化すれば終わりではなく、むしろ顧客の手にわたり、安心感を体験していただくまでを考慮しなければならない。他の部署の業務範囲であっても、設計担当者として無関係ではいられない場合も多く、程度の差こそあれ、いろいろな形でこれに関係せざるをえないというのが実状である。

とくに近年 新技術開発の急速化、製品の高度化、多様化、複合化、製品ライフサイクルの短縮化、地産地消を推進するために製造部門を海外移転から国内回帰へ向けた対応、安全・環境への対応も重要となっており設計の仕事量も増大している。このような状況から、［ E ］を能率よく行なう設計の効率化と適正な管理についての知識が必要となる。なお、設計に関する工学・技術の高度化は、設計の質と能率の面に直接寄与する。効率化の施策を考えるとき、この面も重視しなければならない。

通常、設計者は、［ F ］に対しては多くの努力と時間を割いているが、［ G ］については要求とうらはらの応えをしばしば出しがちである。これはコスト低減や納期厳守に対して設計者が観念的には理解していても、現実的にはその手法の不慣れや難しさに起因して、その対処が不十分のためと思われる。特に納期厳守に絡む出図遅れは、後工程に対して部品調達上の混乱、組付けの無駄工数発生などの要因をつくって、社内的にはコスト高を招き、強いては［ H ］となり、ユーザーには納期遅れや品質への不安感を抱かせて多大な迷惑をかけ、信用を失う基となるので、［ I ］と進度の把握及び設計納期について、十分な管理体制をもうける必要がある。

今日の設計環境を見ると、急速に各種技術、特にCAD・ICT関連デジタル機器が急速な進歩を示し、さまざまな形で設計業務に入り込んでいる。一方、デジタルトランスフォーメションDXへの対応による業務改善の推進、環境負荷軽減への対応、安全問題への対応、出荷後の［ J ］問題への対応など設計管理そのものの内容が常に拡張しており、時代のニーズや社会的要求に沿った設計管理のあり方を追求していかなければならない。

〔語句群〕

①リコール	②機会損失	③コストと納期	④オンライン化
⑤商品開発	⑥公共インフラ	⑦質の良い設計	⑧価格競争
⑨思考作業	⑩仕様書	⑪機能と品質	⑫設計工数
⑬高齢化	⑭標準化（定型化）		

1－2　持続可能な社会への貢献として、製品のライフサイクル設計が重要である。この中で製品のリサイクル以前にいかに製造したものを長く使うかがが求められている。このための方策には、ハードウェアの耐久性向上を図るだけでなく、メンテナンス・アップグレードの容易性に関わる修理や製品・製品の再生産（リマニュファクチャリング：以下リマンと略す）に対する配慮設計が有効であると言われている。リマンに関する以下の設問（1）（2）に対して、設計者としての考えを解答用紙に述べよ。

（1）　リマンを容易に実行するために、製品設計の際に配慮しなければならないと思われる事項を数点挙げ、簡単にその内容を説明せよ。

（2）　今まで経験してきた設計の中で、リマンを推進できると考えられる具体的事例をあげ、簡単にその内容を解説せよ。

〔2．機械設計基礎課題〕

2－1　図1に示す様に、2枚の鋼板がボルト・ナットで、軸力 $F_0=30$ kN で締結されている。ボルトのばね定数 $K_B=430$ kN/mm、2枚の鋼板の合成ばね定数 $K_F=1216$ kN/mm のときの締付け線図を図2に示す。以下の設問（1）～（2）に答えよ。

解答は、解答用紙の解答欄に計算過程を含めて記述せよ。

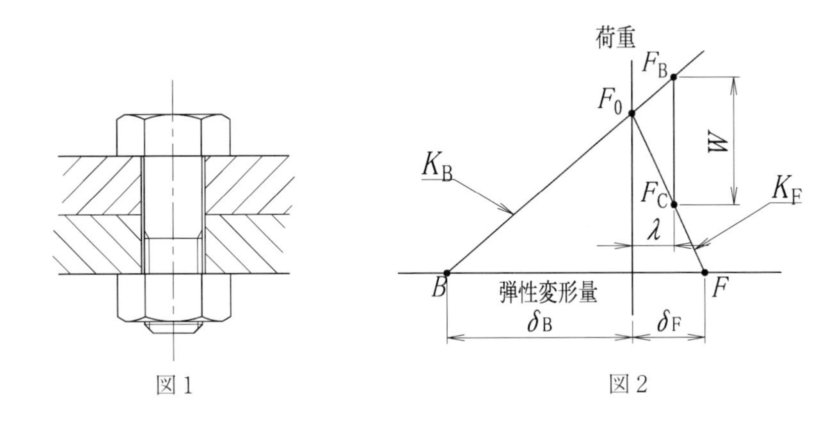

図1　　図2

（1）　上記条件で締め付けた場合、ボルトの弾性伸び δ_B［mm］、2枚の鋼板の弾性縮み量 δ_F［mm］はそれぞれいくらか。

（2）　上記条件で締め付けた場合、2枚の鋼板を引き離す方向に外力 $W=10$ kN でボルト軸方向に引張った場合、ボルトに作用する荷重 F_B［kN］はいくらか。

1級　試験問題

2－2　図はクラッチレバーを手動で操作することで、押付アームにより摩擦クラッチを接触させるクラッチ機構を有するギヤボックスである。ギヤボックスの入力軸にはモータが接続される。ギヤボックスの仕様が下記のとき、設問（1）～（3）に答えよ。

解答は、解答用紙の解答欄に計算過程を含めて記述せよ。

（1）　図に示すギヤボックスの、入力軸と出力軸の軸間距離 L［mm］を求めよ。

（2）　接続するモータの出力トルク T［N·m］を求めよ。

（3）　モータの出力トルクを出力軸で維持するために必要な、クラッチレバーの引張力 W［N］を求めよ。

＜ギヤボックスの仕様＞

① 接続モータ　：定格出力 $P=0.75$ kW　定格回転速度 $N=1420$ min^{-1}

② 歯車 1　：モジュール $m=3$　歯数 $Z1=32$

③ 歯車 2　：モジュール $m=3$　歯数 $Z2=50$

④ 摩擦クラッチ　：外径 $OD=\phi 65$ mm　内径 $ID=\phi 43$ mm　摩擦係数 $\mu=0.3$

⑤ クラッチレバー　：レバー長さ $L1=200$ mm

⑥ 押付アーム　：アーム長さ $L2=27$ mm

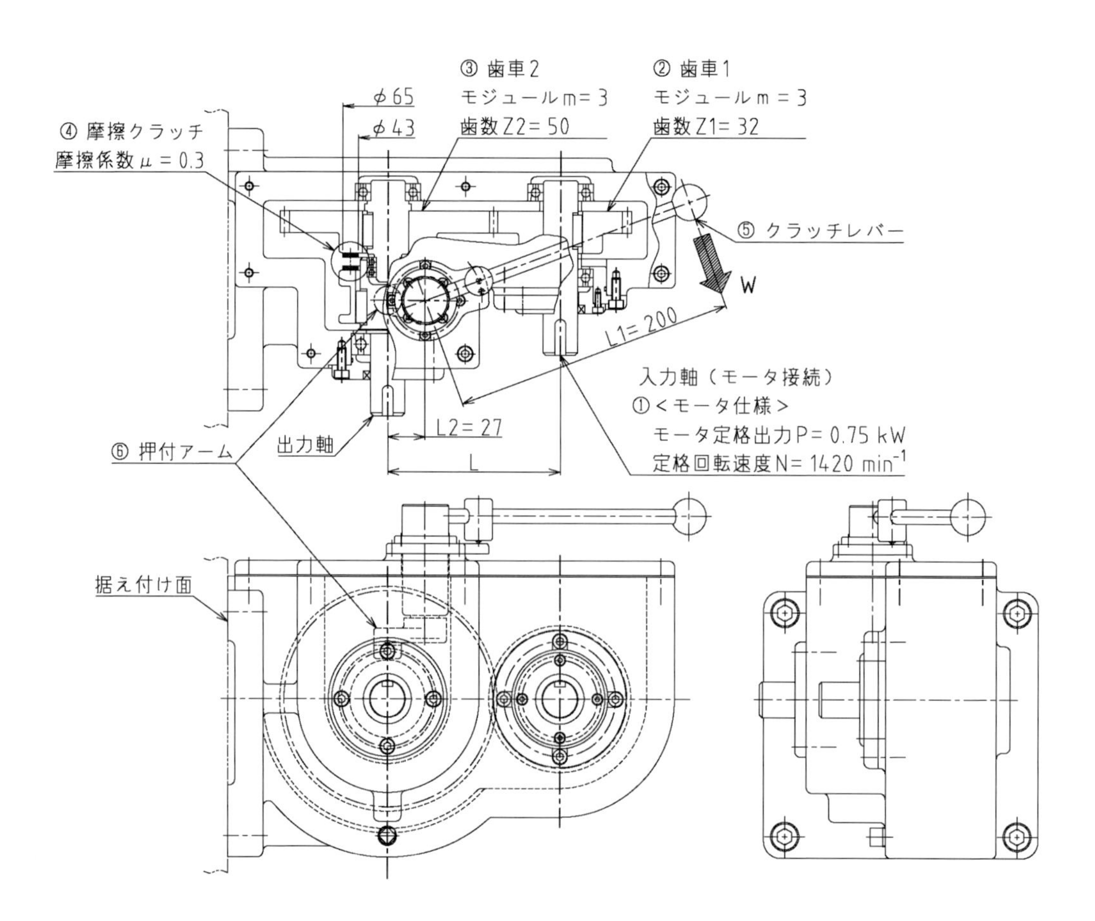

2－3　材質がSUS304で製作された容器に、水を所定の水位まで注入し、ヒータで所定の温度まで昇温・保持する貯蔵システムを検討している。

下記に示す設計条件のとき、以下の設問（1）～（3）に答えよ。

解答は、解答用紙の解答欄に計算過程を含めて記述せよ。

（1）　水を内径 $D0=\phi15$ mm の注入口から、流速 $V=0.8$ m/s で注入したとき、水位が $H=800$ mm に達するまでの時間 T［min］を求めよ。

（2）　容器内の水位 $H=800$ mm で注入水の温度が20℃のとき、60分で60℃まで昇温するために必要なヒータ容量 $P1$［kW］を求めよ。但し、昇温時の放熱は無視する。

（3）　60℃に昇温後、水温を60℃で保ち続けるために必要なヒータ容量 $P2$［kW］を求めよ。但し、放散する熱は容器側面方向のみとし、上下面方向は無視する。

<設計条件>

雰囲気　　：室内　大気　20 ℃

注入液　　：水　20 ℃

注入口内径：$D0=\phi15$ mm

注入流速　：$V=0.8$ m/s

注入水位　：$H=800$ mm

容器寸法　：内径 $D1=\phi$ 500 mm

　　　　　　外径 $D2=\phi$ 506 mm

容器材質　：SUS304

各種物性値：表1による

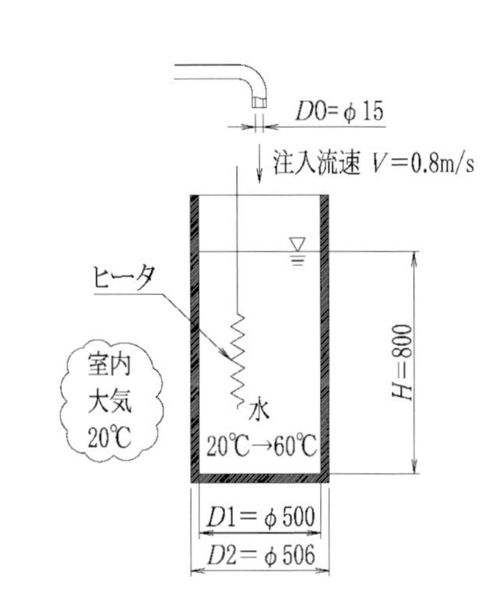

表1　各物質の物性値

物質	温度［℃］	密度［g/cm³］	比熱［J/kg·K］	熱伝導率［W/m·K］	熱伝達率［W/(m²·K)］自然対流	熱伝達率［W/(m²·K)］強制対流
空気	20	1.166	1006	0.0257	5	50
	60	1.026	1009	0.0287		
水	20	0.9982	4182	0.602	500	5000
	60	0.9832	4184	0.654		
SUS304	0-100	7.83	502	16.3		

<参考資料>

熱伝達の基礎方程式

$$q=\frac{1}{\frac{1}{h_1}+\sum_{i=1}^{n}\frac{\delta_i}{\lambda_i}+\frac{1}{h_2}}(\theta_{f1}-\theta_{f2})\quad[\mathrm{W/m^2}]$$

$$Q=\frac{\pi l}{\frac{1}{h_1 d_1}+\sum_{i=1}^{n}\frac{1}{2\lambda_i}\ln\frac{d_{i+1}}{d_i}+\frac{1}{h_2 d_2}}(\theta_{f1}-\theta_{f2})\quad[\mathrm{W}]$$

〔3．環境経営関連課題〕

持続可能な開発目標（SDGs）のそれぞれの目標は互いに関連性があり、持続可能な開発の3要素である経済、社会及び環境を調和させるものとしている。地球規模の持続可能性の問題に関する研究で国際的に評価されているスウェーデン出身のヨハン・ロックストローム博士が考案した、“SDGsの概念”をウェディングケーキの図で示したものを以下に示す。

この図を見て、機械設計技術者として特に環境の重要性、役割について考えるところや環境と経済、社会との関係について考えるところを解答用紙1枚以内に記述せよ。

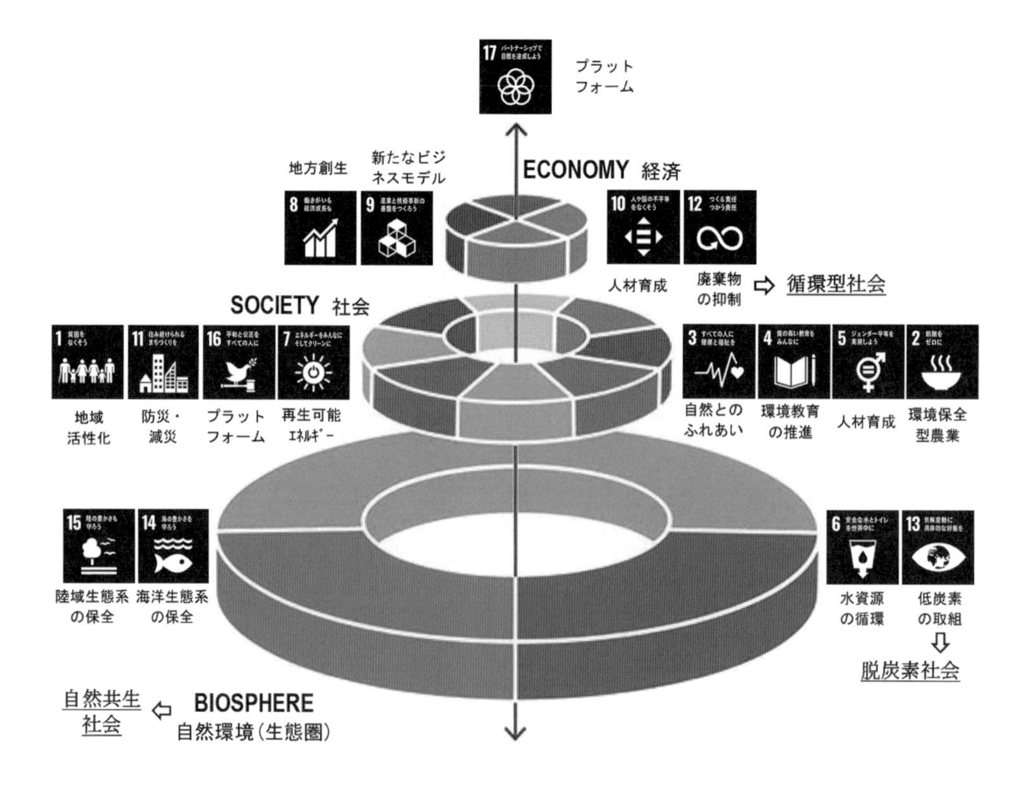

（出典：環境省委員会資料より）

令和５年度

機械設計技術者試験
１級　試験問題 Ⅱ

第２時限（120分）

4.　実技課題

〔４－１〕〔４－２〕〔４－３〕〔４－４〕〔４－５〕

・５問中３問を選択して解答すること。
・解答用紙の１ページ目には、選択した問題を必ずマークすること（マークのない解答は採点されません）。

令和５年11月19日実施

〔4．実技課題〕

〔4－1〕 図は、ばねを使ったピッチングマシンである。

本装置は、ばねにより引っ張られたラックにかみ合う歯車を介して、回転力に変えて投球する機構である。

下記に示す条件で使用するとき、設問（1）～（5）に答えよ。

解答は、解答用紙の解答欄に計算過程を含めて記述せよ。

（1） ボールとボール受けの慣性モーメントを求め、解答用紙に記載のアーム機構部品の慣性モーメントの表を完成させ、全体の慣性モーメント JT［kg·mm²］を求めよ。ラックやリニアガイドの慣性モーメントは考慮しない。

（2） アームが90度で接線方向に離すとした時の角加速度 α［rad/s²］を求めよ。但し、アームは等角加速度回転運動し、ボールは回転途中で飛び出さない事とする。

（3） アームが回転する時の、歯車軸のトルク T［N・m］を求めよ。

（4） 3本のばねを使用しているが、ばね一本当たりの引張力 FS［N］を求めよ。

（5） アームが旋回し、ボールが離れる直前のアームの曲げ応力 σ［MPa］を求めよ。

<設計条件>

球速（初速）：$V=100$ km/h

適用ボール ：硬球 （直径 $DB=74$ mm 質量 $WB=145$ g）

主要寸法 ：・アーム ：高さ $AH=50$ mm 厚さ $AT=10$ mm

・ボール受け：幅 $UW=65$ mm 長さ $UL=100$ mm 厚さ $UT=5$ mm 穴径 $UD=54.6$ mm

・歯 車 ：歯数 $Z=60$ モジュール $m=2$ 歯幅 $TG=20$ mm

密 度 ：・アルミニウム合金 ：$\rho A=2.7\times10^{-6}$ kg/mm³

・SUS304 ：$\rho S=7.8\times10^{-6}$ kg/mm³

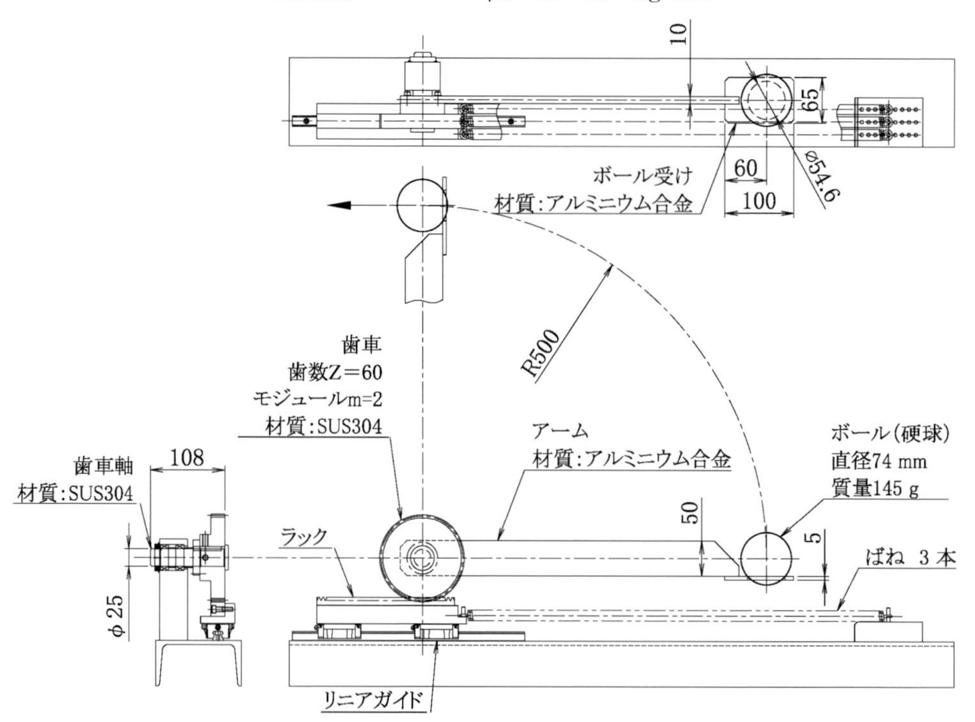

＜参考資料＞

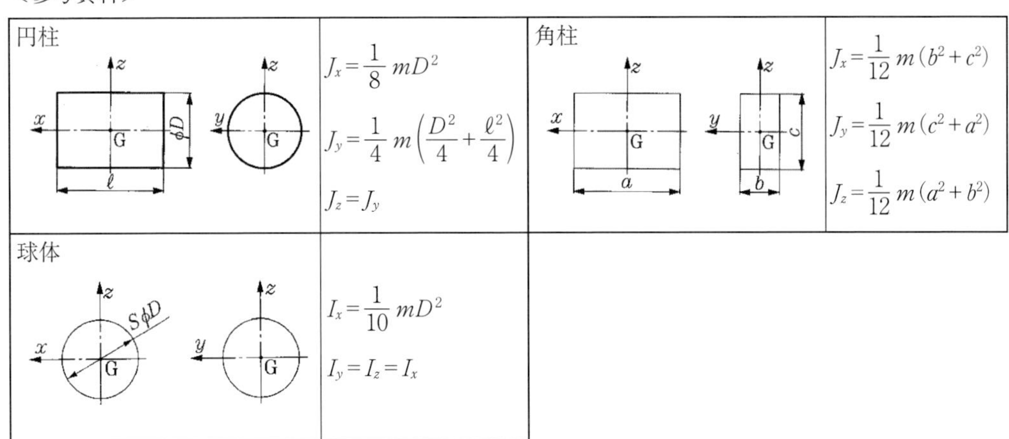

円柱		角柱	
円柱	$J_x=\frac{1}{8}mD^2$ $J_y=\frac{1}{4}m\left(\frac{D^2}{4}+\frac{\ell^2}{4}\right)$ $J_z=J_y$	角柱	$J_x=\frac{1}{12}m(b^2+c^2)$ $J_y=\frac{1}{12}m(c^2+a^2)$ $J_z=\frac{1}{12}m(a^2+b^2)$
球体	$I_x=\frac{1}{10}mD^2$ $I_y=I_z=I_x$		

〔4－2〕 図は手動でハンドルを回すことで、斜めに配置したリニアガイドと台形ねじにより、昇降させる機能を有するユニットである。下記に示す設計条件とするとき、設問（1）～（2）に答えよ。解答は、解答用紙の解答欄に計算過程を含めて記述せよ。

（1） 設計条件より適合する台形ねじ・ナットのNo.とナット材質を表1から選定し、選定した設計根拠を解答欄に示せ。なお、リニアガイドやリニアブッシュの摩擦係数は無視すること。

（2） ハンドルを表2から選定しその No. を示し、選定した取手を回す力 P［N］を求めて、選定の妥当性を解答欄に示せ。

<設計条件>

台形ねじの回転速度 ：$N = 60\ \mathrm{min}^{-1}$（手動）
昇降対象質量 ：$W = 45\ \mathrm{kg}$
リニアガイド取付角度：$\theta = 20°$
昇降ストローク ：$L = 50\ \mathrm{mm}$
昇降完了時間 ：$t = 40$ 秒～ 50 秒
重力加速度 ：$g = 9.81\ \mathrm{m/s^2}$

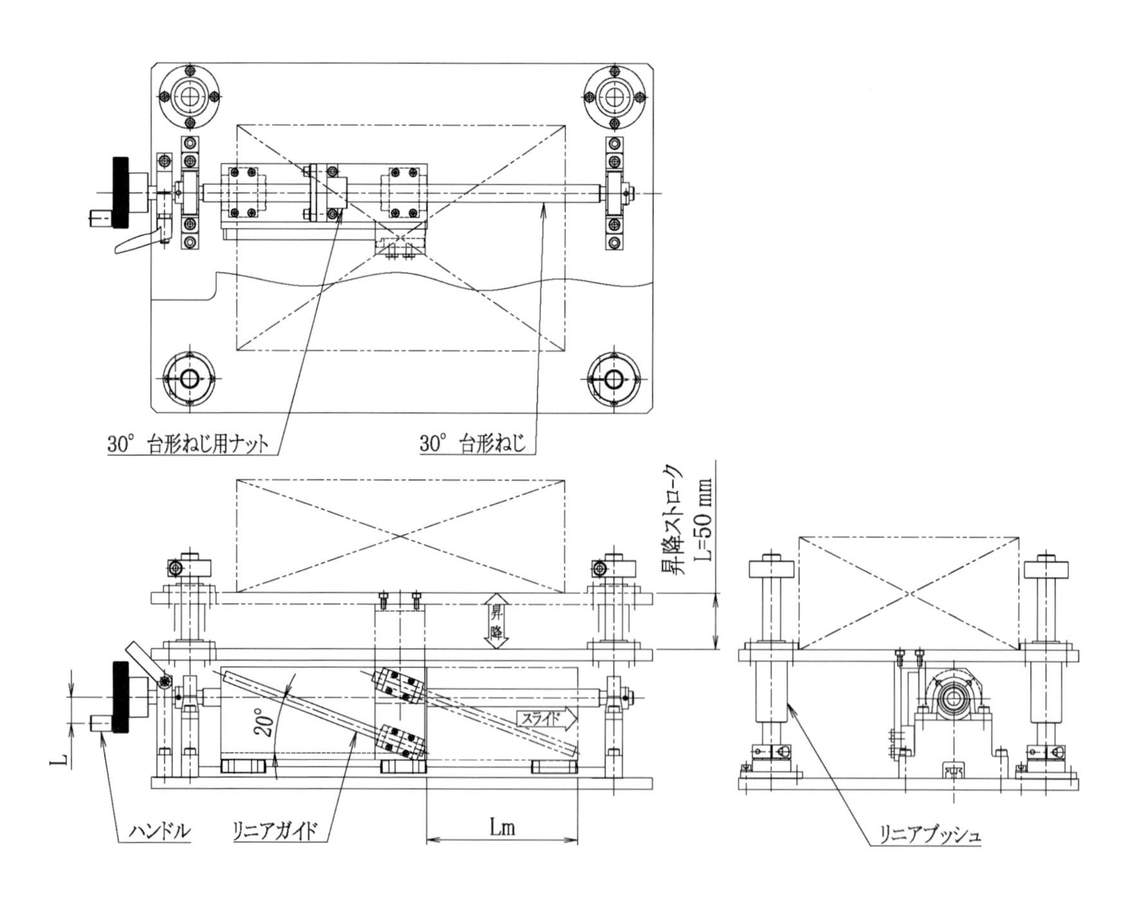

表1　30度台形ねじ・ナット仕様

No.	軸径 (mm)	ねじピッチ p (mm)	ねじ軸有効径 d_2 (mm)	ねじ軸 リード角 d	動的許容推力 Fo [N]	
					黄銅	樹脂
1	10	2	9	4.05°	2550	255
2	12	2	11	3.32°	3920	392
3	14	3	12.5	4.37°	4900	490
4	16	3	14.5	3.77°	6670	628
5	18	4	16	4.55°	8720	873
6	20	4	18	4.05°	9810	980
7	25	5	22.5	4.05°	14220	1412
8	28	5	25.5	3.57°	17950	1765
動摩擦係数：μ ねじ軸材質：鋼			ナット材質	黄銅	$\mu=0.21$	
				樹脂	$\mu=0.13$	

表2　ハンドル仕様

単位：mm

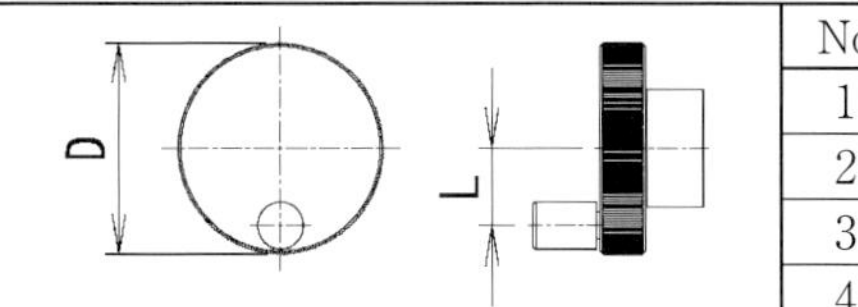

No	外形：D	取手位置：L
1	40	14.5
2	50	17
3	63	23
4	80	30

<参考資料>

・一般的な台形ねじ設計手順
　① 台形ねじ・ナットの仕様、諸条件から仮設定
　② 接触面圧、すべり速度を算出し、PV値グラフから仮設定の妥当性を確認
　③ 負荷トルクを算出し、駆動方式の選定及び適合性の確認

・接触面圧 P [N/mm^2]

$$P=\frac{F_s}{F_o}\times\alpha$$

　F_s：軸方向荷重　[N]
　F_o：動的許容推力 [N]
　　ねじ軸とナットに作用する接触面圧が
　　9.8（0.98）N/mm^2 となる時の推力
　α　：9.8（黄銅）　0.98（樹脂）

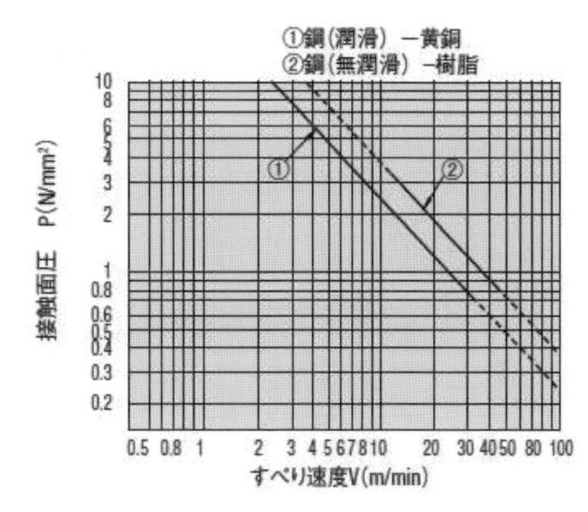

PV値グラフ

・すべり速度 V [m/min]

$$V=\frac{\pi\cdot d_2\cdot n}{\cos(d)}\times10^{-3}$$

　d_2：ねじ軸有効径 [mm]
　d　：ねじのリード角 [度]
　n　：ねじ軸の毎分回転数 [min^{-1}]

・ねじ効率 η

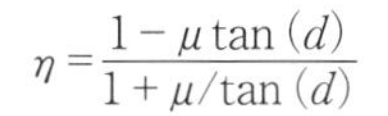

$$\eta=\frac{1-\mu\tan(d)}{1+\mu/\tan(d)}$$

　μ　：動摩擦係数
　d　：ねじ軸リード角 [度]

・負荷トルク T [N・cm]

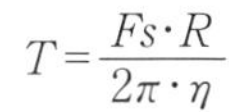

$$T=\frac{Fs\cdot R}{2\pi\cdot\eta}$$

　Fs：軸方向荷重 [N]
　η　：ねじ効率
　R　：ねじのリード [cm]

〔4－3〕 図は、リフターの概略図である。

設計条件

ワーク質量　　$M1=45$ kg

昇降台質量　　$M2=25$ kg

エアー圧力　　　0.5 MPa

下記の設問（1）～（3）に答えよ。

（1） ローラチェーンに加わる力を求めよ。

（2） スライドベアリングⒶ，Ⓑ列、各１個に加わる力を求めよ。

（3） 昇降用エアーシリンダの必要な力とストロークを求め、シリンダの内径は下記より選べ。（ただし安全率は考慮しなくてよい）

シリンダ内径／ロッド径

$\phi50/\phi20$　　$\phi63/\phi20$　　$\phi80/\phi25$　　$\phi100/\phi30$　　$\phi125/\phi32$

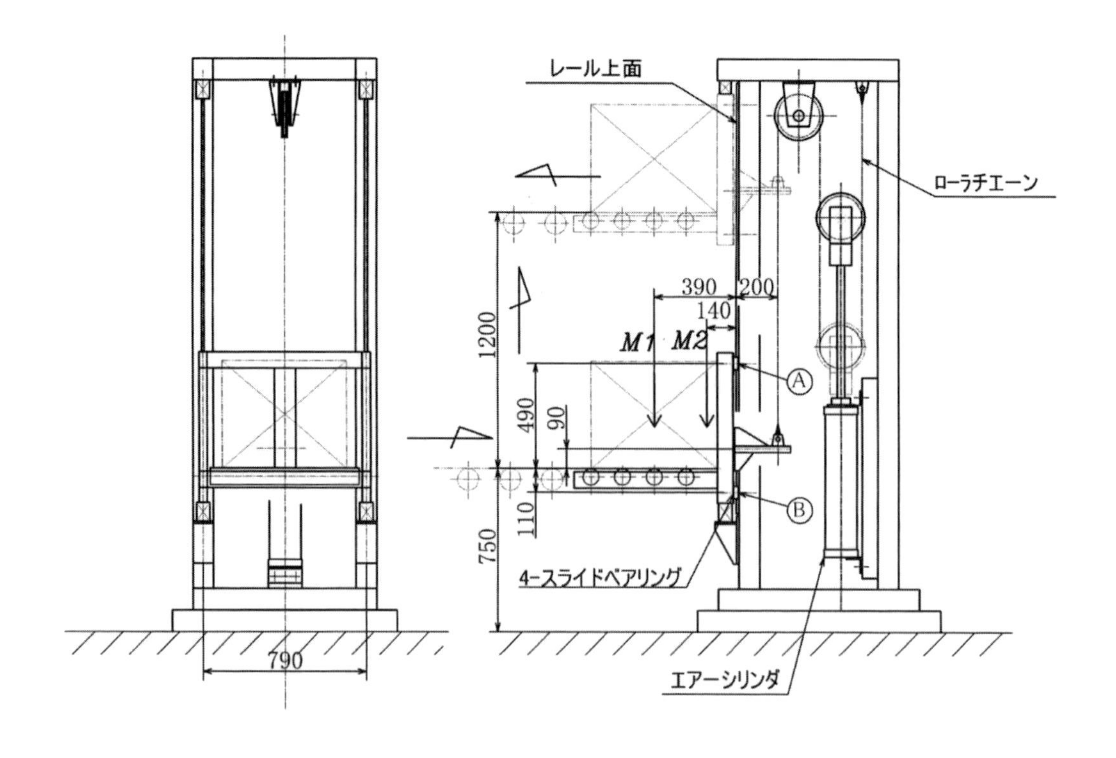

〔4－4〕 図は、水平のコンベヤガーダとサポートである。

計算条件

長期条件　ガーダの荷重：(120 kg/m) = 1.2 kN/m

(自重、運搬物その他)

短期条件　水平震度：0.4

下記の設問（1）（2）に答えよ。

（1） 図のガーダ部材①～③に加わる長期荷重の種類、値を求めよ。ただし、荷重条件はガーダ1個分とする。

（2） サポートⒶ, Ⓑの基礎1脚に加わる荷重を求めよ。

計算は、長期荷重

短期に発生する最大荷重の種類、とその値

ただし、取付面はピン支持とする。

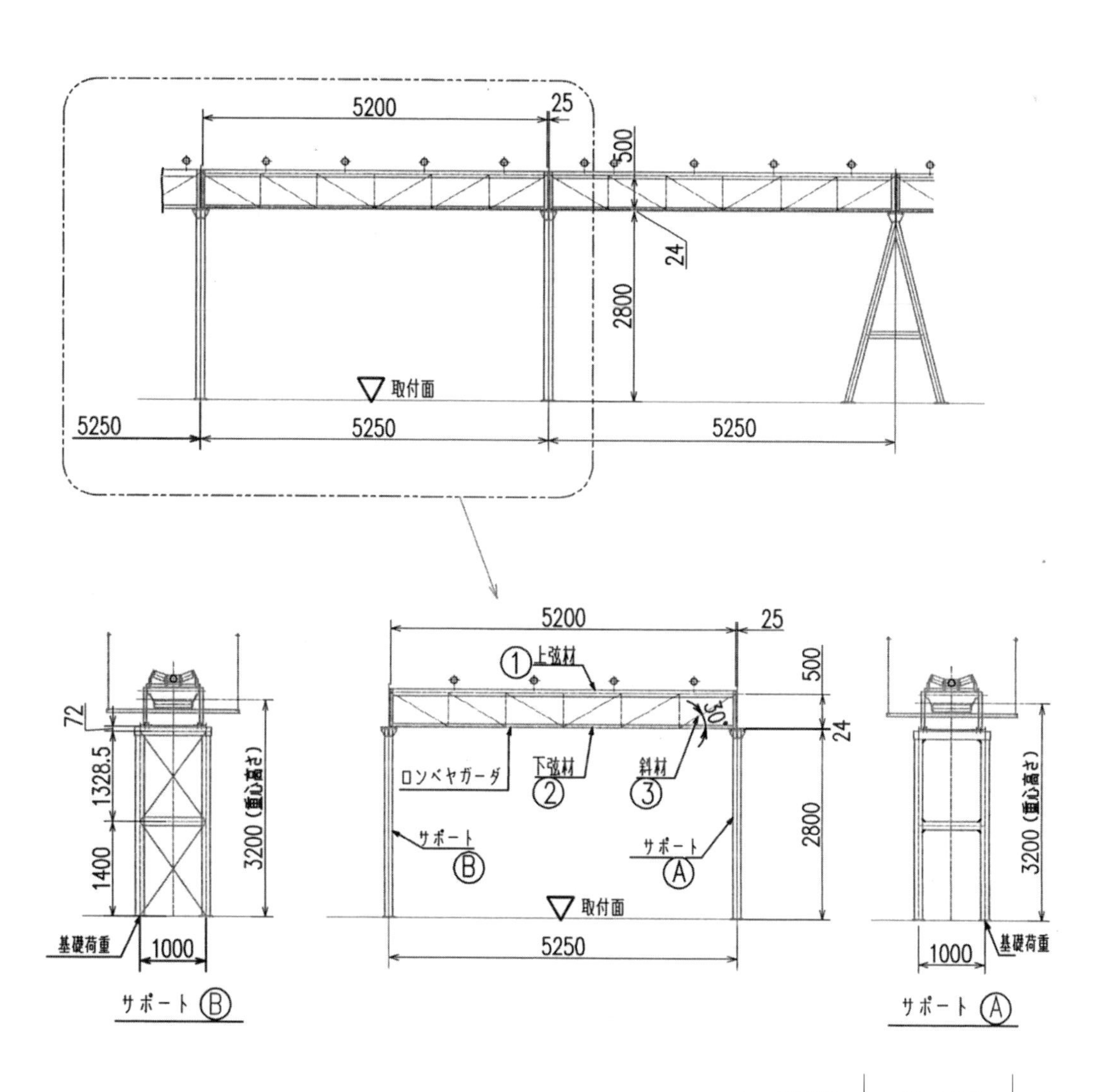

〔4－5〕 図は、工場の屋内に設置された、天井クレーンである。

主な仕様を下記に示す。

定格荷重（*M1*）	2.8 t
電気トロリ、フック　合計質量	200 kg
走行速度	20 m/min
巻上速度	10 m/min
揚　　程	5 m
電　　源	3 相　220 V　60 Hz
荷重の割増し	衝撃係数、作業係数等＝つり荷重の 10％とする。

下記の設問（1）～（4）に答えよ。

（1） つり荷重から、ホイストビームの曲げモーメントから応力を求め、下記 I 形鋼の表から選定せよ。ただし、許容曲げ応力 $\sigma = 12\ \mathrm{kN/cm^2}$ とする。

I 形鋼	断面積 ($\mathrm{cm^2}$)	質量 (kg/m)	断面二次モーメント ($\mathrm{cm^4}$)		断面係数 ($\mathrm{cm^3}$)	
			I_X	I_Y	Z_X	Z_Y
I－250×125×7.5/12.5	48.79	38.3	5180	337	414	53.9
I－300×150×8/13	61.58	48.3	9480	588	632	78.4
I－350×150×9/15	74.58	58.5	15200	702	870	93.5
I－400×150×10/18	91.75	72.0	24100	864	1200	115
I－450×175×11/20	116.8	91.7	39200	1510	1740	173

（2） つり荷重とホイストビームの自重（前項の選定鋼材）から、ビームの最大たわみの値を求めよ。($E = 206 \times 10^5\ \mathrm{N/cm^2}$)

荷　　重	たわみ　δ	荷　　重	たわみ　δ
$\frac{l}{2}$, W, $\frac{l}{2}$, δ, R_1, x, R_2	$\delta_{\max} = \dfrac{Wl^3}{48EI}$	l, w, δ, R_1, x, R_2	$\delta_{\max} = \dfrac{5\omega l^4}{384EI}$

（3） 巻上げモータの出力を求めよ。

ただし、機械効率は考慮せず、出力（kW）は次の中から選べ。

(0.75, 1.5, 2.2, 3.7, 5.5, 7.5)

（4） 走行 GM の減速比及びモータの出力を求めよ。走行抵抗は 0.06 kN/kN とする。

ただし、モータの極数は 4p、機械効率を $\eta = 0.85$ とし、

出力（kW）は次の中から選べ。(0.75, 1.5, 2.2, 3.7, 5.5, 7.5)

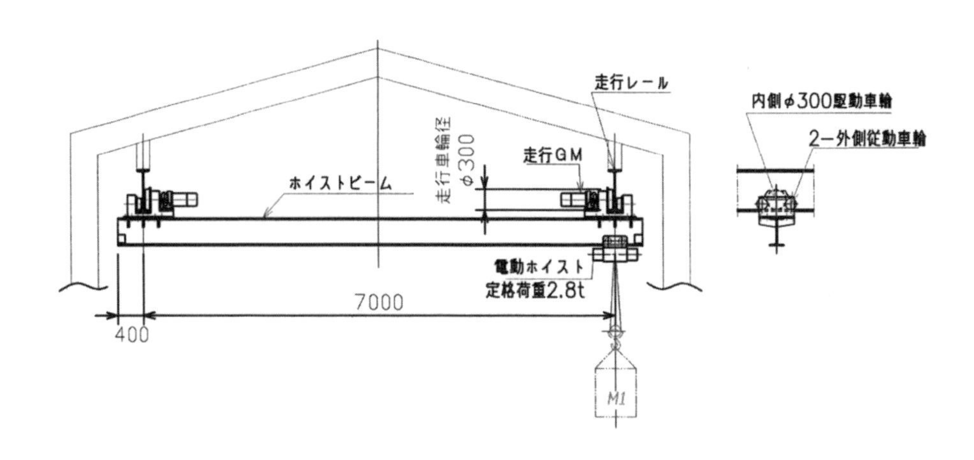

令和５年度

機械設計技術者試験
１級　試験問題 Ⅲ

第３時限（90分）

5. 小論文課題

令和５年11月19日実施

〔5．小論文課題〕

> 次の課題の中から１つを選び、機械設計技術者の立場で、技術面、管理運営面、後進の教育面の視点から、その対応策について1300字から1600字の間にまとめよ。

1．企業内技術教育について

わが国の工業が量の時代から質の時代に移行し、如何にして企業内技術教育を能率的かつ効果的に実施するかが問われている。企業の将来を決定するものは開発力・研究力であり、企業内技術教育はあくまで、創造力、応用力、判断力の旺盛な技術者の養成を目指さねばならないが、それは如何にして可能となるか。あなたのこれまでの実施経験から企業内技術教育のあり方について、あなたの考えを述べなさい。

2．オープンイノベーションを取り入れるには

経済のグローバル化により競争が激しくなり、消費者の好みも多様化するなど、社会がめまぐるしく変化するようになった。一つの企業だけで対応するのが難しく、従来にないアイデアや技術が必要とされるようになった。そこで外部のアイデア・技術を積極的に活用して新製品を生む手法が取り入れられ、オープンイノベーションと呼ばれている。このオープンイノベーションにより社会の優れた技術を取り入れていくための取り組み方法についてあなたの考えを述べなさい。

3．暗黙知の共有体験について

情報社会が如何に高度化されようとも、そこには人間が存在する。企業が組織として活動する限り暗黙知の共有は不可欠な条件となる。職人の勘や経験に基づくノウハウなどは個人的身体を通して獲得したものであり、言葉で伝えられることは難しい。この言語化されていないけれども、明証的な知識が「暗黙知」である。暗黙知を企業の組織の中で共有（体験）をしていくためには、どうすればよいか。あなたの考えを述べなさい。

令和５年度　１級　試験問題Ⅰ　解答・解説

〔1. 設計管理関連課題　2. 機械設計基礎課題　3. 環境経営関連課題〕

〔1. 設計管理関連課題〕

〔1－1〕 解答

A	B	C	D	E	F	G	H	I	J
⑩	⑨	⑭	⑤	⑦	⑪	③	②	⑫	①

解説

設計は、いつの時代でも市場情報・社内外の技術情報を分析し、製品の企画構想から、概念・詳細・生産設計、製造、検査、出荷のモノづくり基本プロセスに、その時々の経済・社会環境からくる諸条件ならびに制度・規制の変化にも対処し、それらを統括して作業を進める。

設計部門の役割は「より高い機能」「より安いコスト」「より短い納期」を追求し、顧客ニーズや目標とする条件をいかに満たすか計画し、アウトプットとしての計算書・仕様・図面・マニュアル等を作るために必要な情報を作成する思考作業そのものであるということができる。しかし、設計という仕事は、メーカーにおいては生産活動の一環であり、管理対象の枠外とすることは許されず、設計部門の生産性を高めて企業に貢献することが求められる。ここに企業経営における設計管理の必要性が生じてくる。

とくに近年、新技術開発の急速化、製品の高度化、多様化、複合化、製品ライフサイクルの短縮化が進む一方で、製造部門の海外移転、安全・環境への対応も重要となっており、設計の仕事量も増大している。このような状況から、質のよい設計を能率よく行う設計の効率化と適正な管理についての知識が必要となる。

1. 試験問題出題の基本

　試験問題は、設計管理を専門とする人を対象とするのではなく、当試験を受験する設計の直接業務を行う技術者としての必要な知識について出題される。したがって、設計管理の基本と一般知識について出題されている。

2. 設計管理の学習について

　設計管理については学校でも学ばず、参考となる書籍も少ないので、当試験を通じて基本的な事項を修得し、上級設計者としての総合的な能力を高めてほしい。これをベースとして、それぞれの設計の効率化について考え、効率の高い設計部門を創造することを期待している。

１級　解答・解説

【参考】

設計管理と設計効率化の内容を次の**図 1**、**表 1** に示す。

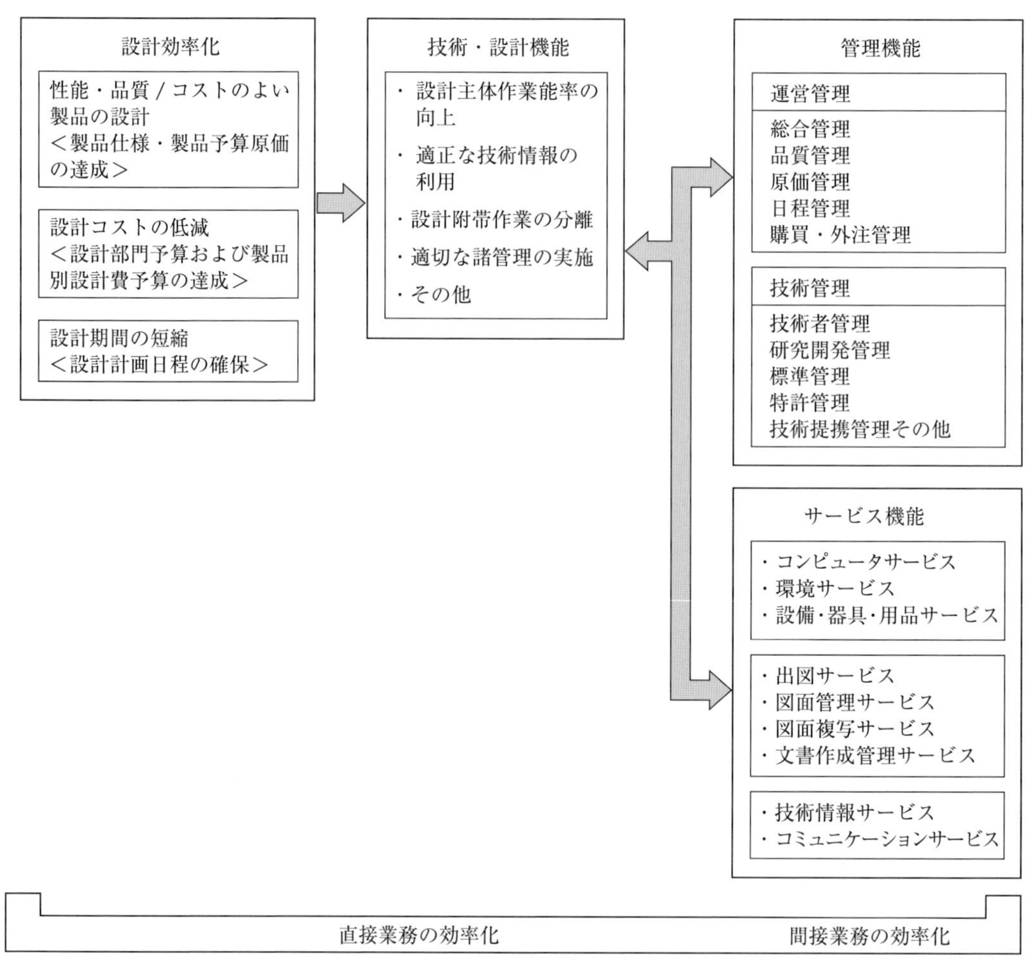

図 1　設計部門の効率化と機能および業務

表1　設計部門効率化の施策

$$\text{設計効率化}＝\frac{\text{設計対象の機能・コストの最適化，設計処理量の最大化}}{\text{設計注入資源・設計コストの最小化}}$$

設計効率化施策		
分　類	項　目	具体策
設計部門の経営・管理総合システムの改善	企業の経営・管理システムに対応した設計部門システムの設定	企業の経営・管理の全体システムと連携した設計部門の経営管理システムの設定、CIM 対応など
設計組織の改善	企業全体組織に対応し、設計業務効率化のための組織の編成	製品別、技術分野別、作業別、プロジェクト別、設計部門内機能別の組織編成
設計者の能力の開発と活用	設計者の諸能力の開発と活用	基礎能力、技術能力、管理能力の開発プログラム、評価システム、スキルズインベントリ、適正配置
製品の品質・コストの改善と管理	設計における製品機能、品質の改善・保証、製品コスト改善と管理	企業の全体システムに対応した設計部門品質、コスト管理システム、デザインレビューシステム、VE/VA、検図システム
設計日程の改善と管理	設計日程の短縮と管理	企業の全体システムに対応した設計部門日程管理システム、エンジニヤリングスケジュール管理（PERT など）
設計作業能率の向上 設計業務の改善	設計業務の合理化 設計・製図作業の能率化 文書作成の能率化	非技術的作業の排除・分離・非創造的作業の能率化、コンピュータ利用による設計計算および図形処理の自動化・高精度化（CAE/CAD）、各種文書作成の能率化（パソコンなどの利用）
器具、用品、設備、環境の改善	設計器具、用品類の改善 設計作業配置、環境の改善	設計計算、製図作業用の器具・用品の改善、設計作業エリアを中心とした、附帯エリアを含む設計部門のレイアウトの改善、環境の改善
技術標準化の推進	標準化による設計業務の改善	"物の標準"（製品、部品、材料）と、"方法の標準"（設計法、製図法その他）の標準化の推進と管理
技術情報の効率的流通	技術情報システムの改善	設計における技術情報の収集、保管、検索・利用システムの合理化、コンピュータ、各種メディアの効果的利用
図面管理の改善	図面の登録・保管・利用の合理化	原図の登録（図番）－保管－利用の合理化 図面複写の合理化 複写図の利用目的別管理の合理化 図面変更管理の改善
出図・生産手配システムの改善	出図システムの改善	出図システムの改善、コンピュータ利用による図面、部品表の発行、管理
	生産手配の改善	材料・加工など生産手配、指示システムの改善

基礎工学・個別工学・技術の高度化

設計部門直接機能の改善
・技術・設計機能

設計部門間接機能の改善
・スタッフ機能
・サービス機能

〔1－2〕 解説

設問(**1**)、(**2**)の解答に際しては、以下に述べる解説を参照しながら、自社で経験した取り組みについて記述すればよいであろう。

持続可能な社会への転換が求められている。そのための重要な要件は資源の消費速度の減速にあることから、省資源や資源循環が可能な製品の設計・開発が不可欠である。具体的にはリサイクルが思いつくが、それ以前に、できるだけ長く使える製品（ロングライフモデル）の設計を行うことが有効である。そのためには、まずは壊れにくい頑丈な構造設計が必要である。たとえば、環境による腐食や疲労などに耐えうる素材選択や表面処理を考えるなど、ハードウェアの耐久性はもちろんのこと、将来にわたって時代に乗り遅れないようなデザインや技術の採用を行うこととする。

さらに、製品設計時にメンテナンスによる部品交換や修理で、長寿命化を図ること（メンテナンスモデル）を想定したり、高機能・長寿命の部品に交換することで、長寿命化を実現すること（アップグレードモデル）を配慮しておくことも有効である。その際に、交換部品の再利用も考慮する（リユースモデル）。

製品レベルでの使用が難しくなれば、メンテナンスやアップグレードでの部品の修理や再製造によって、さらなる使用期間の延長が可能となる。これが**リマン**（リマニュファクチャリング）である。リペア、リユース、オーバーホール、レトロフィット、リビルトなどの言葉と同意であるが、リマンはとくに新品同様の状態に戻すことであると定義されている。つまり、リマンを想定した**製品設計**（DFRM：design for remanufacturing）が求められているというわけである。

リマンのプロセスは、製品の分解、洗浄、構成部品の検査、部品の修復・交換・リユース、再組立て、最終検査の手順で進められる。それぞれの段階で効率的な作業を行うための指針が提案されているが、ここでは機械設計という観点と、リマンでは頻繁に実施される分解工程に関して考えてみる。

分解しやすい設計を**分解性設計**（DFDA：design for disassembly）という。設計時に、いかに分解が簡単にできるか、分解作業の自動化ができるかを考えることは重要である。たとえば、組立て時に多用される結合・接合に関しては、分解時に位置の特定や取外しが容易になるように工夫をする。分解時に手間がかかる溶接、カシメ、さらにはねじ止めなどは極力避け、スナップ、ファスナーなどの差込み構造を採用するなどが考えられる。もちろん、強度などを考慮したうえで、結合箇所の数を最小限にすることも重要である。

分解とともに、組立工程も製品製造やリマンプロセスの再組立てなどで繰返し発生する。したがって、**組立性設計**（DFA：design for assembly）も考慮しなければならないが、DFA とDFDA は共通する効果もあるが、相反する事項もある。つまり、組立てしやすくすると、分解が難しくなる可能性がある。なるべく、リマン設計においては、組立性と分解性が両立できるような設計を心がけるべきである。

機械設計におけるDFXに関して具体的に述べたが、実際にリマンを効率的に生産に反映させるには、設計工程のみならず、製品に関わる全工程においての検討が必要となる。つまり、PLM（product life-cycle management）の一環としての対応である。このために製品データとしての3D-CADモデルを中核としたデジタル技術やIoTの活用が不可欠となる。

1級 解答・解説

〔2. 機械設計基礎課題〕

〔2 − 1〕 解答・解説

（**1**） ボルトの弾性伸び δ_B ［mm］、被締結体の弾性縮み量 δ_F ［mm］ の算出

ボルトの弾性伸び量 δ_B、被締結体の弾性縮み量 δ_F は、フックの法則 $F = K\delta$ より、ボルトの弾性伸び量 δ_B は

$$\delta_B = \frac{F_0}{K_B} = \frac{30 \times 10^3}{430 \times 10^3} = 6.98 \times 10^{-2} \text{ [mm]}$$

ボルト軸力　　　：$F_0 = 30$ ［kN］ $= 30 \times 10^3$ ［N］

ボルトのばね定数：$K_B = 430$ ［kN/mm］ $= 430 \times 10^3$ ［N/mm］

被締結体の弾性縮み量 δ_F は

$$\delta_F = \frac{F_0}{K_F} = \frac{30 \times 10^3}{1216 \times 10^3} = 2.47 \times 10^{-2} \text{ [mm]}$$

ボルト軸力　　　：$F_0 = 30$ ［kN］ $= 30 \times 10^3$ ［N］

締結体のばね定数：$K_F = 1216$ ［kN/mm］ $= 1216 \times 10^3$ ［N/mm］

答　ボルトの弾性伸び量　：$\delta_B = 6.98 \times 10^{-2}$ ［mm］

被締結体の弾性縮み量：$\delta_F = 2.47 \times 10^{-2}$ ［mm］

（**2**） 外力 $W = 10$ ［kN］ でボルト軸方向に引張った場合のボルトに作用する荷重 F_B の算出

図 1 より　　$F_B = F_C + W$　　…… (1)

外力 W に対するボルトの伸び λ は

$$\lambda = \frac{F_B - F_0}{K_B} = \frac{F_0 - F_C}{K_F} \quad \cdots\cdots (2)$$

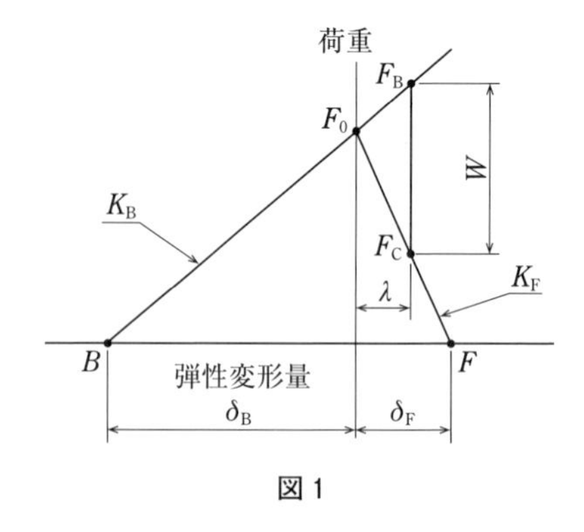

図 1

式(1)、式(2)の関係があるとき、F_B を求めるためには、式(2)から下式のように F_C を求める。

$$\frac{F_B - F_0}{K_B} = \frac{F_0 - F_C}{K_F}$$

$$\frac{F_B - F_0}{K_B} \cdot K_F = F_0 - F_C$$

$$F_C = F_0 - \frac{F_B - F_0}{K_B} \cdot K_F \quad \cdots\cdots (3)$$

式(3)を式(1)に代入して F_B を求めると

$$F_B = \left(F_0 - \frac{F_B - F_0}{K_B} \cdot K_F\right) + W$$

$$F_B + \frac{F_B}{K_B} \cdot K_F = F_0 + \frac{F_0}{K_B} \cdot K_F + W$$

$$F_B\left(1+\frac{K_F}{K_B}\right)=F_0+\frac{F_0}{K_B}\cdot K_F+W$$

$$F_B=\frac{F_0+\left(\frac{F_0}{K_B}\cdot K_F\right)+W}{\left(1+\frac{K_F}{K_B}\right)}=\frac{F_0\left(1+\frac{K_F}{K_B}\right)+W}{\left(1+\frac{K_F}{K_B}\right)}=F_0+\frac{W}{\left(1+\frac{K_F}{K_B}\right)}$$

$$=30\times10^3+\frac{10\times10^3}{\left(1+\frac{1216\times10^3}{430\times10^3}\right)}=32612\ [\mathrm{N}]=32.6\ [\mathrm{kN}]$$

ボルト軸力　　　　　：$F_0=30$ [kN] $=30\times10^3$ [N]

座面接触部への外力：$W=10$ [kN] $=10\times10^3$ [N]

ボルトのばね定数　：$K_B=430$ [kN/mm] $=430\times10^3$ [N/mm]

締結体のばね定数　：$K_F=1216$ [kN/mm] $=1216\times10^3$ [N/mm]

答　ボルトに作用する荷重：$F_B=32.6$ [kN]

1級　解答・解説

〔2 − 2〕 **解答・解説**

（**1**） 入力軸と出力軸の軸間距離 L を求めるには、歯車 1、2 の基準円直径を算出

歯車 1 の基準円直径 $D1$ を算出する。

$D1 = Z1 \cdot m = 32 \times 3 = 96$ ［mm］

歯数　　　：$Z1 = 32$

モジュール：$m = 3$

歯車 2 の基準円直径 $D2$ を算出する。

$D2 = Z2 \cdot m = 50 \times 3 = 150$ ［mm］

歯数　　　：$Z2 = 50$

モジュール：$m = 3$

軸間距離 L は

$$L = \frac{D1 + D2}{2} = \frac{96 + 150}{2} = 123 \text{ [mm]}$$

答　軸間距離：$L = 123$ ［mm］

（**2**） モータの出力トルク T の算出

$$P = \frac{2\pi TN}{60}$$

$$T = \frac{60P}{2\pi N} = \frac{60 \times 0.75 \times 10^3}{2\pi \times 1420} = 5.04 \text{ [N·m]}$$

定格出力　　：$P = 0.75$ ［kW］$= 0.75 \times 10^3$ ［W］

定格回転速度：$N = 1420$ ［min^{-1}］

答　出力トルク：$T = 5.04$ ［N·m］

（**3**） クラッチレバーの引張力 W の算出

摩擦クラッチのため、伝達トルクに損失が発生する。摩擦クラッチと伝達トルクは、クラッチの押付力 F に関係する。

よって、クラッチの押付力 F とトルク T の関係は、式(1)となる。

$$T = \mu F \frac{D}{2} \qquad \cdots\cdots (1)$$

$$F = \frac{2T}{\mu D} = \frac{2 \times 5.04}{0.3 \times 0.054} = 622.2 \ [\mathrm{N}]$$

モータ出力トルク　　：$T = 5.04$ ［N·m］

クラッチの摩擦係数　：$\mu = 0.3$

クラッチ板の平均直径：$D = \dfrac{OD + ID}{2} = \dfrac{65 + 43}{2} = 54 \ [\mathrm{mm}] = 0.054 \ [\mathrm{m}]$

クラッチレバーと押付アームのトルク比から、レバーの引張力 W を算出すると

$$FL2 = WL1$$

$$W = \frac{FL2}{L1} = \frac{622.2 \times 27}{200} = 84.0 \ [\mathrm{N}]$$

クラッチレバー長さ：$L1 = 200$ ［mm］

押付レバー長さ　　：$L2 = 27$ ［mm］

答　レバーの引張力：$W = 84.0$ ［N］

1級 解答・解説

〔2－3〕 解答・解説

（**1**） タンクへの注水流量が $V = 0.8$［m/s］のとき、タンク内水位が $H = 800$［mm］になるまでの注水時間 T［min］を算出

注入流量 Q を算出する

$$Q = V \cdot A = 0.8 \times 1.76 \times 10^{-4} = 1.41 \times 10^{-4} \ [\mathrm{m^3/s}]$$

注入速度　　：$V = 0.8$［m/s］

注入口断面積：$A = \dfrac{\pi}{4} D0^2 = \dfrac{\pi}{4} 15^2 = 176 \ [\mathrm{mm^2}] = 1.76 \times 10^{-4} \ [\mathrm{m^2}]$

タンク水位が $H = 800$［mm］になるまでの時間は

$$T = \frac{V_T}{Q} = \frac{0.157}{1.41 \times 10^{-4}} = 1113.5 \ [\mathrm{s}] = \frac{1113.5}{60} = 18.6 \ [\mathrm{min}]$$

タンク内径　　　　：$D1 = 500$［mm］$= 0.5$［m］

注入水位　　　　　：$H = 800$［mm］$= 0.8$［m］

タンク内の水の体積：$V_T = \dfrac{\pi}{4} D1^2 \cdot H = \dfrac{\pi}{4} \times 0.5^2 \times 0.8 = 0.157 \ [\mathrm{m^3}]$

答　注入時間：$T = 18.6$［min］

（**2**） 20℃の注入水を60分で60℃まで昇温するために必要なヒータ容量 $P1$ を算出

ある質量の物体を一定時間で、$\varDelta T$℃だけ温度変化させるための熱量は、次式で求めることができる。

$$P1 = \frac{CP \cdot M \cdot \varDelta T}{t} = \frac{4182 \times 156.7 \times 40}{3600} = 7295.3 \ [\mathrm{W}] = 7.3 \ [\mathrm{kW}]$$

水の比重：$CP = 4182$［J/kg℃］（20℃）

水の質量：$M = V_{\mathrm{T}} \cdot \gamma = 0.157 \times 10^6 \times 0.9982 = 156717$［g］$= 156.7$［kg］（20℃）

温度変化：$\varDelta T = (60 - 20) = 40$［℃］

昇温時間：$t = 60$［min］$= 3600$［s］

答　必要なヒータ容量：$P1 = 7.3$［kW］

（３） タンクの水溶液の温度を一定に保ち続けるために必要なヒータ容量 $P2$ を算出

放散する熱量と同等の熱量をヒータで加えれば、一定の温度に保つことができるので、次式に示す放散熱量を求めればよい。

$$P2 = \frac{\pi H}{\dfrac{1}{h_1 D1} + \dfrac{1}{2\lambda}\ln\dfrac{D2}{D1} + \dfrac{1}{h_2 D2}}(\theta_{f1} - \theta_{f2})$$

$$= \frac{\pi \times 0.8}{\dfrac{1}{500 \times 0.5} + \dfrac{1}{2 \times 16.3} \times \ln\dfrac{0.506}{0.5} + \dfrac{1}{5 \times 0.506}} \times (60 - 20)$$

$= 251.6$ [W] $= 0.3$ [kW]

水位　　　　　　　：$H = 800$ [mm] $= 0.8$ [m]

水の熱伝達率　　　：$h_1 = 500$ [W/(m^2·K)]（自然対流）

タンク内径　　　　：$D1 = 500$ [mm] $= 0.5$ [m]

SUS304の熱伝導率：$\lambda = 16.3$ [W/m·K]

タンク外径　　　　：$D2 = 506$ [mm] $= 0.506$ [m]

空気の熱伝達率　　：$h_2 = 5$ [W/(m^2·K)]（自然対流）

タンク内の水温　　：$\theta_{f1} = 60$ [℃]

室温　　　　　　　：$\theta_{f2} = 20$ [℃]

答　必要なヒータ容量：$P2 = 0.3$ [kW]

【補足】 上記計算には、安全率を考慮していないが、一般的には1.3倍程度の安全率を考慮してヒータ容量を決定する。ただし、熱伝達率は使用環境の変化に影響されるのでコストを考慮した上で、余裕のある設計を心がける必要がある。

〔3. 環境経営関連課題〕

解説

SDGsとは、2015年9月の国連サミットで採択された持続可能な開発目標であり、17の目標と169のターゲットが設定されている。達成期限は2030年となっている。

SDGsのそれぞれの目標はたがいに関連性があり、持続可能な開発の3要素である経済、社会および環境を調和させるものとしている。SDGsでは、17の目標のカラフルな図が示され、「誰も取り残さない」という言葉が有名である。

今回の出題では、地球規模の持続可能性の問題に関する研究において国際的に評価されているスウェーデン出身のヨハン・ロックストローム博士が考案した、"SDGsの概念"を示すウェディングケーキ図を紹介した。

ウェディングケーキ図は、持続可能な開発の3側面である経済・社会・環境についてのSDGsの考え方を図化している。下から順に「生物圏（Biosphere）」、「社会圏（Society）」、「経済圏（Economy）」という3層構造になっている。とくに最下段の生物圏は環境全般を指し、これが土台となり、経済や社会を支えるものとして、たいへん重要であることを示している。なお、下層2段は中心部が空洞のドーナツ型になっている。これは環境がないと社会は成り立たず、社会がないと経済の発展はないということを表わしている。

土台となる最下層の「環境」にあたる生物圏（Biosphere）には、以下の4つの目標があてはめられている。

・目標6：安全な水とトイレを世界中に
・目標13：気候変動に具体的な対策を
・目標14：海の豊かさを守ろう
・目標15：陸の豊かさも守ろう

しかし、これ以外の目標においても、環境に関連した多くのターゲットが定められていることを以下に紹介する。このように、環境はSDGs全般に関連した重要な部分であることがわかる。

- 目標3：すべての人に健康と福祉を（有害化学物質や大気・水質汚染を減らす）
- 目標7：エネルギーをみんなに　そしてクリーンに（再生可能エネルギーの拡大）
- 目標9：産業と技術革新の基盤をつくろう（資源利用効率の向上とクリーン技術及び環境に配慮した技術・産業プロセスの導入拡大を通じたインフラ改良や産業改善による持続可能性の向上）
- 目標11：住み続けられるまちづくりを（大気の質や廃棄物管理を含め、都市の環境上の悪影響を軽減）
- 目標12：つくる責任　つかう責任（製品ライフスタイルを通じ、環境上適正な化学物質や廃棄物の管理を実現し、人の影響や環境への悪影響を最小化する）

それでは、SDGsの中で機械設計技術者ができることはないだろうか。安全設計はもちろんであるが、「目標9：産業と技術革新の基盤をつくろう」や「目標12：つくる責任　つかう責任」では、環境に与える影響が少ない電力等のエネルギー消費の少ないものや、廃棄物の発生の少ないもの、再生利用可能なもの、長期間使用できるもの等が求められていると考えられる。これらを考慮して、これからは機械設計を行っていくことが大切である。

令和５年度　１級　試験問題Ⅱ　解答・解説

〔4.　実技課題〕

〔4.　実技課題〕

〔4 − 1〕 解答・解説

アーム機構部品の慣性モーメントの表

部　品	慣性モーメント［kg·mm^2］
JB：ボール	①
JU：ボール受け	②
JA：アーム	③　56391
JG：歯車	④　3175
JS：歯車軸	⑤　25
JT：アーム機構全体	

（**1**）アーム機構部品の全体慣性モーメント JT［kg·mm^2］の算出

① ボールの慣性モーメント JB

$$JB = \frac{1}{10} \cdot WB \cdot DB^2 + WB \cdot R^2$$

$$= \frac{1}{10} \times 0.145 \times 74^2 + 0.145 \times 500^2$$

$$= 36329 \ [\mathrm{kg \cdot mm^2}]$$

ボールの重量　　　　　：$WB = 145$［g］$= 0.145$［kg］

ボールの直径　　　　　：$DB = 74$［mm］

回転中心とボール中心距離：$R = 500$［mm］

② ボール受けの慣性モーメント JU［kg·mm^2］の算出

ボール受け板 $JU1$ から穴部分 $JU2$ を引いて求める。（**減法の定理**）

$$JU1 = \frac{1}{12} \cdot WU1(U1L^2 + U1T^2) + WU1 \cdot L^2$$

$$= \frac{1}{12} \times 0.088 \times (100^2 + 5^2) + 0.088 \times 490^2 = 21202 \ [\mathrm{kg \cdot mm^2}]$$

受け板長さ　　　　　：$U1L = 100$［mm］

受け板厚さ　　　　　：$U1T = 5$［mm］

受け板幅　　　　　　：$U1W = 65$［mm］

アルミニウム合金密度　：$\rho A = 2.7 \times 10^{-6}$［kg/mm^3］

ボール受け板重量　　　：$WU1 = U1L \cdot U1T \cdot U1W \cdot \rho A$

$= 100 \times 5 \times 65 \times 2.7 \times 10^{-6} = 0.088$［kg］

回転軸中心と板中心距離：$L = R - 10 = 500 - 10 = 490$［mm］

穴の部分の慣性モーメント $JU2$ は

$$JU2 = \frac{1}{4}WU2\left(\frac{U2D^2}{4} + \frac{U2T^2}{4}\right) + WU2 \cdot R^2$$

$$= \frac{1}{4} \times 0.032 \times \left(\frac{54.6^2}{4} + \frac{5^2}{4}\right) + 0.032 \times 500^2 = 8006 \ [\text{kg·mm}^2]$$

受け板穴直径　　　　：$U2D = 54.6$ [mm]

受け板穴深さ　　　　：$U2T = 5$ [mm]

アルミニウム合金密度　：$\rho A = 2.7 \times 10^{-6}$ [kg/mm^3]

ボール受け板穴重量　　：$WU2 = \frac{\pi}{4} \cdot U2D^2 \cdot U2T \cdot \rho A$

$$= \frac{\pi}{4} \times 54.6^2 \times 5 \times 2.7 \times 10^{-6} = 0.032 \ [\text{kg}]$$

回転軸中心と穴中心距離：$R = 500$ [mm]

減法の定理により、ボール受けの慣性モーメント JU は

$$JU = JU1 - JU2 = 21202 - 8006 = 13196 \ [\text{kg·mm}^2]$$

アーム機構部品の全体慣性モーメント JT は

$$JT = JB + JU + JA + JG + JS = 36329 + 13196 + 56391 + 3175 + 25$$

$$= 109116 \ [\text{kg·mm}^2]$$

① ボールの慣性モーメント　　　：$JB = 36329$ [kg·mm^2]

② ボール受けの慣性モーメント：$JU = 13196$ [kg·mm^2]

③ アームの慣性モーメント　　　：$JA = 56391$ [kg·mm^2]

④ 歯車の慣性モーメント　　　　：$JG = 3175$ [kg·mm^2]

⑤ 歯車軸の慣性モーメント　　　：$JS = 25$ [kg·mm^2]

答　アーム機構部品の全体慣性モーメント：$JT = 109116$ [kg·mm^2]

【補足】 ③ アームの慣性モーメント JA ［kg·mm^2］の算出

$$JA = \frac{1}{12} \cdot WA(AH^2 + R^2) + WA \cdot \left(\frac{R}{2}\right)^2$$

$$= \frac{1}{12} \times 0.675 \times (50^2 + 500^2) + 0.675 \times \left(\frac{500}{2}\right)^2 = 56391 \text{［kg·mm}^2\text{］}$$

アーム高さ　：$AH = 50$ ［mm］

アーム長さ　：$R = 500$ ［mm］

アーム幅　　：$AT = 10$ ［mm］

SUS304 密度：$\rho S = 7.8 \times 10^{-6}$ ［kg/mm^3］

アーム重量　：$WA = AH \cdot R \cdot AT \cdot \rho S$

$$= 50 \times 500 \times 10 \times 7.8 \times 10^{-6} = 0.675 \text{［kg］}$$

回転軸中心とアーム重心距離：$\dfrac{R}{2} = \dfrac{500}{2}$ ［mm］

答　アームの慣性モーメント：$JA = 56391$ ［kg·mm^2］

【補足】 ④ 歯車の慣性モーメント JG ［kg·mm^2］の算出

$$JG = \frac{1}{8} WG \cdot DG^2 = \frac{1}{8} \times 1.764 \times 120^2 = 3175 \text{［kg·mm}^2\text{］}$$

基準円直径：$DG = Z \cdot m = 60 \times 2 = 120$ ［mm］

歯車幅　　　：$TG = 20$ ［mm］

SUS304 密度 ：$\rho S = 7.8 \times 10^{-6}$ ［kg/mm^3］

歯車重量　　：$WG = \dfrac{\pi}{4} \cdot DG^2 \cdot TG \cdot \rho S$

$$= \frac{\pi}{4} \times 120^2 \times 20 \times 7.8 \times 10^{-6} = 1.764 \text{［kg］}$$

答　歯車の慣性モーメント：$JG = 3175$ ［kg·mm^2］

【補足】 ⑤ 歯車軸の慣性モーメント JS ［kg·mm^2］の算出

$$JS = \frac{1}{8} \cdot WS \cdot DS^2 = \frac{1}{8} \times 0.325 \times 25^2 = 25 \text{［kg·mm}^2\text{］}$$

歯車軸径　　：$DS = 25$ ［mm］

歯車軸長さ　：$LS = 85$ ［mm］

SUS304 密度：$\rho S = 7.8 \times 10^{-6}$ ［kg/mm^3］

歯車軸重量　：$WS = \dfrac{\pi}{4} \cdot DS^2 \cdot LS \times 7.8 \times 10^{-6}$

$$= \frac{\pi}{4} \times 25^2 \times 85 \times 7.8 \times 10^{-6} = 0.325 \text{［kg］}$$

答　歯車軸の慣性モーメント：$JS = 25$ ［kg·mm^2］

(2) アームの角加速度 α［rad/s^2］の算出

回転運動の場合、速度 V［m/s］と角速度 ω［rad/s］は、下式の関係となる。

$$V = R\omega$$

$$\omega = \frac{V}{R} = \frac{27.8}{0.5} = 55.6 \text{［rad/s］}$$

球速　　　：$V = 100$［km/h］$= 100 \times \dfrac{1000}{3600} = 27.8$［m/s］

アーム長さ：$R = 500$［mm］$= 0.5$［m］（回転半径）

角速度 ω［rad/s］と角加速度 α［rad/s^2］は、下式の関係から求めることができる。

$$\omega^2 = 2\alpha\theta$$

$$\alpha = \frac{\omega^2}{2\theta} = \frac{55.6^2}{2 \cdot \frac{\pi}{2}} = 984.0 \text{［rad/s}^2\text{］}$$

$\theta = \dfrac{\pi}{2}$　：アームが 90° 回転したとき

答　角加速度：$\alpha = 984.0$［rad/s^2］

(3) アームが回転するときの歯車軸のトルク T［N·m］の算出

$$T = JT \cdot \alpha = 0.109 \times 984 = 107 \text{［N·m］}$$

全体慣性モーメント：$JT = 109116$［kg·mm^2］$= 0.109$［kg·m^2］

アームの角加速度　：$\alpha = 984$［rad/s^2］

答　アームが回転するときの歯車軸のトルク：$T = 107$［N·m］

(4) ばね張力 FS［N］の算出

歯車軸トルク T と、ばね全体の張力 FS' の関係は、下式となる。

$$T = \frac{DG}{2} \cdot FS'$$

$$FS' = \frac{2T}{DG} = \frac{2 \times 107}{0.12} = 1783 \text{［N］}$$

歯車基準円直径：$DG = 120$［mm］$= 0.12$［m］

歯車軸トルク　：$T = 107$［N·mm］

ばね 1 本当たりの張力 FS は

$$FS = \frac{FS'}{3} = \frac{1783}{3} = 594 \text{［N］}$$

答　ばね 1 本当たりの張力：$FS = 594$［N］

（**5**） アームの旋回時の曲げ応力 σ［MPa］の算出

アームの断面係数 ZA は

$$ZA = \frac{AW \cdot AH^2}{6} = \frac{10 \times 50^2}{6} = 4167 \text{［mm}^2\text{］}$$

アーム幅　：$AW = 10$［mm］

アーム高さ：$AH = 50$［mm］

曲げ応力 σ は

$$\sigma = \frac{T}{ZA} = \frac{107 \times 10^3}{4167} = 25.7 \text{［N/mm}^2\text{］} = 25.7 \text{［MPa］}$$

歯車軸トルク：$T = 107$［N･m］$= 107 \times 10^3$［N･mm］

答　アームの曲げ応力：$\sigma = 25.7$［MPa］

〔4－2〕 解答・解説

台形ねじ・ナットとナット材質の選定とその根拠を示すためには、下記の検討手順となる。

<検討手順>

① 昇降完了時間が40秒から50秒になる、ねじピッチの軸径を選定する。

② 台形ねじ・ナット仕様を仮決定する。（設問の**表1**の何番を使うかを決める）

③ PV 値グラフから、仮決定した仕様の妥当性（異常摩耗の発生なし）を確認する。そのために、接触面圧 P、すべり速度 V を算出する。

④ 負荷トルクを算出し、選定したハンドルの妥当性を確認する。

表1 30度台形ねじ・ナット仕様

No.	軸径 [mm]	ねじピッチ p [mm]	ねじ軸有効径 d_2 [mm]	ねじ軸 リード角 d	動的許容推力 Fo [N]	
					黄銅	樹脂
1	10	2	9	4.05°	2550	255
2	12	2	11	3.32°	3920	392
3	14	3	12.5	4.37°	4900	490
4	16	3	14.5	3.77°	6670	628
5	18	4	16	4.55°	8720	873
6	20	4	18	4.05°	9810	980
7	25	5	22.5	4.05°	14220	1412
8	28	5	25.5	3.57°	17950	1765
動摩擦係数：μ ねじ軸材質：鋼			ナット材質	黄銅	$\mu = 0.21$	
				樹脂	$\mu = 0.13$	

（**1**） 設計条件から、適用する台形ねじ・ナットのNo.とナット材質を設問の**表1**から選定し、選定した設計根拠を示す。

① 台形ねじ軸回転速度 N、昇降ストローク L、昇降完了時間 t から、ねじピッチを選定する。

台形ねじの移動量 Lm は

$$Lm = L \cdot \tan(90 - \theta)$$

$$= 50 \times \tan(90 - 20) = 137.4 \text{ [mm]}$$

昇降ストローク　　：$L = 50$ [mm]

LMガイド取付角度：$\theta = 20$ [°]

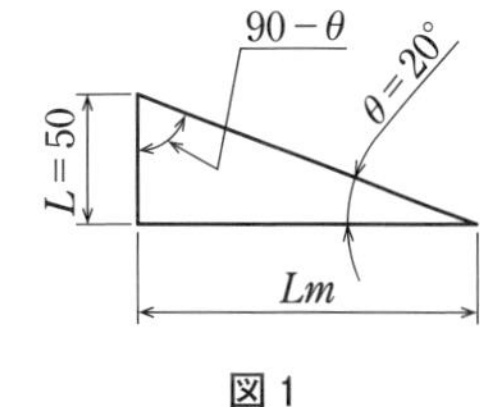

図1

台形ねじのピッチ p を算出する。

昇降完了時間 t、台形ねじピッチ p、台形ねじのナット移動量 Lm と台形ねじ軸回転速度 N との関係は下式となる。

$$t = \frac{Lm}{p \cdot N}$$

$t = 40$ 秒のとき

$$p = \frac{Lm}{t \cdot N} = \frac{137.4}{40 \times 1} = 3.44 \ [\mathrm{mm}]$$

$t = 50$ 秒のとき

$$p = \frac{Lm}{t \cdot N} = \frac{137.4}{50 \times 1} = 2.75 \ [\mathrm{mm}]$$

台形ねじナット移動量：$Lm = 137.4$ ［mm］

昇降完了時間　　　　：$t = 40 \sim 50$ ［秒］

台形ねじ軸回転速度　：$N = 60$ ［min^{-1}］$= 1$ ［s^{-1}］

よって、台形ねじピッチは、$p = 2.75 \sim 3.44$ の間の物を選定すればよい。

② 台形ねじ・ナット仕様の仮決定

台形ねじピッチは、上記より、$p = 3$ であればよいので、設問の**表 1** の「No. 3」、ナット材質は「黄銅」を選定する。下記にその選定仕様を示す。

台形ねじ軸径　　　：$D = 14$ ［mm］

台形ねじピッチ　　：$p = 3$ ［mm］

ねじ軸有効径　　　：$d_2 = 12.5$ ［mm］

リード角　　　　　：$d = 4.37$ ［°］

台形ねじリード　　：$R = 3$ ［mm］$= 0.3$ ［cm］（$R =$ 条数 × ピッチ $= 1 \times 3 = 3$）

ナット動的許容推力：$Fo = 4900$ ［N］（ナット材質：黄銅）

③ PV 値グラフから仮決定仕様の妥当性の確認

昇降させるために必要な台形ねじの軸方向力 Fs は、力のつり合いから下式となる。

$$\frac{Fs}{M} = \tan\theta$$

$$Fs = M \cdot \tan\theta$$

$$= W \cdot g \cdot \tan\theta$$

$$= 45 \times 9.81 \times \tan 20$$

$$= 160.7 \ [\mathrm{N}]$$

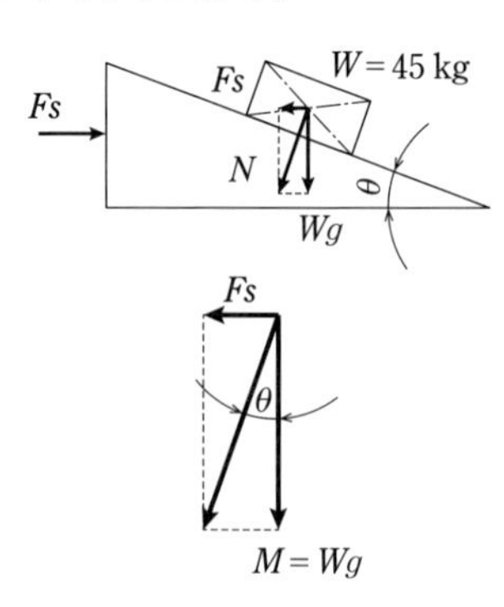

図 2

接触面圧 P ［$\mathrm{N/mm^2}$］の算出

$$P = \frac{Fs}{Fo} \times \alpha = \frac{160.7}{4900} \times 9.8 = 0.32 \ [\mathrm{N}]$$

動的許容推力：$Fo = 4900$ ［N］（設問の**表 1**：No. 3）

α　　　　　　：$\alpha = 9.8$ ［$\mathrm{N/mm^2}$］（設問の参考資料：黄銅）

すべり速度 V ［m/min］の算出

$$V = \frac{\pi \cdot d_2 \cdot N}{\cos(d)} \times 10^{-3}$$

$$= \frac{\pi \times 12.5 \times 60}{\cos(4.37°)} \times 10^{-3}$$

$$= 2.36 \ [\text{m/min}]$$

台形ねじ有効径　：$d_2 = 12.5$ [mm]

台形ねじ軸回転数：$N = 60$ [min^{-1}]

台形ねじリード角：$d = 4.37$ [°]

上記の計算結果から求めた、接触面圧 P、すべり速度 V の交点は、PV 値グラフ①線より下側にあるので、異常摩耗は発生しないことから、問題はないと判断できる。

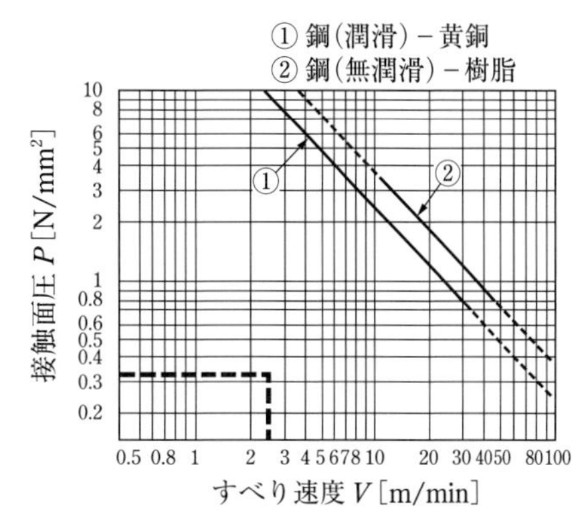

図3　*PV* 値グラフ

答　求めた接触面圧、すべり速度が、PV 値グラフの①線より下側にあることから、設問の**表1**：No. 3の選択で問題ない。

（**2**）台形ねじの負荷トルク T を算出して、設問の**表2**から選定したハンドルの取手を回す力 Fh を求める。

表2　ハンドル仕様（単位：mm）

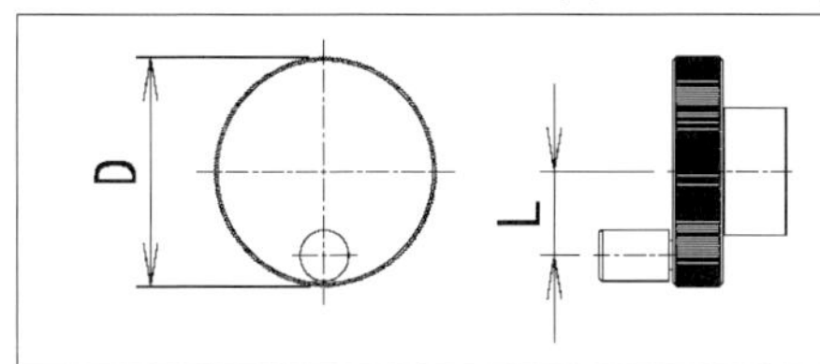

No	外形：D	取手位置：L
1	40	14.5
2	50	17
3	63	23
4	80	30

負荷トルク T [N·cm] は、式(1)で算出される。

$$T = \frac{Fs \cdot R}{2\pi \cdot \eta} \quad \cdots\cdots (1)$$

ねじ効率 η は式(2)で算出される。

$$\eta = \frac{1 - \mu \cdot \tan(d)}{1 + \mu/\tan(d)} = \frac{1 - 0.21 \times \tan(4.37°)}{1 + 0.21/\tan(4.37°)} = 0.263 \quad \cdots\cdots (2)$$

動摩擦係数　　　：$\mu = 0.21$（ナット材質：黄銅）

台形ねじリード角：$d = 4.37$ [°]

式(2)の計算結果を式(1)に代入して、負荷トルク T を算出すると

$$T = \frac{Fs \cdot R}{2\pi \cdot \eta} = \frac{160.7 \times 0.3}{2 \times \pi \times 0.263} = 29.2 \ [\text{N·cm}] = 0.292 \ [\text{N·m}]$$

台形ねじ軸方向荷重：$Fs = 160.7$ [N]

台形ねじリード　　：$R = 0.3$ [cm]

ハンドルは取手を回す力が一番小さくなる、L の値の大きい設問の**表2**の「No. 4」を選定し、そのときの取手を回す力 Fh を算出する。

$$Fh = \frac{T}{L} = \frac{29.2}{3.0} = 9.73 \text{〔N〕}$$

負荷トルク：$T = 29.2$〔N·cm〕

取手位置　：$L = 3.0$〔cm〕

答　選定ハンドルは、設問の**表 2** の No. 4 とする。
取手の回す力は $Fh = 9.73$〔N〕であり、
人手で回せる力と判断でき、妥当な選定である。

【参考】　設問の**表 2** の No. 1～3 について計算すると、下表のとおり、すべて人手で回せる力と判断できるが、目的や操作性を考慮して選定する必要がある。

表 2/No	取手位置：L〔mm〕	取手の回す力：Fh〔N〕
1	14.5	20.1
2	17	17.2
3	23	12.7

〔4 － 3〕 **解答・解説**

（**1**） ローラチェーンの張力を求める。

$$P = (M_1 + M_2)g$$

$$= (45 + 25)9.81 = 687\ [\mathrm{N}]$$

答　687［N］

（**2**） ベアリング1個に加わる水平力

$$H = \pm \frac{M_1 \times l_1 + M_2 \times l_2}{2 \times L} \times g$$

$$= \pm \frac{45(390 + 200) + 25(140 + 200)}{2(490 + 110)} \times 9.81$$

$$= \pm 29.2 \times 9.81 = \pm 287\ [\mathrm{N}]$$

答　上部Ⓐ＝引張荷重＝－287［N］

下部Ⓑ＝圧縮荷重＝　287［N］

（**3**） シリンダのストローク

$$S = \frac{1200}{2} = 600\ [\mathrm{mm}]$$

答　600［mm］

シリンダの必要力

ローラーチェーン張力の2倍

$$F = P \times 2 = 687 \times 2 = 1374\ [\mathrm{N}]$$

答　1374［N］

ロッドを考慮しない概算

$$D = \sqrt{\frac{4F}{\pi P}}$$

$$= \sqrt{\frac{4 \times 1374}{\pi \times 0.5}} = 59.2\ [\mathrm{mm}]$$

シリンダ $\phi 80/\phi 25$ とする

$$F = \frac{\pi(80^2 - 25^2)}{4} \times 0.5 = 2267\ [\mathrm{N}]$$

答　$\phi 80/\phi 35$

〔4 − 4〕 解答・解説

（**1**） 脚の反力

$$R = \frac{wl}{2} = \frac{1.2 \times 5.2}{2} = 3.12 \ \text{[kN]}$$

中央に発生する曲げモーメント

$$M = \frac{wl^2}{8} = \frac{1.2 \times 5.2^2}{8} = 4.06 \ \text{[kN·m]}$$

ガーダの上下弦材に加わる軸力…片面

$$F = \frac{M}{2h} = \frac{4.06}{2 \times 0.5} = \pm 0.65 \ \text{[kN]}$$

$$F_b = \frac{R}{2 \times \sin 30^\circ} = \frac{3.12}{2 \times \sin 30^\circ} = 3.12 \ \text{[kN]}$$

答　① 圧縮力 4.06［kN］
② 引張力 4.06［kN］
③ 引張力 3.12［kN］

（**2**）

サポートⒶ：ラーメン構造（1 脚の荷重）

長期垂直荷重　$V = \frac{3.12}{2} = 1.56$［kN］

短期水平荷重　$H = \frac{3.12 \times 0.4}{2} = 0.624$［kN］

短期垂直荷重　$V' = 1.56 \pm \frac{3.12 \times 0.4 \times 3.2}{1.0} = 1.56 \pm 4.0$

圧縮 = 5.56［kN］
引抜 = 2.44［kN］

答　長期垂直荷重 1.56［kN］
短期水平荷重 0.624［kN］
短期垂直荷重
圧縮 5.56［kN］
または引抜 2.44［kN］

サポートⒷ：トラス構造（1 脚の荷重）

長期垂直荷重　$V = 1.56$［kN］

短期水平荷重　$H' = 3.12 \times 0.4 = 1.248$［kN］

（ブレースに加わる力は引張材に発生する）

短期垂直荷重　$V' = +5.56$［kN］

Ⓐに同じ　または $= -2.44$［kN］

答　長期垂直荷重 1.56［kN］
短期水平荷重 1.248［kN］
短期垂直荷重
圧縮 5.56［kN］
または引抜 2.44［kN］

〔4－5〕 解答・解説

（1）

$$荷重\ W = \underset{\text{↑電気トロリ、フック等も、つり荷重に含む}}{(2.8 + 0.2)} \times 9.81 \times 1.1 = 32.4\ [\mathrm{kN}]$$

荷重 W によるホイストビームの曲げモーメント

$$M = \frac{Wl}{4} = \frac{32.4 \times 700}{4} = 5670\ [\mathrm{kN \cdot cm}]$$

許容曲げ応力　$\sigma = 12\ [\mathrm{kN/cm^2}]$ より

必要断面係数

$$Z = \frac{M}{\sigma} = \frac{5670}{12} = 472.5\ [\mathrm{cm^3}]$$

ゆえに、設問の「I 形鋼」の表より、「I-300 × 150 × 8/13」とする。

$$Z = 632\ [\mathrm{cm^3}] > 472.5\ [\mathrm{cm^3}]$$

答　I-300 × 150 × 8/13

（2）

たわみ　δ = 荷重 + ビーム本体

ビーム　$\omega = 48.3\ [\mathrm{kg/m}] \times 9.81/100 = 4.74\ [\mathrm{N/cm}]$

$$\delta = \frac{Wl^3}{48EI} + \frac{5\omega l^4}{384EI}\ [\mathrm{cm}]$$

$$= \frac{32400 \times 700^3}{48 \times 206 \times 10^5 \times 9480} + \frac{5 \times 4.74 \times 700^4}{384 \times 206 \times 10^5 + 9480}$$

$$= 1.18 + 0.08 = 1.26\ [\mathrm{cm}]$$

答　中央のたわみ 1.26［cm］

〔注〕「クレーン等各構造規格」より、たわみについて（抜粋）…参考

（たわみの限度）

第 14 条　天井クレーンのクレーンガーダは、定格荷重に相当する荷重の荷を当該クレーンガーダのたわみに関し最も不利となる位置でつり上げた場合に、当該クレーンガーダのたわみの値が当該クレーンガーダのスパンの値の 800 分の 1 以下となるものでなければならない。ただし、クレーンガーダのスパンの値が相当程度小さいこと等により、クレーンガーダのたわみによる荷のゆれによる危険のおそれがないことが明らかな天井クレーンについては、この限りでない。

以上から　$\dfrac{1.26}{700} = \dfrac{1}{555} > \dfrac{1}{800}$（NG：たわみから材料のサイズアップが必要）

∴ 自重によるたわみは、この限度値に適用する記述はないが、自重によるたわみと定格荷重のたわみの合計値とした。

1級　解答・解説

（**3**） 巻上げモータの出力を求める

$$P = \frac{W \times v}{60} = \frac{32.4 \times 10}{60} = 5.4\ [\mathrm{kW}]$$

W：巻上荷重［kN］

v：巻上速度［m/min］

答　5.5［kW］

（**4**） 走行用 GM の減速比およびモータの出力を求める

モータの回転速度

$$N_1 = \frac{120 \times \mathrm{Hz}}{P} = \frac{120 \times 60}{4} = 1800\ [\mathrm{min}^{-1}]$$

車輪の回転速度

$$N_2 = \frac{v}{\pi \times D} = \frac{20}{\pi \times 0.3} = 21.2\ [\mathrm{min}^{-1}]$$

$$\text{減速比}\ i = \frac{N_2}{N_1} = \frac{21.2}{1800} \fallingdotseq \frac{1}{85}$$

モータ出力（つり荷重が片側にあるとき）

$$P = \frac{W \times Fi \times v}{60 \times \eta}$$

$$W = 32.4 + \left(\text{ビーム自重} \times \frac{L}{2} \times 9.81/1000\right)$$

$$= 32.4 + \left(48.3 \times \frac{7.8}{2} \times 9.81/1000\right)$$

$$= 32.4 + 1.8 = 34.2\ [\mathrm{kN}]$$

$$P = \frac{34.2 \times 0.06 \times 20}{60 \times 0.85}$$

$$= 0.8\ [\mathrm{kW}]$$

答　1.5［kW］

令和５年度　１級　試験問題Ⅲ　小論文作成の手引き

〔5.　小論文課題〕

解答の文例を示すよりも、「どのようにまとめるのか」のほうが役立つと思われるので、ここでは作成のポイントを中心に述べることにする。

1　なぜ小論文が出題されるか

設計技術者に必要とされる具備条件に対して、必須の基本的な知識は選択科目以外の基礎科目で試され、また、応用力・創造力・決断力などは応用・総合課題としての選択科目で問われる。しかし、これだけでは充分でない。

たとえば、設計者としてのセンス、事象の分析・洞察力、将来への予知・展望、責任に対する自覚、社会への認識などの総括的な能力・資質が欠けてはならない。これらがこの小論文によって評価されるものと認識して、心して対応すべきであろう。

2　作成上の留意点

小論文を作成するには、次の点に留意するとよい。

- ○　主題の適正さ
- ○　論旨の明確さ
- ○　内容の新鮮さ
- ○　説得力
- ○　文章の構成、展開
- ○　自分自身の見解
- ○　将来的展望
- ○　誤字、脱字

出題には複数のテーマ（問題）があり、その内の一つを選択することになっているが、まずどれを選ぶかの目安としては、日常の生活の中で一番関心を持ち、興味をいだいているものがよいと思う。草案に多くの時間をかけることなく書き始められ、具体性があり、説得力をもった論旨が進められるからである。

また、出題が大きなテーマの場合は、いわゆる副題を設けることができるケースがあると予測される。この場合は、題意をよく理解して的を絞り込んだ副題を自分で決め、このことについて論旨を進めるとよい。

ここで重要なのは、単なる一般的な説明や通説ではなく、自分自身の見解をしっかりと述べることである。このことについて、将来への予知に触れることができれば、さらに評価も高まることになるであろう。

3　文の構成

よく引き合いに出される「起承転結」（本来は漢詩の構成法の一つ）がわかりやすいので、次に示す。

起　この場合は、小論文の主張点（主題）を指す。何について述べるのか、何のこの点について述べるのかを簡潔に、明確に示す。

承　上記についておよその説明をここで述べる。現状や世論、定説などを含めるとよいが、あくまでも導入部であるから、あまり長くならないほうがよい。

転　ここで、自分自身の考えを自由に、また存分に述べる。現状や一般論についての批判だけでなく、これを基に分析力・洞察力を駆使して、自らの考えを展開させる。

結　上記についての最終的な結論を下す。いうまでもなく悲観的、後退的なものでなく、希望的、積極的な方向でまとめることが望ましい。将来への予知・展望は、ここに含めると、まとめやすいと思う。

これはまとめ方の一つの例であり、必ずしもこのとおりでなくてもよい。たとえば、結論を先に示しておく構成もある。どのような構成にすれば、読者（この場合は審査員）により強く訴えることができるか。受験者自身が決めることである。

4　その他

時間が限られているが、書き終わった後に添削するための読み返し時間は、必ず残しておくようにする。

また、文章に弱いといわれる人には、急に上手になるのは難しいので、日頃のたゆまぬ努力が必要である。もっとも効果的な方法として、まず、毎日の新聞（一般紙）をよく見ること、一つの社会のテーマについての連載記事をよく読むこと、技術系月刊誌の随筆やリポートに親しんでおくこと。そしてその後、自分で適当なテーマをみつけては、臆せずに繰り返し書き続けることである。

付録

1. 直線運動する物体と回転体との関係

直線運動		回転運動	
変位（距離）	S ［m］	角変位（回転角）	θ ［rad］
速度	v ［m/s］	角速度	ω ［rad/s］
加速度	α ［m/s²］	角加速度	$\dot{\omega}$ ［rad/s²］
力	F ［N］	トルク（力のモーメント）	T ［N·m］
質量（慣性）	m ［kg］	慣性モーメント	J ［kg·m²］
仕事	FS ［N·m］［J］	仕事	$T\theta$ ［N·m］［J］
動力	Fv ［N·m/s］［W］	動力	$T\omega$ ［N·m/s］［W］
運動エネルギー	$\frac{1}{2}mv^2$ ［kg·m²/s²］［N·m］［J］	回転運動エネルギー	$\frac{1}{2}J\omega^2$ ［kg·m²/s²］［N·m］［J］
運動方程式	$F = m\alpha$	角運動方程式	$T = J\dot{\omega}$
遠心力	$F = m\alpha_r = mr\omega^2 = mr\left(\frac{v}{r}\right)^2 = \frac{mv^2}{r}$　α_r：向心加速度、$\alpha_r = v\omega$　$v = r\omega$、r：半径		

2. 慣性モーメント（moment of inertia）

（**1**） 慣性モーメント：J

剛体の回転運動を考えるとき、つねに用いられる物理量で、剛体の回転運動に対する慣性（回りにくさ）を表す。

$$J = \sum m_i r_i^2 = Mk^2 \ [\mathrm{kg \cdot m^2}]$$

（回転体の全質量が回転半径 k の位置に集中していると考える）

$$k = \sqrt{\frac{J}{M}}$$　M：全質量［kg］、k：回転半径［m］

（**2**） 円板の慣性モーメント：J_p

円板の中心Oをとおり、円板に垂直な軸のまわりの慣性モーメントは次式により求める。半径 R の円板の中心から任意の距離 r だけ離れた位置に、dr の微小幅をもつ環状部分を考える。いま、密度を ρ とすれば、この環状部分の中心Oに関する慣性モーメント dJ_p は

$$\mathrm{d}J_p = \rho \cdot 2\pi r \mathrm{d}r \cdot r^2$$

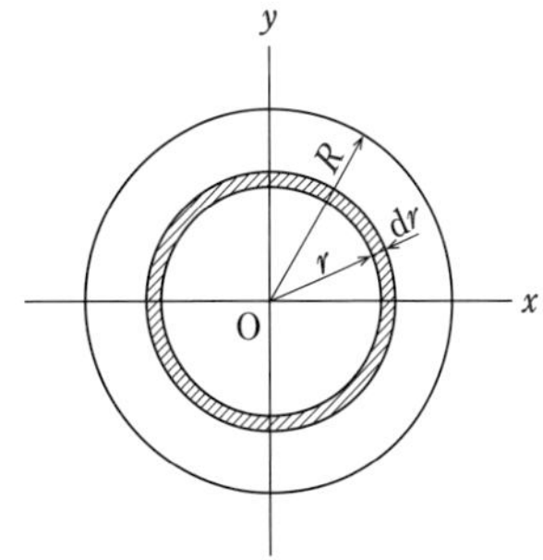

円板全体の慣性モーメント J_p は

$$J_p = \int_0^R \rho \cdot 2\pi r^3 \mathrm{d}r = 2\pi\rho\frac{R^4}{4} = \frac{MR^2}{2}$$

また、中心Oに関する回転半径 k_p は

$$k_p = \sqrt{\frac{J_p}{M}} = \sqrt{\frac{MR^2}{2M}} = \frac{R}{\sqrt{2}}$$

また、円板の直径に関する慣性モーメントは

$$J_x = J_y = \frac{J_p}{2} = \frac{\pi \rho R^4}{4} = \frac{MR^2}{4}$$

これより、$k_x = k_y = \dfrac{R}{2}$

（**3**） その他の形状の慣性モーメント

1） 球の慣性モーメント　$J = \dfrac{2}{5}MR^2$　　R：半径

2） 環形の慣性モーメント　$J_p = M\dfrac{R^2 + r^2}{2}$　　R：外半径、r：内半径

3） 中空円柱の慣性モーメント　$J_p = M\dfrac{R^2 + r^2}{2}$　　R：外半径、r：内半径

3. 材料力学

（**1**） ラミの定理　$\dfrac{F_1}{\sin\alpha} = \dfrac{F_2}{\sin\beta} = \dfrac{F_3}{\sin\gamma}$

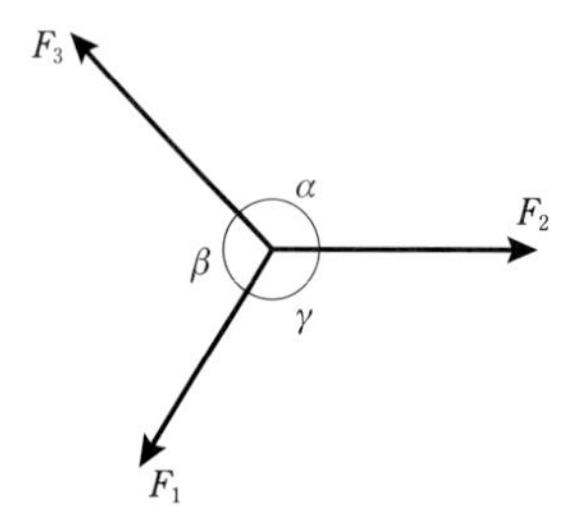

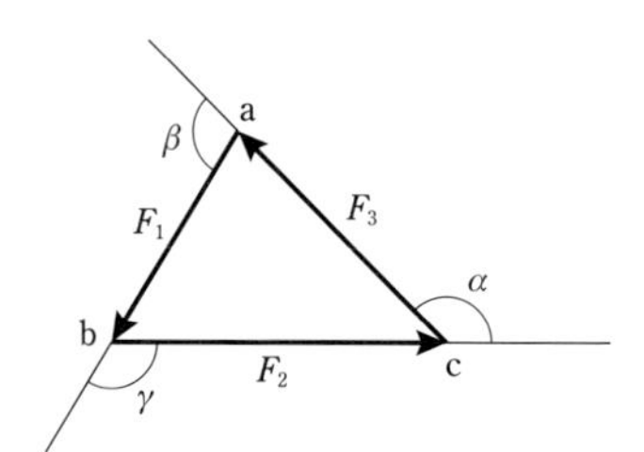

（**2**） 垂直応力による弾性エネルギー　$U = \dfrac{1}{2}W\lambda = \dfrac{1}{2}A\sigma \cdot \dfrac{\sigma}{E}l = \dfrac{\sigma^2}{2E}Al$

W：荷重、λ：弾性変形量 $\left(= \dfrac{Wl}{AE}\right)$、$A$：材料の断面積、$\sigma$：応力 $\left(= \dfrac{W}{A}\right)$、

l：材料の長さ、E：縦弾性係数

（**3**） 落下物または衝撃による応力：σ

$W(h + \lambda) = \dfrac{\sigma^2}{2E}Al$　より（h：自由落下高さ）　　$\dfrac{\sigma^2}{2E}Al$：弾性エネルギー

$$\sigma = \sqrt{\frac{2EW(h + \lambda)}{Al}}$$

荷重を落下させずに衝撃的に作用させると、$h = 0$となり、

$\sigma = \sqrt{\dfrac{2EW\lambda}{Al}}$　$\left(\lambda = \dfrac{Wl}{AE}\right)$より　$\sigma = \sqrt{\dfrac{2W^2}{A^2}} = \sqrt{\dfrac{2W}{A} \cdot \sigma}$

$\sigma^2 = 2\dfrac{W}{A}\sigma$　　$\sigma = 2\dfrac{W}{A}$　　静荷重の場合の2倍の応力を生じる。

（**4**） はりのたわみ角iと、たわみδを面積モーメント法によって求める方法

1） 任意の位置のたわみ角iは、曲げモーメント図の面積をEI（曲げこわさ）で割った値となる。

2） 同様に、たわみδは、曲げモーメント図の面積の特定な点（図心）に対するモーメントをEIで割った値となる。

（注）はりの弾性曲線の曲率半径をρとすれば、$\rho = \dfrac{EI}{M}$の関係がある。

（5） 軸の横振動による危険速度：N_{cr}

1) レイリー法

軸に $M_1, M_2, \cdots$ の質量の回転体が取り付けられ、各荷重点の静たわみをそれぞれ $\delta_1, \delta_2, \cdots$ とすると、変形エネルギー＝運動エネルギーとした場合、軸の固有振動数（回転角速度：ω）および危険速度 N_{cr} [min^{-1}] が求まる。

$$N_{cr} = \frac{30}{\pi}\sqrt{\frac{g(M_1\delta_1 + M_2\delta_2 + \cdots)}{M_1\delta_1^2 + M_2\delta_2^2 + \cdots}} \qquad （注）\ \frac{1}{2}Mv^2 = \frac{1}{2}Mg\delta$$

$$v^2 = (\delta\omega)^2 = g\delta \quad \therefore \quad \omega = \sqrt{\frac{g}{\delta}} \qquad \omega = \frac{2\pi N}{60} \quad \text{より} \quad N_{cr} = \frac{30}{\pi}\sqrt{\frac{g}{\delta}}$$

2) ダンカレーの式（実験式） $\dfrac{1}{N_{cr}{}^2} = \dfrac{1}{N_0{}^2} + \dfrac{1}{N_1{}^2} + \dfrac{1}{N_2{}^2} + \cdots$

N_{cr}：軸の危険速度［min^{-1}］、N_0：軸の自重による危険速度［min^{-1}］、

$N_1, N_2, \cdots$：各回転体がそれぞれ単独で軸に取り付けられた場合の危険速度［min^{-1}］

（6） 遠心力による薄肉回転リングの円周方向応力：σ_t

リングの肉厚 t が平均半径 r に比べて小さいときは　$\sigma_t = \rho r^2\omega^2 = \dfrac{\rho d^2\omega^2}{4}$

ρ：密度、r：半径、d：直径、ω：角速度

σ_t を生じる回転速度は　$\omega = \sqrt{\dfrac{\sigma_t}{\rho r^2}}$　　$v = r\omega$　より　$v = \sqrt{\dfrac{\sigma_t}{\rho}}$

（7） 中心に穴のある肉厚一様な回転円板の最大円周応力　$\sigma_{\mathrm{max}} = \left(\dfrac{3+\nu}{8}\right)\rho r^2\omega^2$　　ν：ポアソン比

（8） 熱応力　$\sigma = \alpha(t_2 - t_1)E$　　α：線膨張係数、$t_2 - t_1$：温度差

（9） モーメントを受ける軸の許容応力（$\sigma_{\mathrm{a}}, \tau_{\mathrm{a}}$）と直径（$d$）との関係

1) 曲げモーメントのみを受ける軸　$d = \sqrt[3]{\dfrac{32M}{\pi\sigma_{\mathrm{a}}}} \fallingdotseq 2.17\sqrt[3]{\dfrac{M}{\sigma_{\mathrm{a}}}}$

2) ねじりモーメントのみを受ける軸　$d = \sqrt[3]{\dfrac{16T}{\pi\tau_{\mathrm{a}}}} \fallingdotseq 1.72\sqrt[3]{\dfrac{T}{\tau_{\mathrm{a}}}}$

3) 曲げとねじりの両モーメントを同時に受ける軸

① 延性材料（鋼など）　$d = \sqrt[3]{\dfrac{16T_e}{\pi\tau_{\mathrm{a}}}}$　　$T_e = \sqrt{M^2 + T^2}$

② 脆性材料（焼入鋼や鋳鉄など）　$d = \sqrt[3]{\dfrac{32M_e}{\pi\sigma_{\mathrm{a}}}}$　　$M_e = \dfrac{1}{2}(M + \sqrt{M^2 + T^2})$

4. 単振動（調和振動）

（1） 振動の振幅　a　　（全振幅 $2a$）

（2） 振動変位　$x = a\cos\omega t$　　（または $x = a\sin\omega t$）

（3） 振動速度　$\dfrac{\mathrm{d}x}{\mathrm{d}t} = -a\omega\sin\omega t$

（4） 振動加速度　$\dfrac{\mathrm{d}^2x}{\mathrm{d}t^2} = -a\omega^2\cos\omega t$

（5） 振動数　$n = \dfrac{\omega}{2\pi}$　　円振動数 ω（振幅の角速度）

（**6**）　周期　$T = \dfrac{2\pi}{\omega} = \dfrac{1}{n}$　　単振子　$T = 2\pi\sqrt{\dfrac{l}{g}}$　　l：糸の長さ

（**7**）　固有振動数　$f_n = \dfrac{1}{2\pi}\sqrt{\dfrac{k}{m}}$　　k：ばね定数、m：質量

5. 流体工学

（**1**）　水深の圧力：p　単位［N/m^2］または［Pa］

大気圧無視の場合　$p = \rho gh$［Pa］

大気圧を考慮　$p = \rho gh + p_a$［Pa］

ρ　：流体の密度［kg/m^2］、h：水面からの深さ［m］

ρg：単位体積あたりの重量（質量ではない）［N/m^2］

p_a：大気圧、標準気圧は 1.013×10^5［Pa］

（**2**）　ベルヌーイの式

$$\frac{mv^2}{2} + \frac{mp}{\rho} + mgz = 一定\ [N\cdot m]\ [J]$$

（運動エネルギー）（圧力エネルギー）（位置エネルギー）（3つのエネルギーの合計が一定）

質量 $m = 1$［kg］（単位質量）とすると　$\dfrac{v^2}{2} + \dfrac{p}{\rho} + gz = 一定$［$m^2/s^2$］［J/kg］

上式を g で割ると　$\dfrac{v^2}{2g} + \dfrac{p}{\rho g} + z = 一定$［m］

この式が広く用いられている。上式の各項はヘッドと呼ばれ、「長さ」の単位をもつ。

（注）粘性流体、圧縮性流体には適用できない。

（**3**）　レイノルズ数 R_e（無次元数）　$R_e = \dfrac{vd}{\nu}$　　v：流体の速度、d：管の直径、ν：動粘度

（**4**）　ダルシー・ワイスバッハの式　管内流れの圧力損失　$\Delta p = \lambda \dfrac{l}{d}\dfrac{\rho v^2}{2}$

ヘッドで表すと　$\Delta h = \dfrac{\Delta p}{\rho g} = \lambda \dfrac{l}{d}\dfrac{v^2}{2g}$　　λ は管摩擦係数であり、層流のときは　$\lambda = \dfrac{64}{R_e}$

6. 熱工学

（**1**）　m［kg］の物体の温度を t_1℃から t_2℃まで上げるのに要する熱量：Q

$Q = mc(t_2 - t_1)$［kcal］（比熱 c が一定の場合）　　m：質量［kg］

（**2**）　平行平板の τ 時間あたりの伝導熱量（定常）　$Q = \lambda S \dfrac{t_2 - t_1}{l}\tau$

λ：熱伝導率、S：平板の面積、t_2, t_1：平板の両面の温度、l：板の厚さ

（**3**）　理想気体（完全ガス）の状態式　$pv = RT$　　$pV = mRT$

p：圧力［Pa］、v：単位質量あたりの容積［m^3/kg］、V：容積［m^3］、

R：ガス定数［N·m/kg·K］、T：温度［K］、m：質量［kg］

<編者紹介>

一般社団法人　日本機械設計工業会

1984年5月、任意団体設立。通産省（当時）からの要請を受け、機械設計企業団体の全国統合が実現。
1989年4月、社団法人化。通産省（当時）において機械設計業界唯一の公益法人として認可。機械設計業界の発展とともに社会、国民生活の向上を目的に設立された団体。
全国に5つの支部を設置。地域活動から全国規模で開催される試験・研修会などの公共性の高い活動まで幅広く実施。
1996年 3 月　第1回　機械設計技術者1級、2級試験実施
1998年11月　第1回　機械設計技術者3級試験実施
団体の会員数（2024年4月現在）
正会員58社（機械設計企業）
賛助会員7社（趣旨に賛同の機械設計以外の企業が対象）
本部事務局：東京都中央区新川2－6－4　新川エフ2ビルディング4F

2024年版 機械設計技術者試験問題集

2024年6月10日　　第1版第1刷発行

編　者　一般社団法人日本機械設計工業会
発行者　村上和夫
発行所　株式会社オーム社
郵便番号　101-8460
東京都千代田区神田錦町3-1
電話　03(3233)0641(代表)
URL　https://www.ohmsha.co.jp/

印刷・製本　精文堂印刷
ISBN978-4-274-23209-1　Printed in Japan